目次

自分にあった学習法を
見つけよう!

成績アップのための学習メソッド

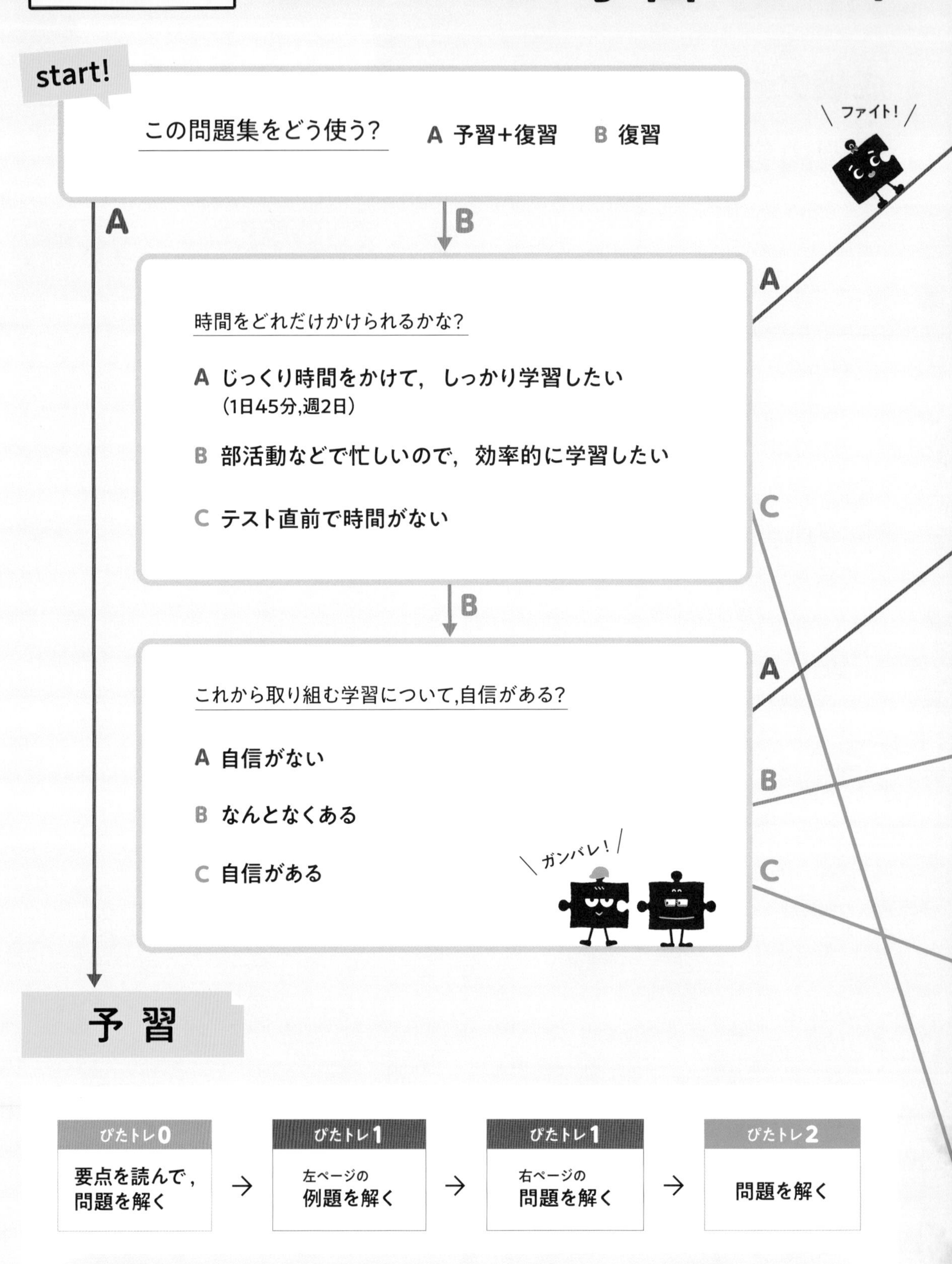

わからない時は…学校の授業をしっかり聞いて解決! → 残りのページを 復 習 として解く

復習

目安の時間には,丸付けや見直しの時間も含まれているよ。

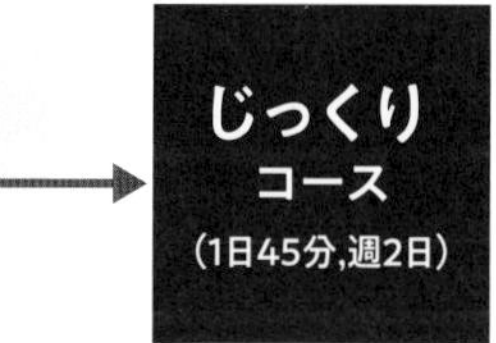

ぴたトレ0
要点を読んで,問題を解く

→ **ぴたトレ1** 45分
左ページの例題を解く
└ 解けないときは 考え方 を見直す
右ページの問題を解く
└ 解けないときは ●キーポイント を読む

→ **ぴたトレ2** 45分
問題を解く
└ 解けないときは ヒント を見る
ぴたトレ1 に戻る

→ **ぴたトレ3** 45分
テストを解く
└ 解けないときは ぴたトレ1 ぴたトレ2 に戻る

→ **教科書のまとめ**
まとめを読んで,学習した内容を確認する

定期テスト予想問題や別冊mini bookなども活用しましょう。

時短 A コース

ぴたトレ1 45分
問題を解く

→ **ぴたトレ2** 30分

→ **ぴたトレ3**
時間があれば取り組もう!

時短 B コース

ぴたトレ1 20分
右ページの よく出る 絶対理解 だけ解く

→ **ぴたトレ2** 45分
問題を解く

→ **ぴたトレ3** 45分
テストを解く

時短 C コース

ぴたトレ1
省略

→ **ぴたトレ2** 45分
問題を解く

→ **ぴたトレ3** 45分
テストを解く

テスト直前コース

\ めざせ,点数アップ! /

5日前 ぴたトレ1
右ページの

だけ解く

→ **3日前** ぴたトレ2

だけ解く

→ **1日前** 定期テスト予想問題
テストを解く

→ **当日** 別冊mini book
赤シートを使って最終確認する

コースがきまったら,4~5ページを見てみよう ➡

成績アップのための **学習メソッド**

《ぴたトレの構成と使い方》

教科書ぴったりトレーニングは,おもに,「ぴたトレ1」,「ぴたトレ2」,「ぴたトレ3」で構成されています。それぞれの使い方を理解し,効率的に学習に取り組みましょう。
なお,「ぴたトレ3」「定期テスト予想問題」では学校での成績アップに直接結びつくよう,通知表における観点別の評価に対応した問題を取り上げています。

学校の通知表は以下の観点別の評価がもとになっています。

知識
技能

思考力
判断力
表現力

主体的に
学習に
取り組む態度

ぴたトレ0
スタートアップ

各章の学習に入る前の準備として,これまでに学習したことを確認します。

学習メソッド
この問題が難しいときは,以前の学習に戻ろう。あわてなくても大丈夫。苦手なところが見つかってよかったと思おう。

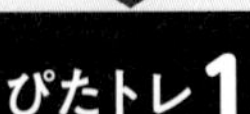

ぴたトレ1
要点チェック

基本的な問題を解くことで,基礎学力が定着します。

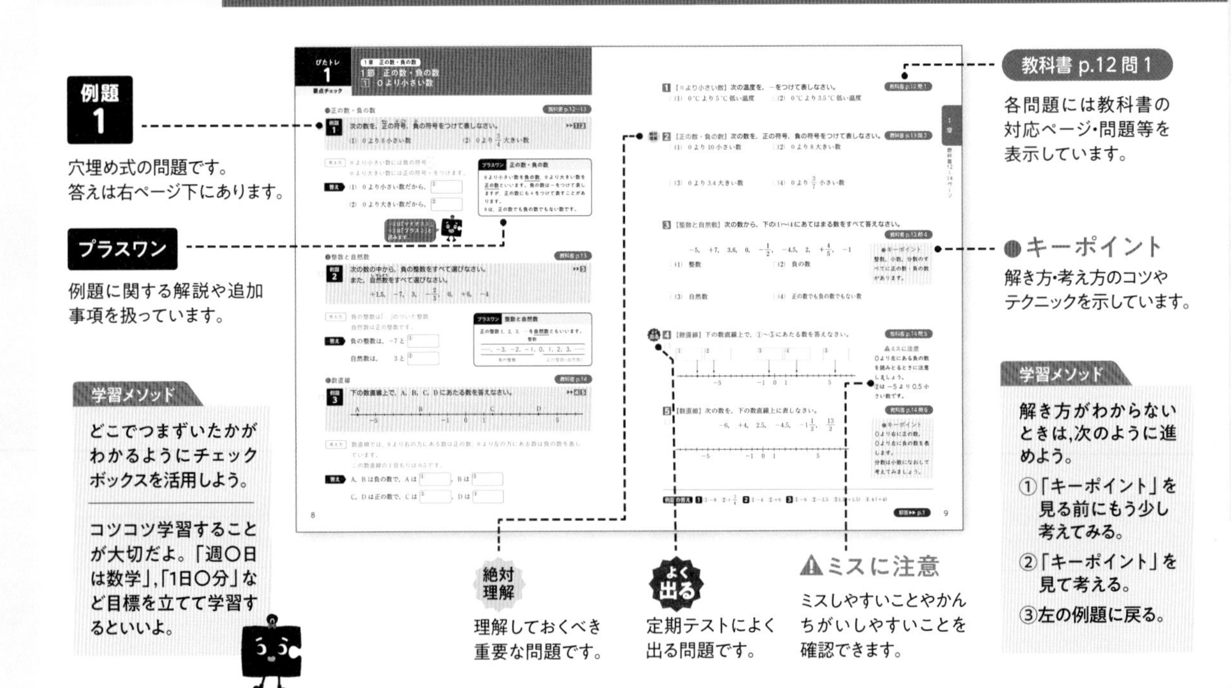

ぴたトレ2 練習

理解力・応用力をつける問題です。
解答集の「理解のコツ」では実力アップに欠かせない内容を示しています。

学習メソッド
解き方がわからないときは，下の「ヒント」を見るか，「ぴたトレ1」に戻ろう。
間違えた問題があったら，別の日に解きなおしてみよう。

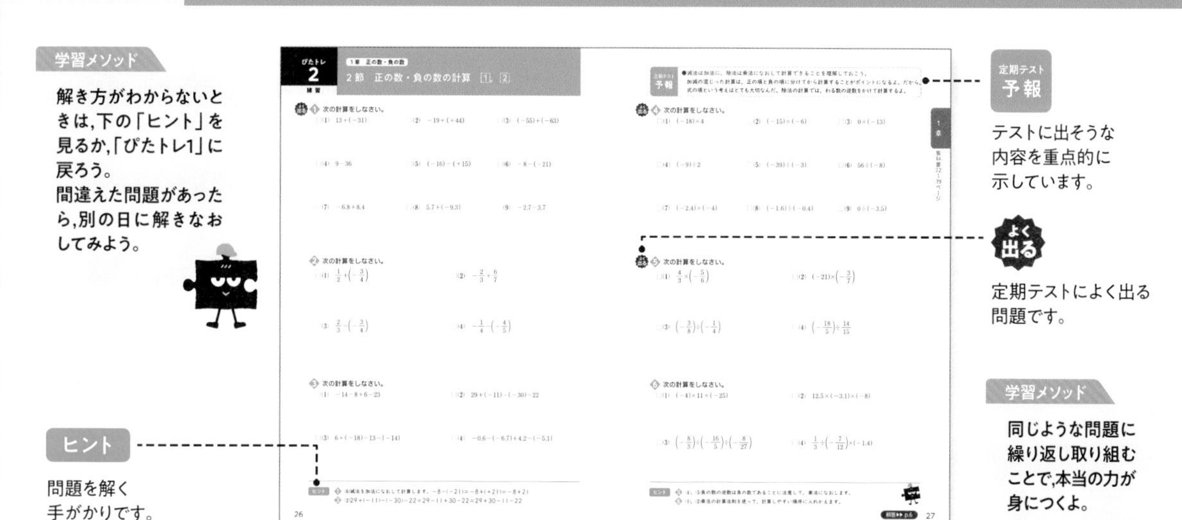

ヒント
問題を解く手がかりです。

定期テスト予報
テストに出そうな内容を重点的に示しています。

よく出る
定期テストによく出る問題です。

学習メソッド
同じような問題に繰り返し取り組むことで，本当の力が身につくよ。

ぴたトレ3 確認テスト

どの程度学力がついたかを自己診断するテストです。

成績評価の観点
知 考
問題ごとに「知識・技能」「思考力・判断力・表現力」の評価の観点が示してあります。

学習メソッド
テスト本番のつもりで何も見ずに解こう。
- 解けたけど答えを間違えた→ぴたトレ2の問題を解いてみよう。
- 解き方がわからなかった→ぴたトレ1に戻ろう。

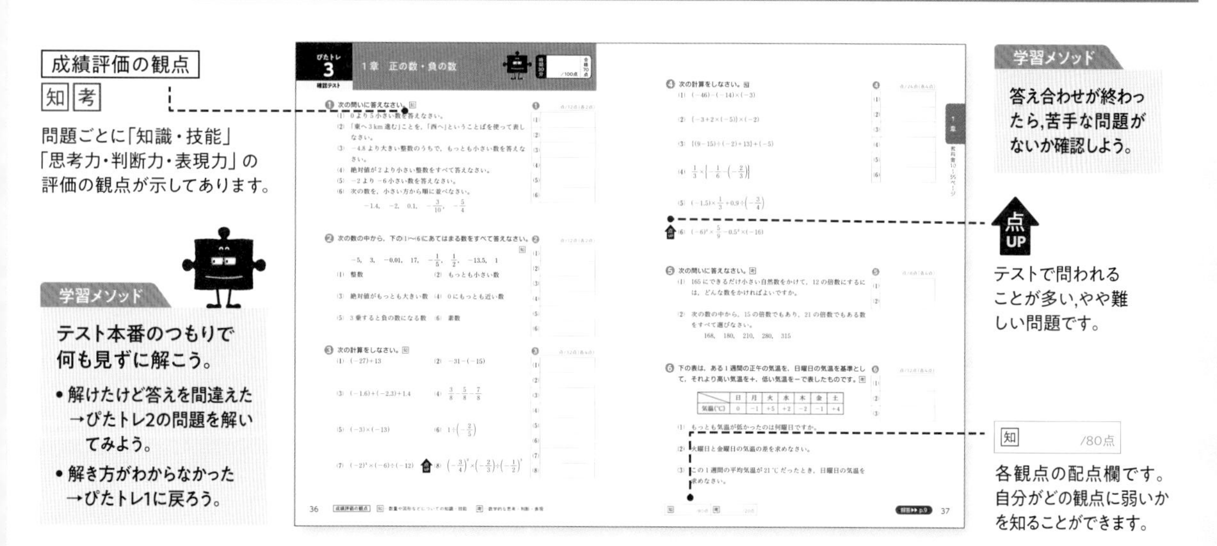

学習メソッド
答え合わせが終わったら，苦手な問題がないか確認しよう。

点UP
テストで問われることが多い，やや難しい問題です。

知 /80点
各観点の配点欄です。自分がどの観点に弱いかを知ることができます。

教科書のまとめ

各章の最後に，重要事項をまとめて掲載しています。

学習メソッド
重要事項をしっかり見直したいときは「教科書のまとめ」，短時間で確認したいときは「別冊minibook」を使うといいよ。

定期テスト予想問題

定期テストに出そうな問題を取り上げています。
解答集に「出題傾向」を掲載しています。

学習メソッド
ぴたトレ3と同じように，テスト本番のつもりで解こう。
テスト前に，学習内容をしっかり確認しよう。

ぴたトレ
0
スタートアップ

1章　式と計算

□文字の式を簡単にすること　←中学1年

$mx+nx=(m+n)x$

□かっこをはずして計算すること　←中学1年

$a+(b+c)=a+b+c$　　$a-(b+c)=a-b-c$

□文字の式と数の乗法，除法　←中学1年

$m(a+b)=ma+mb$　　$(a+b)\div m=\frac{a}{m}+\frac{b}{m}$

1 次の数量を式で表しなさい。　←中学1年〈文字式と数量〉

(1) 1本100円のジュースをx本買って，1000円出したときのおつり

(2) 1個a円のりんご5個と1個b円のみかん3個を買ったときの代金

(3) xmの道のりを，分速120mで進んだときにかかった時間

ヒント
(3)道のりと速さと時間の関係を考えると……

2 次の計算をしなさい。　←中学1年〈1次式の加法と減法〉

(1) $6a+3-3a$　　(2) $\frac{1}{4}x+\frac{1}{3}x-x$

ヒント
(2)xの係数を通分すると……

(3) $8a+1-5a+7$　　(4) $2x-8-7x+4$

(5) $2x-6+(5x-2)$　　(6) $(-3x-2)-(-x-8)$

ヒント
(5), (6)かっこのはずし方に注意すると……

③ 次の計算をしなさい。

◀ 中学１年〈1次式と数の乗法と除法〉

(1) $(-6a)\times(-8)$

(2) $4x \div \left(-\frac{2}{3}\right)$

ヒント
(2)，(6)分数でわるときは，逆数にしてかけるから……

(3) $2(4x+7)$

(4) $-12\left(\frac{3}{4}y-5\right)$

(5) $(9a-6) \div 3$

(6) $(-16x+4) \div \left(-\frac{4}{5}\right)$

(7) $\frac{3x+5}{4}\times 8$

(8) $(-10)\times\frac{2x-6}{5}$

ヒント
(7)，(8)分母と約分した数を，分子のすべての項(こう)にかけると……

④ 次の計算をしなさい。

◀ 中学１年〈かっこがある式の計算〉

(1) $2(2x+7)+3(x-4)$

(2) $5(3y-6)-3(4y-1)$

ヒント
まず，かっこをはずし，さらに式を簡単にすると……

(3) $\frac{1}{2}(4x+6)+5(x-2)$

(4) $-\frac{1}{3}(6y+3)-\frac{1}{4}(8y+12)$

⑤ $x=-2$，$y=3$ のときの，次の式の値(あたい)を求めなさい。

◀ 中学１年〈式の値〉

(1) $12-x$

(2) $-\frac{4}{x}$

(3) $-5x^2$

(4) $5x-3y$

ヒント
(3)指数のある式に代入するときには符号(ふごう)に注意して……

解答▶▶ p.1

ぴたトレ 1 要点チェック

1章　式と計算

1節　式と計算
①　単項式と多項式

●単項式と多項式

教科書 p.14

□ **例題 1** 次の式を単項式(たんこうしき)と多項式(たこうしき)に分けなさい。 ▶▶1

㋐　$-2m$　　㋑　$3ab+8$　　㋒　x^2-4x+5　　㋓　-1

考え方　項が1つだけの式は単項式，項が2つ以上ある式は多項式です。

㋒　$x^2-4x+5=x^2+(-4x)+5$ だから，項は x^2，$-4x$，5の3つです。

㋓　数は単項式です。

答え　単項式は，㋐，①［　　］　　多項式は，㋑，②［　　］

●多項式の項

教科書 p.14

□ **例題 2** 多項式 ab^2+2b-4 の項を答えなさい。 ▶▶2

考え方　多項式の項は単項式の和の形にして考えます。

多項式で，文字をふくまない項を定数項といいます。

答え　$ab^2+2b+(\underline{-4})$ だから，項は，ab^2，［　　］，-4

（-4：定数項(ていすうこう)）

●次数

教科書 p.15

□ **例題 3** 次の式の次数(じすう)を答えなさい。 ▶▶3～5

(1)　$-5x^2$　　(2)　$2ab-7a+b$　　(3)　$3x^2y$

考え方　単項式の次数は，かけ合わされている文字の個数です。
多項式の次数は，次数が最も高い項の次数です。

答え　(1)　$-5x^2=-5\times ⓧ\times ⓧ$

文字が2個だから，次数は①［　　］

(2)　$2ab-7a+b=2ab+(-7a)+b$

$2ab=2\times ⓐ\times ⓑ$　　文字が2個だから，次数は2

$-7a=-7\times ⓐ$　　文字が1個だから，次数は②［　　］

$b=1\times ⓑ$　　文字が1個だから，次数は1

$2ab-7a+b$ の次数は③［　　］

(3)　$3x^2y=3\times ⓧ\times ⓧ\times ⓨ$

文字が3個だから，次数は④［　　］

1 【単項式と多項式】次の式を単項式と多項式に分けなさい。 教科書 p.14 活動 1，Q1

□ ㋐ $4ab$　　㋑ $6b+5$

㋒ $-\frac{1}{2}x+2y-\frac{3}{5}$　　㋓ a

⚠ミスに注意
1つだけの文字は，単項式です。

絶対理解 **2** 【多項式の項】次の式の項を答えなさい。 教科書 p.14 Q1

□(1) $2x-3$　　□(2) $-3a+4b-2c$

□(3) x^2-5x+7　　□(4) $-\frac{1}{3}ab+6$

3 【単項式の次数】次の単項式の次数を答えなさい。 教科書 p.15 例 3

□(1) $\frac{x}{2}$　　□(2) $3abc$　　□(3) $-4y^2$

4 【多項式の次数】次の多項式の次数を答えなさい。 教科書 p.15 例 4

□(1) $-x+y$　　□(2) $25-a^2$

□(3) $\frac{3}{4}x-\frac{1}{6}$　　□(4) $\frac{x^2}{2}-\frac{2xy}{3}$

5 【式の次数】次の式は，それぞれ何次式ですか。 教科書 p.15 Q5

□(1) $8x^2$　　□(2) a^2b-ab^2+1

□(3) $9-6y+y^2$　　□(4) $-6x+2y$

●キーポイント
次数が1の式を1次式，次数が2の式を2次式といいます。

例題の答え **1** ①㋓ ②㋒ **2** $2b$ **3** ①2 ②1 ③2 ④3

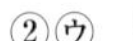

解答▶▶ p.1

ぴたトレ 1 要点チェック

1章　式と計算

1節　式と計算
②　同類項／③　多項式の加法，減法

●同類項をまとめる

教科書 p.16〜17

□ **例題 1**　$4x^2+3x-x^2+4x$ の同類項(どうるいこう)をまとめて簡単にしなさい。 ▶▶1

考え方　同類項は，分配法則を使って1つの項にまとめることができます。

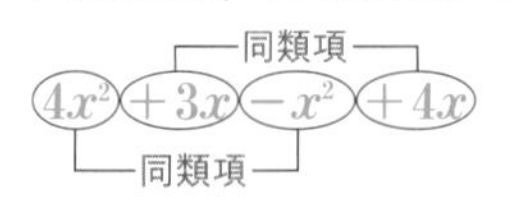

同じ文字が同じ個数だけかけ合わされている項どうしを，同類項といいます。

答え
$4x^2+3x-x^2+4x$
$=4x^2-x^2+3x+4x$　項を並べかえる
$=(4-1)x^2+(3+4)x$　同類項をまとめる
$=$ □

$a\,x+b\,x=(a+b)\,x$

ここがポイント

●多項式の加法

教科書 p.18

□ **例題 2**　$(4x-7y)+(-5x+3y)$ を計算しなさい。 ▶▶2

考え方　多項式(たこうしき)の加法では，式の各項を加えて，同類項をまとめます。

答え
$(4x-7y)+(-5x+3y)$
$=4x-7y-5x+3y$　かっこをはずす
$=4x-5x-7y+3y$　項を並べかえる
$=$ □　同類項をまとめる

●多項式の減法

教科書 p.19

□ **例題 3**　$(4x-7y)-(-5x+3y)$ を計算しなさい。 ▶▶3

考え方　多項式の減法では，ひく式の各項の符号(ふごう)を変えて加えます。

答え
$(4x-7y)-(-5x+3y)$
$=4x-7y+5x-3y$　かっこをはずす　符号に注意！
$=4x+5x-7y-3y$　項を並べかえる
$=$ □　同類項をまとめる

プラスワン　多項式の加法，減法の計算

多項式の加法，減法では，同類項を縦にそろえて書き，右のように計算することもできます。

$$\begin{array}{rr} & 3x+2y \\ +) & 4x-6y \\ \hline & 7x-4y \end{array} \qquad \begin{array}{rr} & 3x+2y \\ -) & 4x-6y \\ \hline & -x+8y \end{array}$$

絶対理解 **1** 【同類項をまとめる】次の式の同類項をまとめて簡単にしなさい。 教科書 p.17 例題 3

□(1) $4a-3b-a+2b$　　□(2) $3x+3y-5x-4y$

□(3) $x^2-7x-2x+x^2$　　□(4) $-3a^2+2a+5a^2-3a$

⚠ミスに注意
(3) x^2と $-7x$は，文字が同じでも次数が違う(ちが)ので，同類項ではありません。

よく出る **2** 【多項式の加法】次の計算をしなさい。 教科書 p.18 Q1，例題 2

□(1) $(2x+3y)+(5x-6y)$　　□(2) $(-0.7a+8b)+(0.3a+2b)$

●キーポイント
かっこをはずしてから同類項をまとめます。

□(3) $(3x-2y-1)+(2x-3y+1)$

□(4) $(4x^2+x-3)+(-6x+3x^2+5)$

□(5)
$$\begin{array}{r} 4a-3b \\ +)\ 2a+5b \\ \hline \end{array}$$

□(6)
$$\begin{array}{r} 3x^2+2x-7 \\ +)\ x^2-3x+2 \\ \hline \end{array}$$

3 【多項式の減法】次の計算をしなさい。 教科書 p.19 Q3，例題 4

□(1) $(3x-5y)-(2x-3y)$　　□(2) $(6a+8b)-(-2a+4b)$

⚠ミスに注意
かっこをはずすときは，符号に注意します。

□(3) $(3x+2y+1)-(5x-3+4y)$

□(4) $(2x^2-3x+5)-(-3+7x-x^2)$

□(5)
$$\begin{array}{r} -5a^2+4b \\ -)\ 3a^2+2b \\ \hline \end{array}$$

□(6)
$$\begin{array}{r} 3x^2-x+4 \\ -)\ -x^2+x+4 \\ \hline \end{array}$$

例題の答え **1** $3x^2+7x$ **2** $-x-4y$ **3** $9x-10y$

解答▸▸ p.1

1節　式と計算
④　単項式と単項式との乗法／⑤　単項式を単項式でわる除法

●単項式の乗法　教科書 p.20〜21

□ 例題 1　**次の計算をしなさい。**　▶▶1

(1)　$4x\times(-7y)$　(2)　$-8x\times(-6x)^2$

考え方　(1)　単項式（たんこうしき）どうしの乗法では，係数の積と文字の積をかけます。
(2)　累乗（るいじょう）の部分を先に計算します。

答え　(1)　$4x\times(-7y)$
$=4\times(-7)\times x\times y$
$=$ ①［　　］

(2)　$-8x\times(-6x)^2$
$=-8x\times$ ②［　　］
$=-8\times$ ③［　　］$\times x\times$ ④［　　］
$=$ ⑤［　　］

●単項式の除法　教科書 p.22〜23

□ 例題 2　**次の計算をしなさい。**　▶▶2

(1)　$6xy\div(-3x)$　(2)　$12ab\div\frac{4}{5}b$

考え方　(1)　分数の形にするか，乗法になおします。
(2)　乗法になおします。

答え　(1)　●分数の形にする
$6xy\div(-3x)$
$=-\frac{6xy}{3x}$　$\left(\frac{\overset{2}{\cancel{6}}\times\overset{1}{\cancel{x}}\times y}{\underset{1}{\cancel{3}}\times\underset{1}{\cancel{x}}}\right)$
$=$ ①［　　］

●乗法になおす
$6xy\div(-3x)$
$=6xy\times\left(-\frac{1}{3x}\right)$　$\left(\frac{\overset{2}{\cancel{6}}\times\overset{1}{\cancel{x}}\times y}{\underset{1}{\cancel{3}}\times\underset{1}{\cancel{x}}}\right)$
$=$ ②［　　］

(2)　$12ab\div\frac{4}{5}b=12ab\div\frac{4b}{5}=12ab\times\frac{5}{4b}$
$=$ ③［　　］　$\left(\frac{\overset{3}{\cancel{12}}\times5\times a\times\overset{1}{\cancel{b}}}{\underset{1}{\cancel{4}}\times\underset{1}{\cancel{b}}}\right)$

●乗法と除法の混じった計算　教科書 p.23

□ 例題 3　**$12a^2\div\frac{3}{4}a\times2b$ を計算しなさい。**　▶▶3

考え方　まずは，すべてを乗法の形にします。

答え　$12a^2\div\frac{3}{4}a\times2b$

$=12a^2\div\frac{①［　　］}{4}\times2b=12a^2\times\frac{②［　　］}{③［　　］}\times2b=$ ④［　　］

1 【単項式の乗法】次の計算をしなさい。

教科書 p.20 Q1, 例2, p.21 例3, 例題4

□(1) $4x \times 3y$

□(2) $(-2a) \times (-3a)$

⚠ミスに注意

$(-a^2) = -a^2$

$(-a)^2 = (-a) \times (-a)$

$= a^2$

□(3) $15y \times \left(-\dfrac{1}{5}x\right)$

□(4) $(-8b^2) \times 2a$

□(5) $(-x)^2 \times (-4x)$

□(6) $6ab \times (-2a)^2$

2 【単項式の除法】次の計算をしなさい。

教科書 p.22 Q1, 例2, p.23 例3

□(1) $(-15ab) \div (-3a)$

□(2) $(-6y^3) \div 3y$

□(3) $8xy \div \left(-\dfrac{2}{3}x\right)$

□(4) $\dfrac{6}{5}a^2b \div \dfrac{1}{10}b$

●キーポイント

約分するときは，累乗の式を，積の形になおすとわかりやすくなります。

$\dfrac{a^2}{a} = \dfrac{a \times a}{a} = a$

3 【乗法と除法の混じった計算】次の計算をしなさい。

教科書 p.23 例題 4

□(1) $5a^2b \div ab \times 3$

□(2) $(-4x^2) \div (-2x) \div x$

□(3) $3x^2y \times (-3y) \div 9xy$

□(4) $4ab^2 \times 6b^2 \div (-8ab)$

●キーポイント

符号(ふごう)を先に決めてから，計算しましょう。

(1)は，$\dfrac{5a^2b \times 3}{ab}$ と考えるか，

$5a^2b \times \dfrac{1}{ab} \times 3$ と考えて，計算します。

例題の答え **1** ① $-28xy$ ② $36x^2$ ③ 36 ④ x^2 ⑤ $-288x^3$ **2** ① $-2y$ ② $-2y$ ③ $15a$ **3** ① $3a$ ② 4 ③ $3a$ ④ $32ab$

解答▶▶ p.2

1節 式と計算
⑥ 多項式と数との計算／⑦ 式の値

●多項式と数との乗法，除法
教科書 p.24〜25

□ 例題 1 次の計算をしなさい。 ▸▸1 2

(1) $3(4x-2y)$　　(2) $(8x-6y)\div 2$

考え方 (1) 分配法則を使って，数を多項式（たこうしき）の各項にかけて計算します。
(2) 分数の形にするか，わる数を逆数にしてかけます。

答え (1) $3(4x-2y)=3\times 4x+3\times(-2y)=$ ①

(2) ●分数の形にする

$(8x-6y)\div 2$

$=\dfrac{8x-6y}{2}$

$=\dfrac{\overset{4}{\cancel{8}}x}{\underset{1}{\cancel{2}}}-\dfrac{\overset{3}{\cancel{6}}y}{\underset{1}{\cancel{2}}}$　（$\dfrac{a+b}{c}=\dfrac{a}{c}+\dfrac{b}{c}$）

$=$ ②

●わる数を逆数にしてかける

$(8x-6y)\div 2$

$=(8x-6y)\times\dfrac{1}{2}$

$=\overset{4}{\cancel{8}}x\times\dfrac{1}{\underset{1}{\cancel{2}}}-\overset{3}{\cancel{6}}y\times\dfrac{1}{\underset{1}{\cancel{2}}}$

$=$ ③

●分数をふくむ式の計算
教科書 p.25

□ 例題 2 $\dfrac{2x-5y}{4}-\dfrac{x-4y}{3}$ を計算しなさい。 ▸▸3

考え方 通分するか，(分数)×(多項式)の形にします。

答え ●通分する

$\dfrac{2x-5y}{4}-\dfrac{x-4y}{3}$

$=\dfrac{3(2x-5y)}{12}-\dfrac{4(x-4y)}{12}$　通分する

$=\dfrac{3(2x-5y)-4(x-4y)}{12}$　1つの分数にまとめる

$=\dfrac{6x-15y-4x+16y}{12}$　分子のかっこをはずす

$=\dfrac{①\quad}{12}$　同類項（どうるいこう）をまとめる

●(分数)×(多項式)の形にする

$\dfrac{2x-5y}{4}-\dfrac{x-4y}{3}$

$=\dfrac{1}{4}(2x-5y)-\dfrac{1}{3}(x-4y)$　変形する

$=\dfrac{1}{2}x-\dfrac{5}{4}y-\dfrac{1}{3}x+\dfrac{4}{3}y$　かっこをはずす

$=$ ②　同類項をまとめる

●式の値
教科書 p.26〜27

□ 例題 3 $x=3$，$y=-2$ のときの，式 $2(-2x+3y)-3(2x-3y)$ の値（あたい）を求めなさい。 ▸▸4

考え方 式を簡単にしてから，数を代入します。

答え $2(-2x+3y)-3(2x-3y)=-4x+6y-6x+9y=$ ①

$x=3$，$y=-2$ を代入すると，$-10\times 3+15\times(-2)=$ ②

1 【多項式と数との乗法，除法】次の計算をしなさい。 教科書 p.24 例 1，Q2

□(1) $4(7a-b)$

□(2) $8\left(\frac{1}{2}x-\frac{3}{4}y\right)$

□(3) $(-12a+6b)\div3$

□(4) $(-18x+9y+27)\div9$

●キーポイント
(1) 分配法則を使います。
$a(b+c)$
$=ab+ac$

絶対理解 **2 【かっこをふくむ式の計算】次の計算をしなさい。** 教科書 p.25 例 3

□(1) $2(x+4y)+3(x-5y)$

□(2) $3(3a-b)-5(2a+b)$

□(3) $3(x+4y-2)-2(6x-y-1)$

●キーポイント
1 かっこをはずす
▼
2 項を並べかえる
▼
3 同類項をまとめる

絶対理解 **3 【分数をふくむ式の計算】次の計算をしなさい。** 教科書 p.25 例 4

□(1) $\frac{4x-3y}{6}+\frac{2x-3y}{4}$

□(2) $\frac{3x+y}{2}-\frac{5x-y}{6}$

よく出る **4 【式の値】$x=-2$，$y=-3$ のときの，次の式の値を求めなさい。** 教科書 p.27 たしかめ 2

□(1) $3(2x-3y)-2(4x-5y)$

□(2) $-4xy^2\div(-3y^2)$

●キーポイント
式を簡単にしてから，数を代入すると，計算がしやすいです。

例題の答え **1** ①$12x-6y$ ②$4x-3y$ ③$4x-3y$ **2** ①$2x+y$ ②$\frac{1}{6}x+\frac{1}{12}y$ **3** ①$-10x+15y$ ②-60

解答▶▶ p.3

よく出る **1** $\overset{たこうしき}{多項式}$ $a^2-4ab+\dfrac{b^2}{2}+7$ について，次の(1)，(2)に答えなさい。

□(1) 項と定数項を答えなさい。

□(2) 次数を答えなさい。

2 次の計算をしなさい。

□(1) $6ab-10ab$

□(2) $-9x^2+15x^2-2x^2$

□(3) $4a+3b-3a-b$

□(4) $8x^2+5x-12x+6x^2$

□(5) $(7x-y)+(4x+9y)$

□(6) $(m+2n)-(3m-4n)$

□(7) $(x^2+2x-6)+(-2x^2+4x-5)$

□(8) $(3x^2-x-6)-(5+2x-x^2)$

□(9) $(2a+3b+4)-(4a-5b-3)$

□(10) $(4x^2-7xy+y^2)-(2x^2+xy+y^2)$

□(11)
$$\begin{array}{r} 8x-\ \ 4y \\ +)\ 5x+13y \\ \hline \end{array}$$

□(12)
$$\begin{array}{r} a-2b+7 \\ -)\ 4a-6b-3 \\ \hline \end{array}$$

3 次の 2 つの式で，前の式に後の式を加えなさい。また，前の式から後の式をひきなさい。

□ $6x-4y+13$，$-x+5y-7$

ヒント
2 (6)減法は，ひく式の各項の符号を変えて加えます。
3 加えたり，ひいたりするときは，多項式にかっこをつけて式をつくります。

定期テスト 予報

●かっこの前の符号に注意しよう。
多項式の加法，減法はよく出題されるので，計算方法をしっかり身につけよう。また，かっこをはずすときや通分するときには符号がどうなるかを必ず確認しよう。

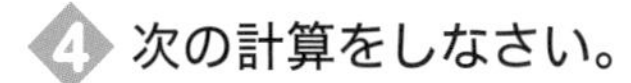

4 次の計算をしなさい。

□(1) $5a\times(-2a)$

□(2) $(-6x)^3$

□(3) $(-3xy)^2\times(-2xy^2)$

□(4) $\frac{2}{3}a^2b\div\frac{5}{6}ab$

□(5) $28x^3y^2z^3\div(-2xyz)^2$

□(6) $a^2b\div\left(-\frac{1}{4}a\right)\times6b$

5 次の計算をしなさい。

□(1) $4(2a+3b)$

□(2) $-6(9x-7y)$

□(3) $(15a-18b)\div3$

□(4) $(-21x^2+14x-35)\div(-7)$

よく出る 6 次の計算をしなさい。

□(1) $4(a+3b)-2(a-b)$

□(2) $2(6x+y)+3(-4x+5y)$

□(3) $\frac{1}{3}(18x-12y)-15\left(\frac{x}{3}+\frac{y}{5}\right)$

□(4) $\frac{15x-7y}{8}-\frac{11x-5y}{6}$

7 次の(1)，(2)に答えなさい。

□(1) $a=5$，$b=-4$ のときの，式 $3(a-3b)-4(2a+b)$ の値を求めなさい。

□(2) $x=\frac{1}{2}$，$y=-3$ のときの，式 $6xy\times(-3xy)^2\div(-2y)^2$ の値を求めなさい。

ヒント

6 (4)分母を24で通分し，分子にかっこをつけてまとめます。

7 (2)まず，$(-3xy)^2$，$(-2y)^2$ を計算し，式を簡単にします。

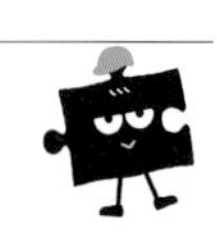

解答▶▶ p.3

●文字を使った数の性質の説明

教科書 p.29～33

□ 例題 1 連続する2つの奇数(きすう)の和は4の倍数になります。このことを，文字を使って説明しなさい。 ▶▶1 2

考え方 奇数は2×(整数)＋1の形で表されます。
連続する2つの奇数を文字を使って表し，それらの和が4×(整数)の形で表されることを示します。

説明 nを整数とすると，小さいほうの奇数は$2n+1$，大きいほうの奇数は
$2n+$ ① □ と表すことができる。

この2数の和は，

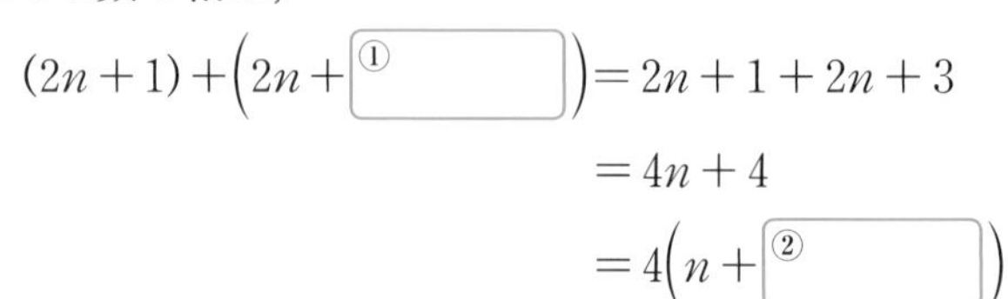

$$(2n+1)+(2n+\text{①}\square)=2n+1+2n+3$$
$$=4n+4$$
$$=4(n+\text{②}\square)$$

③ □ は整数だから，4(③ □)は4の倍数である。
したがって，連続する2つの奇数の和は4の倍数になる。

●等式の変形

教科書 p.34～35

□ 例題 2 次の式を，aについて解きなさい。 ▶▶3

(1) $4a+b=6$　　(2) $S=\frac{1}{2}ah$

考え方 $a=$ ■ の形に変形します。

答え (1)

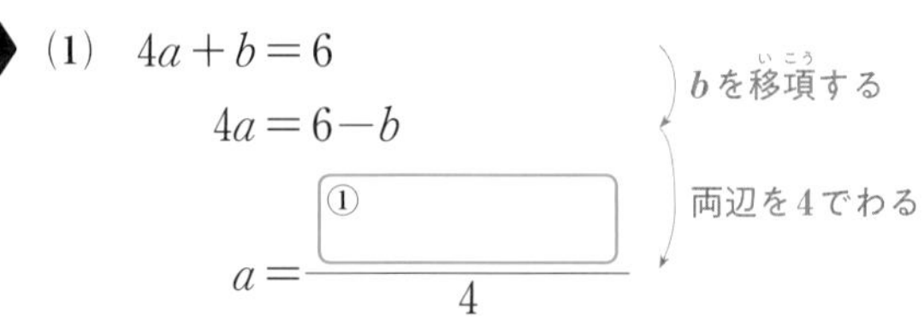

$$4a+b=6$$
↓ bを移項(いこう)する
$$4a=6-b$$
↓ 両辺を4でわる
$$a=\frac{\text{①}\square}{4}$$

(2)
$$S=\frac{1}{2}ah$$
↓ 両辺を入れかえる
$$\frac{1}{2}ah=S$$
↓ 両辺を2倍する
$$ah=2S$$
↓ 両辺をhでわる
$$a=\frac{\text{②}\square}{h}$$

プラスワン aについて解く
初めの式を変形して，aの値(あたい)を求める式を導くことを，**aについて解く**といいます。

1 【弧の長さの和】右の図で，BC＝2ABのとき，AB，BCをそれぞれ直径とする2つの半円の弧（こ）の長さの和と，ACを直径とする半円の弧の長さの関係について，次の(1)，(2)に答えなさい。 教科書 p.29〜33

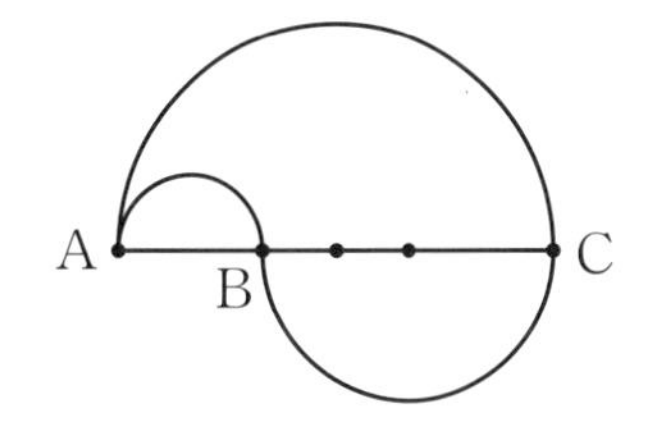

●キーポイント
AB＝xとすると，
BC＝$2x$，AC＝$3x$

□(1) AB＝xとして，AB，BCを直径とする円の円周の長さを，それぞれxを使って表しなさい。

□(2) AB，BCをそれぞれ直径とする2つの半円の弧の長さの和は，ACを直径とする半円の弧の長さと等しくなることを，文字を使って説明しなさい。

2 【2桁の自然数の和】2桁（けた）の自然数と，その自然数の十の位の数と一の位の数を入れかえてできる数を2倍した数との和は，3の倍数になります。このことを，文字を使って説明しなさい。 教科書 p.33 活動 3

□

●キーポイント
2桁の自然数の十の位の数をx，一の位の数をyとすると，もとの自然数は$10x+y$，入れかえた数は$10y+x$

3 【等式の変形】次の式を，［ ］内の文字について解きなさい。 教科書 p.34Q1，p.35Q4

□(1) $9x-3y=12$ ［y］　　□(2) $4n=a+b$ ［b］

□(3) $\ell=2(a+b)$ ［a］　　□(4) $n=\dfrac{2x+y}{3}$ ［x］

例題の答え **1** ①3 ②1 ③$n+1$ **2** ①$6-b$ ②$2S$

解答▶▶ p.5

2節　式の利用　①，②
3節　関係を表す式　①

1 右の図の長方形ABCDについて，次の(1)～(3)に答えなさい。

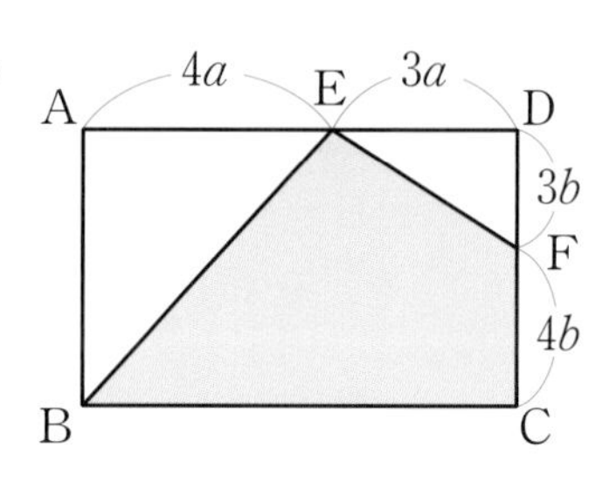

□(1)　△ABEの面積をa，bを用いて表しなさい。

□(2)　△ABEの面積は，△DEFの面積の何倍か求めなさい。

□(3)　色をつけた部分の面積をa，bを用いて表しなさい。

2 百の位の数がa，十の位の数がb，一の位の数がcの3桁(けた)の整数をAとします。次の(1)，(2)に答えなさい。

□(1)　このAをa，b，cを用いて表しなさい。

□(2)　このAの百の位の数と十の位の数を入れかえてできる整数をBとすると，$A-B$は90の倍数になることを，文字を使って説明しなさい。

ヒント
1 (3)色をつけた部分の面積は，長方形ABCDから2つの三角形をひきます。
2 (2)$A-B$を計算し，90×(整数)の形にすればよいです。

定期テスト予報	●等式の変形について，しっかり覚えよう。 等式の変形は，ある文字について整理する問題がよく出題される。式が複雑でも，指定された文字について解けるように，さまざまな式で練習しておこう。

3 次の式を，[　]内の文字について解きなさい。

□(1)　$2x+3y=0$　$[y]$

□(2)　$5x-2y=6$　$[y]$

□(3)　$c=\dfrac{a-b}{2}$　$[a]$

□(4)　$\dfrac{x}{2}+\dfrac{y}{3}=1$　$[x]$

4 100を自然数xでわると，商がaで余りがyとなりました。次の(1)～(3)に答えなさい。

□(1)　100をa，x，yを用いて表しなさい。

□(2)　(1)の式を，商aについて解きなさい。

□(3)　わる数が16，余りが4のときの商を求めなさい。

5 右の図のように，底面が1辺$a$cmの正方形で高さが$b$cmの直方体をAとします。直方体Aの底面の辺をそれぞれ3倍にし，高さを半分にした直方体をBとします。次の(1)～(3)に答えなさい。

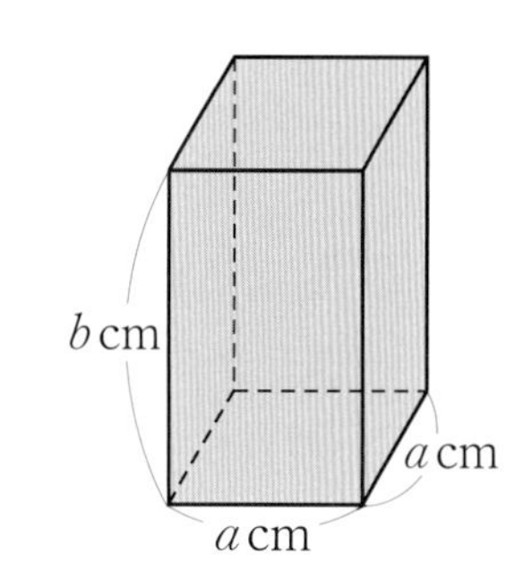

□(1)　直方体Aの表面積をa，bを用いて表しなさい。

□(2)　直方体Bの体積をa，bを用いて表しなさい。

□(3)　直方体Bの体積は，直方体Aの体積の何倍か求めなさい。

ヒント

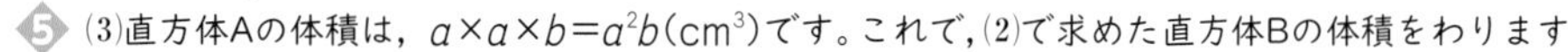
3 (4)まず，$\dfrac{y}{3}$を右辺に移項し，次に両辺を2倍します。

5 (3)直方体Aの体積は，$a\times a\times b=a^2b$(cm^3)です。これで，(2)で求めた直方体Bの体積をわります。

解答▶▶ p.5

1章　式と計算

① 下の式について，次の(1)～(3)に答えなさい。 知

㋐ $2ab$　㋑ $3a-4$　㋒ $x-6x^2+3$　㋓ $-8x^2y$

(1) 多項式(たこうしき)であるものの記号をすべて選びなさい。

(2) ㋒の式において，項を答えなさい。

(3) ㋑の式において，定数項を答えなさい。

① 点/12点(各4点)

(1)	
(2)	
(3)	

② 次の計算をしなさい。 知

(1) $3a-b+4a+2b$

(2) $-3x^2+7x-5x-x^2$

(3) $(9x+2y)+(x-7y)$

(4) $(2a-11b)-(-a+3b)$

(5) $\left(-\frac{1}{3}x\right)^2\times18xy$

(6) $\frac{4}{9}m^3\div\left(-\frac{2}{3}m^2\right)$

(7) $(-2a)^3\div3a^2\times6a$

(8) $3y\times\left(-\frac{2}{3}y\right)^2\div6y^2$

② 点/32点(各4点)

(1)	
(2)	
(3)	
(4)	
(5)	
(6)	
(7)	
(8)	

③ 次の計算をしなさい。 知

(1) $-3(4x-5y)$

(2) $(12ab+8a)\div(-4)$

(3) $8(3a+2b)-2(9a-7b)$

(4) $-0.2(7x-4y)+4(0.1x-0.2y)$

点UP (5) $\frac{3x-y}{2}-\frac{3x-2y}{3}-2x$

③ 点/20点(各4点)

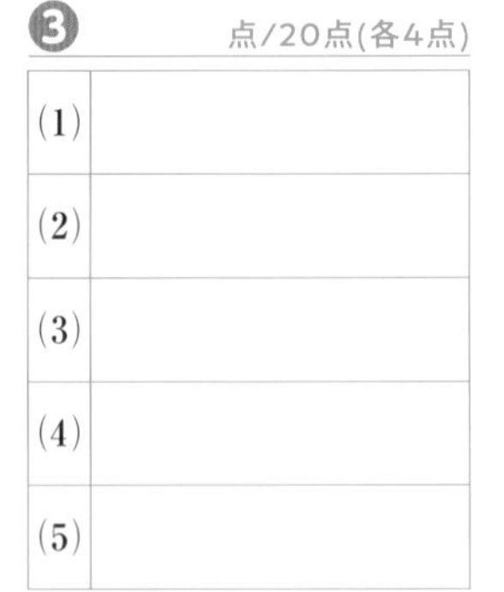

(1)	
(2)	
(3)	
(4)	
(5)	

成績評価の観点　知…数量や図形などについての知識・技能　考…数学的な思考・判断・表現

4 次の(1)，(2)に答えなさい。知

(1) $x=\frac{1}{4}$，$y=-\frac{2}{3}$のときの，式$5(2x-y)-2(3x-4y)$の値(あたい)を求めなさい。

(2) $a=-1$，$b=6$のときの，式$\left(\frac{1}{2}ab\right)^2\div\left(-\frac{3}{8}ab\right)$の値を求めなさい。

4 点/10点(各5点)

(1)	
(2)	

5 次の式を，[ ]内の文字について解きなさい。知

(1) $8x-9y=6$ $[y]$　　(2) $y=2(x+a)$ $[a]$

5 点/10点(各5点)

(1)	
(2)	

6 連続する3つの自然数の平均は，真ん中の数に等しくなることを，文字を使って説明しなさい。考

6 点/8点

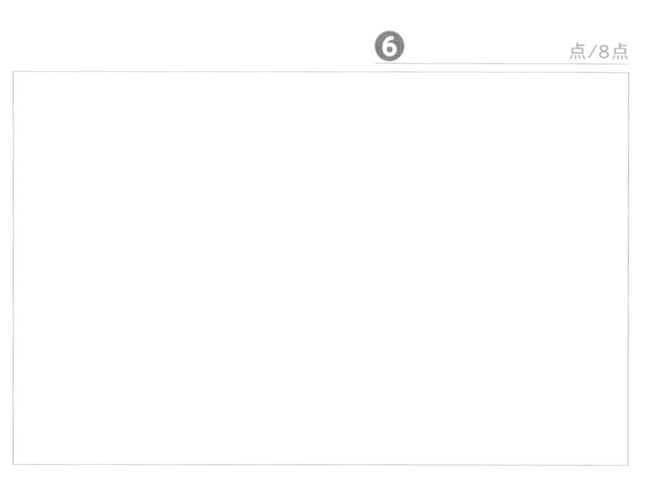

7 円錐(えんすい)において，底面の円の半径を2倍，高さを3倍にすると，体積はもとの円錐の何倍になりますか。文字を使って説明しなさい。考

7 点/8点

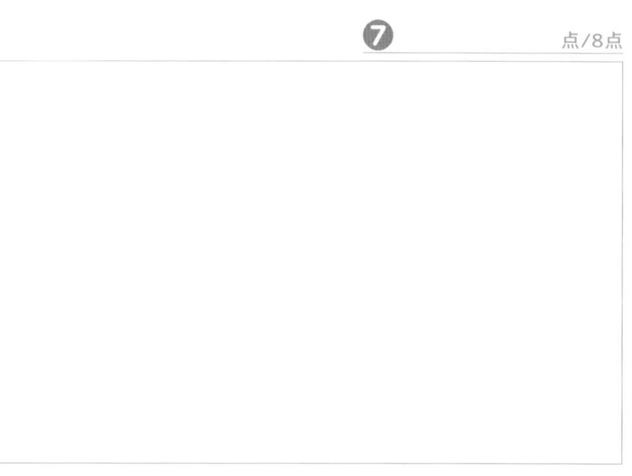

知 /84点	考 /16点

解答▶▶ p.6

教科書のまとめ〈1章　式と計算〉

●単項式と多項式

・項が1つだけの式を**単項式**という。

・a のような1つだけの文字，-3 のような1つだけの数も単項式である。

・項が2つ以上ある式を**多項式**という。

・多項式で，数だけの項を**定数項**という。

(例)　$2x-3y+2=\underline{2x}+(\underline{-3y})+\underline{2}$
（$2x$，$-3y$：項　2：定数項）

●次数

・**単項式の次数**は，単項式でかけ合わされている文字の個数のことをいう。

・**多項式の次数**は，次数が最も高い項の次数のことをいう。

・次数が1の式を1次式，次数が2の式を2次式という。

●同類項

・同じ文字が同じ個数だけかけ合わされている項どうしを**同類項**という。

・同類項は，分配法則 $ax+bx=(a+b)x$ を使って1つの項にまとめることができる。

[注意]　x^2 と $2x$ は，文字が同じでも次数が違うので，同類項ではない。

●多項式の加法，減法

・多項式の加法では，すべての項を加えて，同類項をまとめる。

・多項式の減法では，ひく式の各項の符号を変えて，すべての項を加える。

・2つの式をたしたりひいたりするときは，それぞれの式にかっこと，記号＋，－をつけて計算する。

(例)　$(2x+y)-(4x-3y)$
$=2x+y-4x+3y$
$=-2x+4y$

●単項式の乗法，除法

・単項式どうしの乗法では，係数の積に文字の積をかける。

・同じ文字の積は，累乗の指数を使って表す。

・単項式どうしの除法では，分数の形にするか，乗法になおして計算する。

(例)　$2x\times4y=(2\times4)\times(x\times y)=8xy$
$-x\times2x=-2x^2$
$6xy\div3x=\dfrac{6xy}{3x}=2y$

●多項式と数との乗法，除法

・多項式と数との乗法では，分配法則 $(a+b)c=ac+bc$ を使って計算することができる。

・多項式を数でわるには，式を分数の形で表すか，わる数を逆数にしてかける。

●かっこをふくむ式の計算

❶かっこをはずす→❷項を並べかえる→❸同類項をまとめる

●分数をふくむ式の計算

方法1

❶通分する→❷1つの分数にまとめる
→❸分子のかっこをはずす
→❹同類項をまとめる

方法2

❶(分数)×(多項式)の形に変形する
→❷かっこをはずす→❸項を並べかえる
→❹同類項をまとめる

●等式の変形

初めの式を変形して，x の値を求める式を導くことを，**x について解く**という。

2章　連立方程式

次の学習に
入る前に
取り組もう。

□ 1次方程式を解く手順　　◀ 中学1年

❶必要であれば，かっこをはずしたり分母をはらったりする。　$4(x-4)=x-1$
$4x-16=x-1$

❷文字の項（こう）を左辺に，数の項を右辺に移項する。　$4x-x=-1+16$

❸ $ax=b$ の形にする。　$3x=15$

❹両辺を x の係数 a でわる。　$x=5$

1 次の方程式を解きなさい。　◀ 中学1年〈1次方程式〉

(1) $-\frac{2}{3}x=10$

(2) $7x-6=4+5x$

(3) $5(2x-4)=8(x+1)$

(4) $0.7x-2.6=-0.4x+1.8$

ヒント
(3)かっこをはずしてから，移項すると……

(5) $\frac{3}{4}x+1=\frac{1}{4}x-\frac{3}{2}$

(6) $\frac{x+3}{5}=\frac{3x-2}{4}$

ヒント
(5)，(6)両辺に分母の最小公倍数をかけて，分母をはらうと……

2 何人かの生徒に色紙を配るのに，1人に4枚ずつ配ると15枚余り，6枚ずつ配ると3枚たりません。
生徒の人数を求めなさい。　◀ 中学1年〈方程式の利用〉

ヒント
色紙の枚数を，2通りの配り方で，それぞれ式に表すと……

3 100円の箱に，120円のプリンと150円のシュークリームを，合わせて12個つめて買うと，1660円でした。
プリンとシュークリームを，それぞれ何個つめたのでしょうか。　◀ 中学1年〈方程式の利用〉

ヒント
プリンの個数を x 個として，シュークリームの個数を表すと……

解答▶▶ p.8

●連立方程式とその解

教科書 p.42～44

例題 1 2元1次方程式$3x+y=8$……㋐と，$x+2y=6$……㋑について，次の(1)，(2)に答えなさい。 ▶▶1 2

(1) ㋐，㋑を成り立たせるx，yの値の組を求めて，表にします。㋤，㋥にあてはまる数を求めなさい。

㋐

x	1	2	3	4	5
y	5	㋤	-1	-4	-7

㋑

x	1	2	3	4	5
y	㋥	2	$\frac{3}{2}$	1	$\frac{1}{2}$

(2) 方程式㋐と㋑を両方とも成り立たせるx，yの値の組を求めなさい。

考え方 (1) それぞれの方程式にxの値を代入し，yの値を求めます。

答え (1) ㋤ ㋐の式をyについて解くと，$y=8-$①[　　]

$x=2$を上の式に代入して，$y=8-3\times2=$②[　　]

㋥ ㋑の式をyについて解くと，$y=\frac{6-x}{2}$

$x=1$を上の式に代入して，$y=\frac{6-1}{2}=$③[　　]

(2) (1)の表から，㋐，㋑を両方とも成り立たせるx，yの値の組は，

$\begin{cases} x=2 \\ y=\text{④[　　]} \end{cases}$

●加減法①

教科書 p.45～47

例題 2 連立方程式$\begin{cases} 2x+y=7 & \text{……㋐} \\ 3x-y=8 & \text{……㋑} \end{cases}$を解きなさい。 ▶▶3

考え方 ㋐，㋑の左辺と左辺，右辺と右辺をそれぞれ加えて，yを消去します。

答え

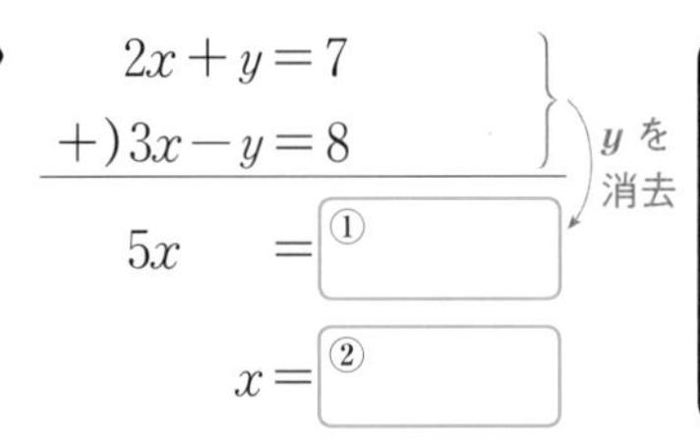

$2x+y=7$
$+)\,3x-y=8$ （yを消去）
$5x\quad=$①[　　]
$x=$②[　　]

$x=3$を㋐に代入すると，

$2\times3+y=7$

$y=$③[　　]

答 $\begin{cases} x=\text{②[　　]} \\ y=\text{③[　　]} \end{cases}$

プラスワン　連立方程式，加減法

連立方程式…$\begin{cases} x+y=2 \\ 2x+3y=5 \end{cases}$ のように，方程式を組にしたもの。

加減法…連立方程式の左辺と左辺，右辺と右辺をそれぞれ加えたりひいたりして，1つの文字を消去して解く方法。

1 【連立方程式とその解】連立方程式 $\begin{cases} 4x-y=-1 & \cdots\cdots① \\ x+2y=11 & \cdots\cdots② \end{cases}$ について，次の(1)，(2)に答えなさい。

教科書 p.43～44

□(1) 2元1次方程式①，②を成り立たせるx，yの値の組をそれぞれ求め，下の表を完成させなさい。

①

x	−2	−1	0	1	2
y					

②

x	−2	−1	0	1	2
y					

□(2) 方程式①と②を両方とも成り立たせるx，yの値の組を求めなさい。

絶対理解 **2** 【連立方程式とその解】連立方程式 $\begin{cases} x+y=6 \\ x+2y=8 \end{cases}$ の解を，次の㋐～㋓のなかから選びなさい。
□

教科書 p.44Q1

㋐ $\begin{cases} x=4 \\ y=2 \end{cases}$　㋑ $\begin{cases} x=4 \\ y=-2 \end{cases}$

㋒ $\begin{cases} x=-4 \\ y=2 \end{cases}$　㋓ $\begin{cases} x=-4 \\ y=-2 \end{cases}$

●キーポイント
x，yの値を代入し，方程式が両方とも成り立つかどうかを調べます。

よく出る **3** 【加減法①】次の連立方程式を加減法で解きなさい。

教科書 p.47 活動 2

□(1) $\begin{cases} x+y=6 \\ x-y=-2 \end{cases}$　□(2) $\begin{cases} x-2y=8 \\ x+2y=-4 \end{cases}$

□(3) $\begin{cases} -x+4y=4 \\ x-3y=-5 \end{cases}$　□(4) $\begin{cases} 5x-3y=-3 \\ 8x-3y=-6 \end{cases}$

●キーポイント
連立方程式の左辺と左辺，右辺と右辺をそれぞれ加えたりひいたりして，1つの文字を消去します。

例題の答え **1** ①$3x$ ②2 ③$\frac{5}{2}$ ④2 **2** ①15 ②3 ③1

解答▶▶ p.8

2章　連立方程式

2節　連立方程式の解き方
①　連立方程式の解き方—(2)

●加減法②

教科書 p.48〜49

□ **例題1**　連立方程式 $\begin{cases} 8x+3y=1 & \cdots\cdots ㋐ \\ 5x+2y=1 & \cdots\cdots ㋑ \end{cases}$ を解きなさい。 ▸▸1 2

考え方　どちらかの文字を消去するために，消去したい文字の係数の絶対値を等しくします。
yの係数の絶対値を等しくするために，㋐の両辺を2倍，㋑の両辺を3倍します。

答え

㋐×2　　$16x+6y=2$

㋑×3　$-)\ 15x+6y=3$

$x \quad = $ ①[　　]

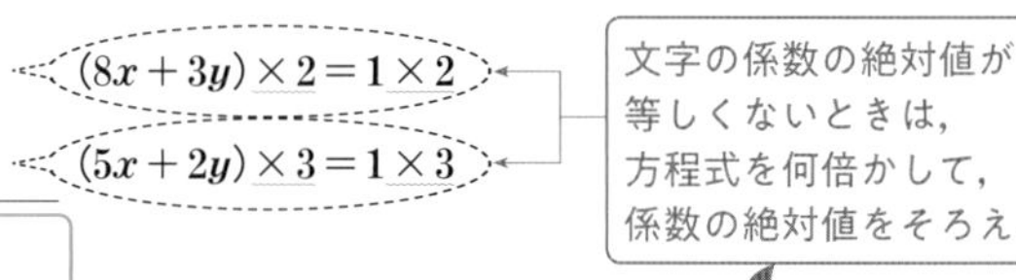

ここがポイント

$x=-1$を㋑に代入すると，

$5\times(-1)+2y=1$

$2y=$ ②[　　]

$y=$ ③[　　]

答 $\begin{cases} x= ①[\quad] \\ y= ③[\quad] \end{cases}$

●代入法

教科書 p.50〜51

□ **例題2**　連立方程式 $\begin{cases} 3x-2y=5 & \cdots\cdots ㋐ \\ y=x-4 & \cdots\cdots ㋑ \end{cases}$ を解きなさい。 ▸▸3

考え方　㋑を㋐に代入して，yを消去します。

答え　㋑を㋐に代入すると，

$3x-2(x-4)=5$

$3x-2x+8=5$

$x=$ ①[　　]

$3x-2(y)=5$ 　$(y)=[x-4]$
$3x-2([x-4])=5$

yが$x-4$に等しいから，
yを$x-4$に置きかえる。

$x=-3$を㋑に代入すると，

$y=$ ①[　　] -4

$y=$ ②[　　]

答 $\begin{cases} x= ①[\quad] \\ y= ②[\quad] \end{cases}$

プラスワン　代入法

代入法（だいにゅうほう）…一方の式を他方の式に代入することによって，
1つの文字を消去して解く方法。

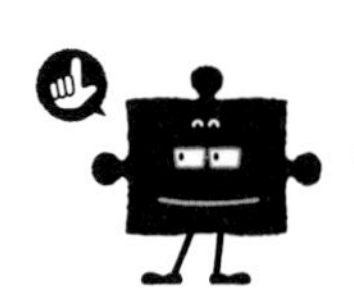

数の場合と同じように，文字を式に置きかえることも「代入する」といいます。

1 【加減法②】次の連立方程式を加減法で解きなさい。

教科書 p.48 活動 3，4

□(1) $\begin{cases} x+2y=4 \\ 4x+3y=6 \end{cases}$　□(2) $\begin{cases} 2x+3y=8 \\ x+y=2 \end{cases}$

□(3) $\begin{cases} 2x+y=5 \\ x-4y=-2 \end{cases}$　□(4) $\begin{cases} 2x-y=4 \\ 5x+4y=-3 \end{cases}$

●キーポイント
x，yのどちらかの係数の絶対値を等しくするために，一方の方程式を何倍かします。

絶対理解 **2** 【加減法②】次の連立方程式を加減法で解きなさい。

教科書 p.49 例題 5

□(1) $\begin{cases} -2x+3y=0 \\ 3x-2y=5 \end{cases}$　□(2) $\begin{cases} 3x+4y=10 \\ 5x-3y=7 \end{cases}$

□(3) $\begin{cases} 3x+2y=1 \\ 4x+5y=-15 \end{cases}$　□(4) $\begin{cases} 2x-6y=8 \\ 3x+4y=-1 \end{cases}$

●キーポイント
x，yのどちらかの係数の絶対値を等しくするために，両方の方程式をそれぞれ何倍かします。

よく出る **3** 【代入法】次の連立方程式を代入法で解きなさい。

教科書 p.50活動1，p.51活動2

□(1) $\begin{cases} 3x-2y=-32 \\ x=-2y \end{cases}$　□(2) $\begin{cases} x=2y-3 \\ 8x+y=10 \end{cases}$

□(3) $\begin{cases} y=3x-7 \\ 3x-2y=11 \end{cases}$　□(4) $\begin{cases} y=5x+15 \\ y=-3x-17 \end{cases}$

⚠ミスに注意
式を代入するときは，かっこをつけて代入します。

例題の答え **1** ①-1　②6　③3　**2** ①-3　②-7

2節 連立方程式の解き方
② いろいろな連立方程式の解き方

●いろいろな連立方程式

教科書 p.52～53

□ 例題 1 次の連立方程式を解きなさい。 ▶▶1～3

(1) $\begin{cases} x+4y=11 & \cdots\cdots ㋐ \\ 3(x-1)-4y=-2 & \cdots\cdots ㋑ \end{cases}$

(2) $\begin{cases} 4x-3y=11 & \cdots\cdots ㋐ \\ \dfrac{1}{3}x+\dfrac{y}{2}=\dfrac{1}{6} & \cdots\cdots ㋑ \end{cases}$

考え方 (1) ㋑のかっこをはずして，整理してから解きます。
(2) ㋑の両辺に，係数の分母の最小公倍数をかけて，係数を整数になおしてから解きます。

答え

(1) ㋑のかっこをはずすと，

$3x-3-4y=-2$

$3x-4y=$ ① …… ㋒

㋐と㋒を組にした連立方程式を解く。

㋐ $\quad x+4y=11$

㋒ $\quad +)\ 3x-4y=1$

$4x \quad =12$ ←yを消去

$x=$ ②

$x=3$を㋐に代入すると，

$3+4y=11$

$y=$ ③

答 $\begin{cases} x=3 \\ y= ③ \end{cases}$

(2) ㋑の両辺に6をかけると，

$\left(\dfrac{1}{3}x+\dfrac{y}{2}\right)\times 6=\dfrac{1}{6}\times$ ④

$2x+3y=1$ …… ㋒

㋐と㋒を組にした連立方程式を解く。

㋐ $\quad 4x-3y=11$

㋒ $\quad +)\ 2x+3y=1$

$6x \quad =12$ ←yを消去

$x=$ ⑤

$x=2$を㋒に代入すると，

$2\times 2+3y=1$

$y=$ ⑥

答 $\begin{cases} x= ⑤ \\ y=-1 \end{cases}$

● $A=B=C$ の形の方程式

教科書 p.54

□ 例題 2 方程式 $2x-3y=10x+y=8$ を解きなさい。 ▶▶4

考え方 $A=B=C$の形の方程式を，$\begin{cases} A=C \\ B=C \end{cases}$ の連立方程式にして解きます。

答え

$\begin{cases} 2x-3y=8 & \cdots\cdots ㋐ \\ 10x+y=8 & \cdots\cdots ㋑ \end{cases}$

㋐ $\quad 2x-3y=8$

㋑×3 $\quad +)\ 30x+3y=24$

$32x \quad =32$ ←yを消去

$x=$ ①

$x=1$を㋑に代入すると，

$10\times 1+y=8$

$y=$ ②

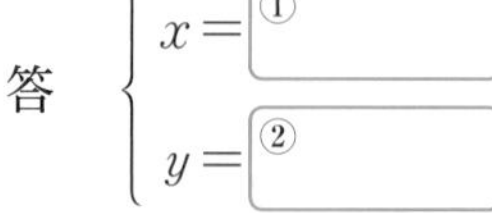

答 $\begin{cases} x= ① \\ y= ② \end{cases}$

1 【かっこがある連立方程式】次の連立方程式を解きなさい。 教科書 p.52 活動 1

□(1) $\begin{cases} 2x+y=10 \\ 2(x-y)-y=2 \end{cases}$　□(2) $\begin{cases} 5x+3(x-2y)=-6 \\ -4x+y=-7 \end{cases}$

2 【小数がある連立方程式】次の連立方程式を解きなさい。 教科書 p.52～53 活動 2

□(1) $\begin{cases} 0.2x+0.1y=0.5 \\ 3x+4y=5 \end{cases}$　□(2) $\begin{cases} 4x+y=17 \\ -0.01x+0.02y=-0.11 \end{cases}$

●キーポイント
係数に小数があるときは，両辺に10や100などをかけて，係数をすべて整数になおしてから解きます。

3 【分数がある連立方程式】次の連立方程式を解きなさい。 教科書 p.53 活動 3

□(1) $\begin{cases} 2x-3y=1 \\ -\frac{1}{4}x+\frac{4}{5}y=2 \end{cases}$　□(2) $\begin{cases} \frac{x}{2}+\frac{y}{3}=3 \\ 3x-y=9 \end{cases}$

4 【$A=B=C$の形の方程式】方程式$2x-y=-x+3y-10=-5y$を解きなさい。

□

●キーポイント
$A=B=C$の方程式は，
$\begin{cases} A=B \\ A=C \end{cases}$　$\begin{cases} A=B \\ B=C \end{cases}$　$\begin{cases} A=C \\ B=C \end{cases}$ のいずれかの形にして解きます。

例題の答え **1** ①1　②3　③2　④6　⑤2　⑥−1　**2** ①1　②−2

2章 教科書52～54ページ

1 連立方程式 $\begin{cases} 3x+y=7 \\ 2x+3y=7 \end{cases}$ について，次の(1)～(3)に答えなさい。

□(1) 2元1次方程式 $3x+y=7$ を成り立たせる自然数 x，y の値(あたい)の組をすべて求めなさい。

□(2) 2元1次方程式 $2x+3y=7$ を成り立たせる自然数 x，y の値の組をすべて求めなさい。

□(3) (1)，(2)の結果から，上の連立方程式の解を求めなさい。

2 次の連立方程式を加減法で解きなさい。

□(1) $\begin{cases} 2x-y=4 \\ x-2y=-1 \end{cases}$

□(2) $\begin{cases} 2x-3y=-7 \\ 3x+5y=-1 \end{cases}$

3 次の連立方程式を代入法で解きなさい。

□(1) $\begin{cases} x=3-2y \\ 2x-y=-4 \end{cases}$

□(2) $\begin{cases} 5x+2y=-1 \\ y=3x+5 \end{cases}$

4 次の連立方程式を解きなさい。

□(1) $\begin{cases} 2x+(x-y)=-3 \\ 2x+y=8 \end{cases}$

□(2) $\begin{cases} 3x+y-2=0 \\ 3(x-4)-5(y-1)=x \end{cases}$

□(3) $\begin{cases} 4(m+n)=n-1 \\ 2m=5n+6 \end{cases}$

ヒント
2 (2) x の係数をそろえるために，上の式の両辺を3倍，下の式の両辺を2倍します。
4 (2)上の式は移項して，下の式はかっこをはずして，どちらも $ax+by=c$ の形にします。

定期テスト予報

●連立方程式の解き方をしっかりと覚えよう。
加減法と代入法のどちらを使うと計算が簡単になるかを考えて解こう。また，かっこや小数，分数をふくむものは出題されやすいので，ミスなく解けるようにしよう。

5 次の連立方程式を解きなさい。

□(1) $\begin{cases} 0.3x-0.1y=-0.3 \\ 0.2x+0.1y=0.8 \end{cases}$

□(2) $\begin{cases} x-0.25y=3.5 \\ 1.3x+y=1.9 \end{cases}$

6 次の連立方程式を解きなさい。

□(1) $\begin{cases} 4x-5y=14 \\ \dfrac{4}{3}x+\dfrac{1}{2}y=9 \end{cases}$

□(2) $\begin{cases} x+\dfrac{y}{3}=\dfrac{7}{3} \\ -2x+5y=1 \end{cases}$

□(3) $\begin{cases} \dfrac{x-4}{5}=\dfrac{y-1}{2} \\ 4-\dfrac{3y-4}{8}=3x \end{cases}$

7 次の連立方程式を解きなさい。

□(1) $\begin{cases} 0.1x=-0.3y \\ \dfrac{1}{10}x+\dfrac{1}{20}y=\dfrac{1}{4} \end{cases}$

□(2) $\begin{cases} 0.75x-0.5(y+1)=1 \\ \dfrac{1}{3}(x+1)+\dfrac{1}{4}(-y-1)=\dfrac{1}{12} \end{cases}$

8 次の方程式を解きなさい。

□(1) $\dfrac{x+y}{2}=3x-y=4$

□(2) $2x+3y=4x+11y=2y+7$

ヒント

7 (2)まず，両辺に同じ数をかけて小数や分数を整数にしてからかっこをはずします。

8 $A=B=C$から，$A=B$，$B=C$，$A=C$のうち2つの式をつくります。

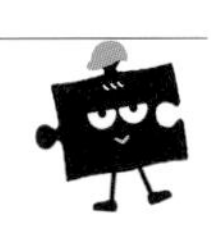

2章 教科書42～54ページ

解答▶▶ p.11

2章 連立方程式

3節 連立方程式の利用 ①／②／③

●代金に関する問題

教科書 p.56〜57

□ 例題1 1個150円のりんごと1個120円のオレンジを合わせて10個買ったら，代金は1380円でした。買ったりんごとオレンジの個数を求めなさい。 ▶▶1

考え方 (りんごの個数)＋(オレンジの個数)＝10(個)
(りんごの代金)＋(オレンジの代金)＝1380(円)
上の2つの数量の関係を使って，連立方程式をつくります。

答え 買ったりんごの個数をx個，オレンジの個数をy個とすると，

$$\begin{cases} x+y=\boxed{①} & \cdots\cdots ㋐ \\ 150x+120y=1380 & \cdots\cdots ㋑ \end{cases}$$

㋐…個数の関係　㋑…代金の関係

㋐×150　$150x+150y=1500$
㋑　$-)\ 150x+120y=1380$

$30y=120$

$y=\boxed{②}$

$y=4$を㋐に代入すると，

$x+4=10$

$x=\boxed{③}$

りんごが6個，オレンジが4個は，問題の答えとしてよい。

答　りんご ③□ 個，オレンジ ②□ 個

❶わかっている数量と求める数量を明らかにし，何をx，yにするか決める。

❷等しい関係にある数量を見つけて，連立方程式をつくる。

❸連立方程式を解く。

❹連立方程式の解を，問題の答えとしてよいかどうかを確かめる。

●割合の問題

教科書 p.60

□ 例題2 ある中学校の生徒数は，昨年は男女合わせて580人でした。今年は男子が4％減り，女子が5％増えたので，男女合わせて582人になりました。
昨年の男子の生徒数をx人，女子の生徒数をy人として，等しい関係にある数量を見つけて，連立方程式をつくりなさい。 ▶▶2 3

答え 数量の関係を表に整理します。

	男子	女子	合計
昨年の生徒数(人)	x	y	580
今年の生徒数(人)	$x\times\dfrac{①}{100}$	$y\times\dfrac{②}{100}$	③

連立方程式は，
$$\begin{cases} x+y=580 & \leftarrow \text{昨年の生徒数の関係} \\ \dfrac{96}{100}x+\dfrac{105}{100}y=582 & \leftarrow \text{今年の生徒数の関係} \end{cases}$$

 **1** 【代金に関する問題】ある動物園の入園料は，大人3人と中学生4人では1000円，大人2人と中学生3人では700円です。大人1人，中学生1人の入園料をそれぞれ求めなさい。

教科書 p.57 例題 2

●キーポイント
2通りの入園料の合計に着目して，連立方程式をつくります。

教科書56～60ページ

絶対理解 **2** 【速さの問題】A市から80km離(はな)れたB市まで自動車で行くのに，はじめは高速道路を時速80kmで，途中(とちゅう)から一般(いっぱん)道路を時速30kmで走ったら，全体で1時間20分かかりました。次の(1)，(2)に答えなさい。

教科書 p.58～59

□(1) 高速道路を走った道のりを$x$km，一般道路を走った道のりを$y$kmとして，数量の関係をまとめます。下の表のあいているところをうめなさい。

	高速道路	一般道路	合計
道のり(km)	x		80
速さ(km/h)	80	30	
時間(時間)		$\frac{y}{30}$	$\frac{4}{3}$

□(2) 連立方程式をつくって，高速道路，一般道路を走った道のりを，それぞれ求めなさい。

●キーポイント
(1) 1時間20分は，
$1\frac{20}{60}=1\frac{1}{3}$
$=\frac{4}{3}$(時間)
です。
(2) 道のりの関係と，かかった時間の関係から，連立方程式をつくります。

3 【割合の問題】家からある町まで，電車とバスに乗って行きます。3年前は電車代とバス代を合わせると550円でした。今年も同じコースで行ったら，電車代が20%，バス代が40%上がっていたので，全部で700円でした。今年の電車代とバス代をそれぞれ求めなさい。

教科書 p.60 Q1

●キーポイント
3年前の電車代をx円，バス代をy円として連立方程式をつくります。

例題の答え **1** ①10 ②4 ③6 **2** ①96 ②105 ③582

解答▶▶ p.12

2章　連立方程式

3節　連立方程式の利用　①～③

1 りんご4個となし3個を買って850円払(はら)いました。このりんご3個の代金となし2個の代金が同じであるとき，りんごとなし1個の値段をそれぞれ求めなさい。

2 2桁(けた)の自然数があります。この自然数の十の位の数と一の位の数を入れかえてできる数は，もとの数より9大きいです。また，この自然数の十の位の数と一の位の数の和を5倍すると，もとの自然数と等しくなるといいます。このとき，もとの自然数を求めなさい。

3 鉛筆(えんぴつ)が30本あります。これを何人かの男女のグループに配るとき，男子に3本ずつ，女子に2本ずつ配ると2本余り，男子に2本ずつ，女子に3本ずつ配ると3本余ります。このとき，男子と女子の人数をそれぞれ求めなさい。

4 A，B2つのクラスで5点満点のテストをしました。その結果を得点ごとに集計し，まとめたものが右の表です。2クラスの合計人数が50人，2クラスの平均が3.2点であるとき，x，yの値(あたい)をそれぞれ求めなさい。

組＼得点	1	2	3	4	5	合計
A(人)	0	4	16	x	2	50
B(人)	2	5	y	7	4	

5 地点Aから地点Bを通って地点Cへ行きます。地点Aから地点Cまでは25kmの道のりがあり，AB間を時速4km，BC間を時速6kmで行くと5時間かかりました。このとき，AB間，BC間の道のりをそれぞれ求めなさい。

ヒント
2 十の位の数をx，一の位の数をyと置くと，もとの2桁の自然数は$10x+y$と表せます。
4 (平均点)×(人数)＝(合計の得点)の式を利用します。

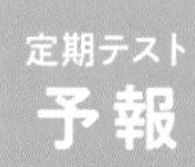

●連立方程式の利用の問題は，きちんと立式できるようにしよう。
代金の問題や速さの問題は必ず出題されるので，何度も練習しよう。割合の問題では，百分率か歩合かで式が変わるので気をつけよう。

6 □ 1周480mの池の周りを，兄は自転車で走り，弟は歩きました。2人が同じ地点を同時に出発して，反対方向に進むと2分後に出会い，同じ方向に進むと4分後に兄が弟に追いつきました。2人が一定の速さで進むとき，兄と弟のそれぞれの速さを求めなさい。

7 □ 濃度(のうど)が3%の食塩水Aと7%の食塩水Bを混ぜた後，水を100g加えてよく混ぜました。すると，濃度が4%の食塩水が900gできました。それぞれ何gずつ混ぜたか求めなさい。

8 □ ある中学校の昨年の生徒数は，男女合わせて700人でした。今年は昨年と比べて，男子の人数は8%増加し，女子の人数は6%減少したので，全体の人数は14人増加しました。この中学校の今年の男子，女子の生徒数をそれぞれ求めなさい。

9 □ 品物AとBがあります。このAとBの値段の比は3：5で，Aを1割引き，Bを2割引きで買うと，合わせた代金は6700円です。品物A，Bのそれぞれの値段を求めなさい。

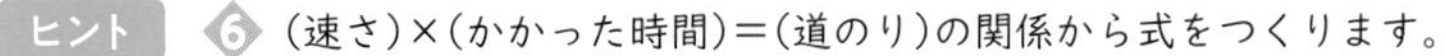
6 (速さ)×(かかった時間)＝(道のり)の関係から式をつくります。

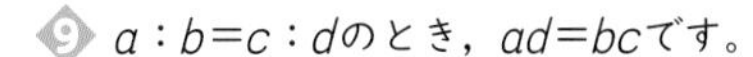
9 $a:b=c:d$のとき，$ad=bc$です。

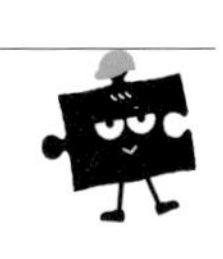

解答▶▶ p.12

ぴたトレ 3
確認テスト

2章　連立方程式

時間30分　／100点　合格70点

1 x, yが自然数であるとき，2元1次方程式$2x+y=6$の解をすべて求めなさい。知

1　点/5点

2 次の連立方程式のうち，$\begin{cases} x=-2 \\ y=-1 \end{cases}$ が解になるのはどれですか。㋐～㋒の記号で答えなさい。知

㋐ $\begin{cases} 5x-3y=6 \\ 2x+4y=7 \end{cases}$　㋑ $\begin{cases} 4x-5y=-3 \\ 3x-4y=-2 \end{cases}$　㋒ $\begin{cases} 3x-5y=6 \\ 4x+6y=9 \end{cases}$

2　点/5点

3 次の連立方程式を解きなさい。知

(1) $\begin{cases} 3x+y=10 \\ x-2y=8 \end{cases}$　(2) $\begin{cases} 3a+2b=9 \\ 4a+3b=11 \end{cases}$

(3) $\begin{cases} x=-4-4y \\ 2x+3y=2 \end{cases}$　(4) $\begin{cases} 5x-2y=-4 \\ 2y=3x \end{cases}$

3　点/20点(各5点)

(1)	
(2)	
(3)	
(4)	

4 次の連立方程式を解きなさい。知

(1) $\begin{cases} 3m+4n-11=0 \\ 2m+3n-8=0 \end{cases}$　(2) $\begin{cases} x+y=40 \\ 50x+70y=2360 \end{cases}$

(3) $\begin{cases} 4x+y=x-y+7 \\ -3y=2-8x \end{cases}$　(4) $\begin{cases} 2x-y=x+5 \\ 2x+4y=20+y \end{cases}$

4　点/20点(各5点)

成績評価の観点　知…数量や図形などについての知識・技能　考…数学的な思考・判断・表現

5 次の連立方程式を解きなさい。知

(1) $\begin{cases} 3x+2y=-2 \\ 2x+4(y-2)=12 \end{cases}$　　(2) $\begin{cases} 0.7x-0.3y=-1.3 \\ 0.2x+0.5y=0.8 \end{cases}$

(3) $\begin{cases} 4a-b=25 \\ \dfrac{2}{3}a-\dfrac{1}{4}b=\dfrac{17}{4} \end{cases}$　　(4) $\dfrac{a}{2}+\dfrac{b}{3}=2a+b=1$

5　点/24点(各6点)

(1)	
(2)	
(3)	
(4)	

2章

教科書40～62ページ

6 連立方程式 $\begin{cases} a-bx=y \\ ay-b=x+2 \end{cases}$ の解が $\begin{cases} x=-1 \\ y=1 \end{cases}$ であるとき，a，b の値(あたい)を求めなさい。考

6　点/8点

a	
b	

7 募金(ぼきん)箱の中に，10円玉と5円玉が入っていました。数えてみると，枚数は合わせて580枚で，合計金額は4710円でした。10円玉と5円玉はそれぞれ何枚ずつ入っていたか求めなさい。考

7　点/9点

点UP **8** ある列車が，840mの鉄橋を渡(わた)り始めてから，渡り終わるまでに50秒かかりました。また，2240mのトンネルに入り始めてから，出終わるまでに2分かかりました。この列車の長さと速さ(分速)を求めなさい。考

8　点/9点

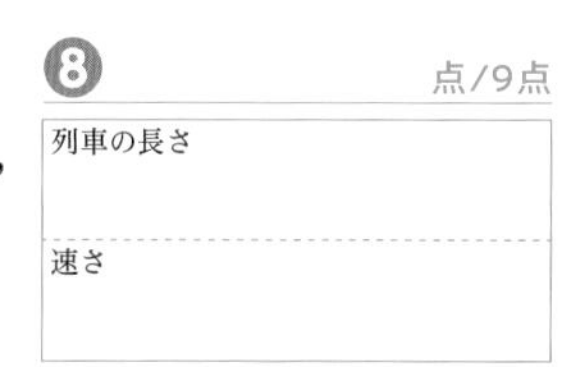

教科書のまとめ〈2章　連立方程式〉

●連立方程式とその解

・2つの文字をふくむ1次方程式を**2元1次方程式**といい，2元1次方程式を成り立たせる2つの文字の値(あたい)の組を，その方程式の**解**という。

・いくつかの方程式を組にしたものを**連立方程式**という。

・組にした方程式をすべて成り立たせるx，yの値の組を，その連立方程式の**解**といい，解を求めることを，連立方程式を**解く**という。

●連立方程式の解き方

文字x，yをふくむ連立方程式から，yをふくまない方程式を導くことを，yを**消去する**という。

●加減法

・連立方程式の左辺と左辺，右辺と右辺をそれぞれ加えたりひいたりして，1つの文字を消去して解く方法を**加減法**という。

・2つの式をそのまま加えたりひいたりしても文字を消去できない場合は，どちらかの文字を消去するために，一方の方程式の両辺，もしくは両方の方程式の両辺を整数倍して，消去したい文字の係数の絶対値を等しくしてから解く。

(例) $\begin{cases} 2x+3y=1 & \cdots\cdots① \\ 3x+4y=2 & \cdots\cdots② \end{cases}$

①×3　$6x+9y=3$

②×2　$-)\ 6x+8y=4$

$y=-1$

$y=-1$を①に代入して整理すると，$x=2$

答 $\begin{cases} x=2 \\ y=-1 \end{cases}$

●代入法

一方の式を他方の式に代入することによって，1つの文字を消去して解く方法を**代入法**という。

(例) $\begin{cases} y=3x & \cdots\cdots① \\ 5x-2y=1 & \cdots\cdots② \end{cases}$

①を②に代入すると，

$5x-2\times3x=1$

$x=-1$

$x=-1$を①に代入すると，$y=-3$

答 $\begin{cases} x=-1 \\ y=-3 \end{cases}$

●係数が整数でない連立方程式

・係数に小数があるときは，両辺に10や100などをかけて，係数を整数になおす。

・係数に分数があるときは，両辺に分母の最小公倍数をかけて，分母をはらう。

●$A=B=C$の形の方程式

次のいずれかの連立方程式をつくって解く。

$\begin{cases} A=B \\ B=C \end{cases}$　$\begin{cases} A=B \\ A=C \end{cases}$　$\begin{cases} A=C \\ B=C \end{cases}$

●連立方程式の利用

❶ わかっている数量と求める数量を明らかにし，何をx，yにするか決める。

❷ 等しい関係にある数量を見つけて，連立方程式をつくる。

❸ 連立方程式を解く。

❹ 連立方程式の解を，問題の答えとしてよいかどうかを確かめる。

※割合の問題では，割合を分数で表すときに，約分せずに表し，方程式の両辺を100倍するとよい。

3章　1次関数

次の学習に入る前に取り組もう。

□比例のグラフ

⬅中学1年

比例の関係 $y=ax$ のグラフは，原点を通る直線で，比例定数 a の値(あたい)によって次のように右上がりか，右下がりになる。

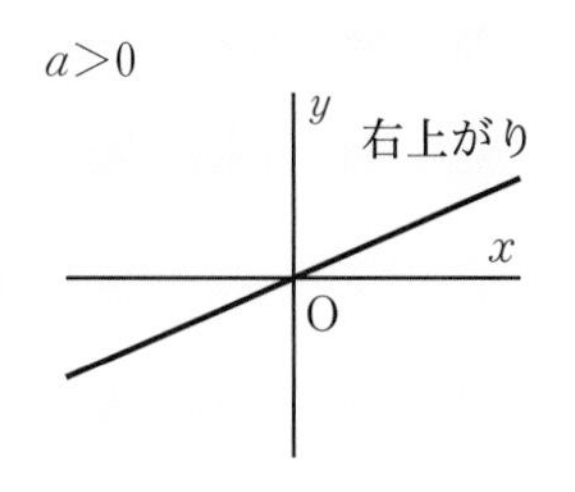

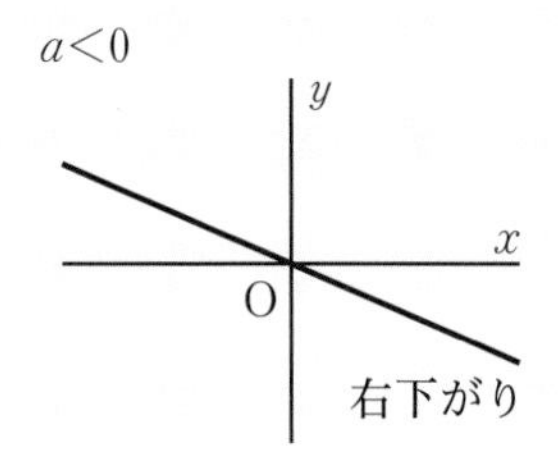

1 次の x と y の関係を式に表しなさい。このうち，y が x に比例するものはどれですか。また，反比例するものはどれですか。

⬅中学1年〈比例，反比例〉

(1)　1辺の長さが x cm の正方形の周の長さが y cm

(2)　120ページの本を，x ページ読んだときの残りのページ数が y ページ

(3)　縦が x cm，横が y cm の長方形の面積が 30 cm²

ヒント

比例定数を a とすると，比例の関係は $y=ax$，反比例の関係は $y=\frac{a}{x}$ だから……

2 次の(1)～(3)のグラフをかきなさい。

⬅中学1年〈比例のグラフ〉

(1)　$y=x$　　(2)　$y=-\frac{1}{3}x$　　(3)　$y=\frac{5}{2}x$

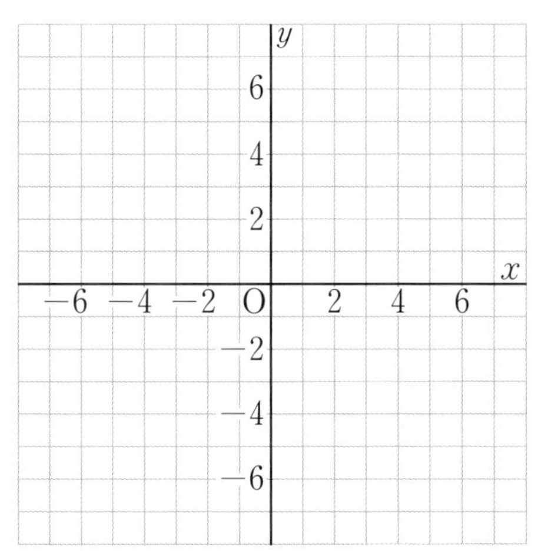

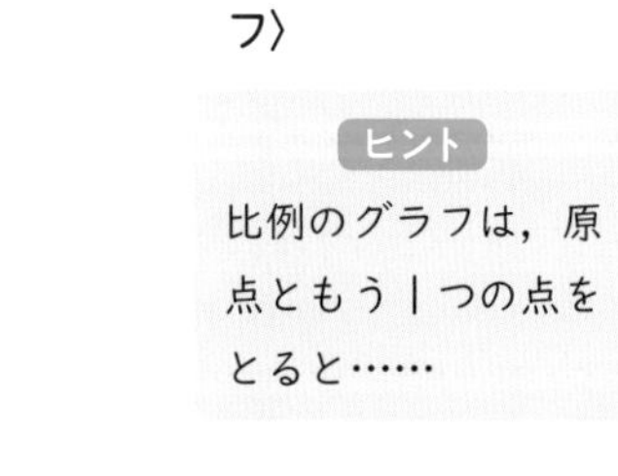

解答▶▶ p.16

1節 1次関数
① 1次関数／② 1次関数の値の変化のようす

● 1次関数

教科書 p.68〜69

例題 1 大気中の気温は，上空11kmまで1km上昇(じょうしょう)するごとに6℃ずつ下がります。地上の気温が27℃であるとき，上空$x$kmの気温をy℃とします。次の(1)，(2)に答えなさい。 ▶▶1

(1) yをxの式で表しなさい。

(2) yはxの1次関数であるかどうかを答えなさい。

考え方 (2) yがxの関数で，$y=ax+b$(a，bは定数，$a \neq 0$)で表されるとき，yはxの1次関数であるといいます。

答え (1) 1km上昇するごとに6℃ずつ下がるから，$x$kmでは$6x$℃下がる。

地上の気温が27℃だから，

$y=27-$ ① ［　　］ すなわち，$y=-$ ① ［　　］ $+27$

(2) $y=ax+b$(a，bは定数)の形で表されるから，yはxの ② ［　　］ 関数である。

● 1次関数の変化の割合

教科書 p.70〜72

例題 2 1次関数$y=3x-2$で，xの値(あたい)が次の(1)，(2)のように増加するときの変化の割合を求めなさい。 ▶▶2 3

(1) 3から7まで　　(2) -4から2まで

考え方 xの増加量に対するyの増加量の割合を変化の割合といいます。

$$(\text{変化の割合})=\frac{(y\text{の増加量})}{(x\text{の増加量})}$$

答え

(1) xの増加量は，

$7-3=$ ① ［　　］

yの増加量は，

$(3\times7-2)-(3\times3-2)=12$

だから，

$$(\text{変化の割合})=\frac{(y\text{の増加量})}{(x\text{の増加量})}=\frac{12}{①［　　］}=3$$

(2) xの増加量は，

$2-(-4)=$ ② ［　　］

yの増加量は，

$(3\times2-2)-\{3\times(-4)-2\}=18$

だから，

$$(\text{変化の割合})=\frac{(y\text{の増加量})}{(x\text{の増加量})}=\frac{18}{②［　　］}=3$$

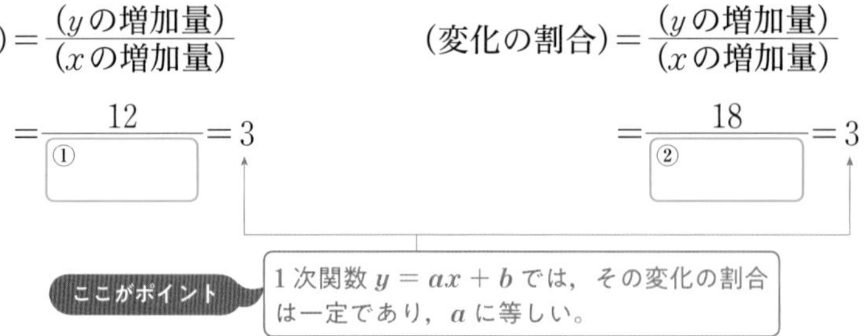

絶対理解 **1** **【1次関数】次の(1)〜(3)で，yをxの式で表し，yはxの1次関数であるといえるかどうかを答えなさい。**

教科書 p.69 Q4

□(1)　分速xmで30分歩いたときの道のりがym

●キーポイント
比例は1次関数の特別な場合といえます。

□(2)　1辺の長さが$x$cmの正方形の面積が$y\text{cm}^2$

□(3)　上底の長さが4cm，下底の長さが$x$cm，高さが10cmの台形の面積が$y\text{cm}^2$

2 **【1次関数の変化の割合】1次関数$y=\frac{3}{2}x+1$について，次の(1)，(2)に答えなさい。**

教科書 p.72 例3，Q3，6

□(1)　xの値が次の①，②のように増加するときの変化の割合を求めなさい。

①　2から8まで　　　②　-4から6まで

●キーポイント
1次関数$y=ax+b$では，
（変化の割合）
$=\frac{(y\text{の増加量})}{(x\text{の増加量})}=a$
です。

□(2)　xの増加量が次の①，②のときのyの増加量を求めなさい。

①　1　　　②　4

3 **【1次関数の変化の割合】** 1次関数$y=-2x+1$で，xの値が1から4まで増加するときの
□　yの増加量を求めなさい。

教科書 p.72 例3，Q6

例題の答え **1** ①$6x$　②1次　**2** ①4　②6

解答▶▶ p.16

1節　1次関数
③　1次関数のグラフ―(1)

1次関数のグラフ

教科書 p.73〜74

例題 1

1次関数$y=3x+2$のグラフについて，次の(1)，(2)に答えなさい。 ▶▶1 2

(1)　$y=3x$のグラフをどのように移動させたものですか。

(2)　切片（せっぺん）を答えなさい。

考え方　1次関数$y=ax+b$のグラフは直線で，$y=ax$のグラフをy軸（じく）の正の向きに，bだけ平行移動させたものです。また，bをこのグラフの切片といいます。

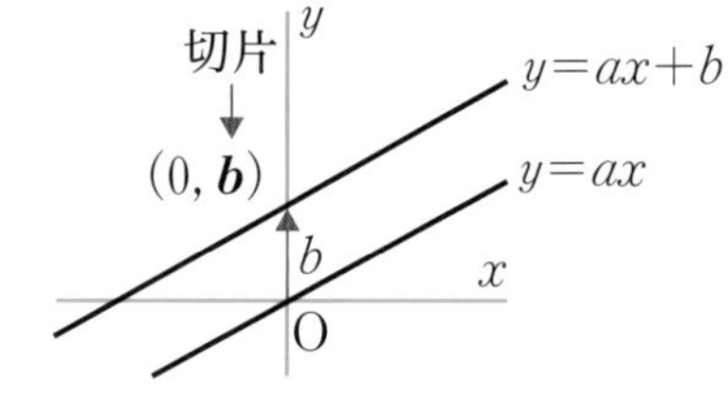

1次関数$y=ax+b$の定数の部分bは，
・$x=0$のときのyの値（あたい）
・グラフとy軸との交点$(0,\ b)$のy座標

答え　(1)　1次関数$y=3x+2$のグラフは，$y=3x$のグラフをy軸の正の向きに ① だけ平行移動させたものである。

(2)　1次関数$y=3x+2$のグラフの切片は ② である。

プラスワン　y軸の正の向きに-3移動させること

y軸の正の向きに-3移動させることは，y軸の負の向きに3だけ平行移動させることと同じです。

1次関数のグラフの傾き

教科書 p.75〜76

例題 2

1次関数$y=3x-2$のグラフの傾き（かたむ）きを答えなさい。 ▶▶3 4

考え方　1次関数$y=ax+b$のグラフで，aをこのグラフの傾きといいます。

答え　$a=3$だから，傾きは □

プラスワン　1次関数の値の増減とグラフ

1次関数$y=ax+b$のグラフは，傾きがa，切片がbの直線です。

1　$a>0$のとき

xの値が増加すると，対応するyの値も増加する。

2　$a<0$のとき

xの値が増加すると，対応するyの値は減少する。

傾きaの絶対値が大きいほど，傾きは急になります。

絶対理解 **1** **【1次関数のグラフ】** 右の図の直線は$y=3x$のグラフです。このグラフをもとにして，$y=3x-4$のグラフをかき入れなさい。また，$y=3x-4$のグラフは，$y=3x$のグラフをどのように平行移動させたものですか。 教科書 p.74 活動2

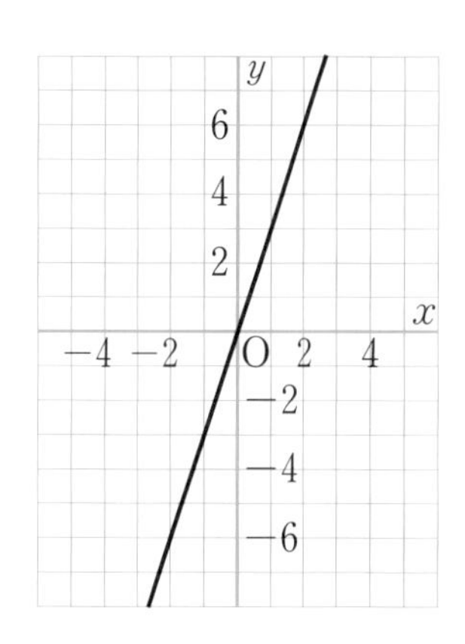

2 **【1次関数のグラフの切片】** 次の1次関数のグラフの切片を答えなさい。 教科書 p.74 Q4

□(1) $y=2x-3$

□(2) $y=-3x+1$

●キーポイント
1次関数$y=ax+b$のbを，このグラフの切片といいます。

3 **【1次関数のグラフの傾き】** 次の1次関数のグラフの傾きを答えなさい。 教科書 p.75 活動3

□(1) $y=4x-1$

□(2) $y=-x+5$

4 **【直線の式】** 次の直線の式を求めなさい。 教科書 p.76 Q7

□(1) 傾きが-3，切片が4

□(2) 傾きが$\frac{3}{4}$，切片が0

●キーポイント
傾きa，切片bの直線をℓとするとき，$y=ax+b$を直線ℓの式といい，この直線を，直線$y=ax+b$といいます。

例題の答え **1** ①2 ②2 **2** 3

解答▶▶ p.16

ぴたトレ 1

要点チェック

3章 1次関数

1節 1次関数
③ 1次関数のグラフ―(2)

● 1次関数のグラフのかき方①

教科書 p.76~77

□ **例題 1** 1次関数 $y=3x-1$ のグラフをかきなさい。 ▶▶1 2

考え方 傾き(かたむ)と切片(せっぺん)に着目してかきます。

答え ❶ 切片は ① ___ だから，

点 A(0， ① ___)を通る。

❷ 傾きは ② ___ だから，たとえば，

点Aから右に1，上に ② ___ 進んだ

点 B(③ ___ ， ④ ___)を通る。

❸ 2点A，Bを通る直線をひく。

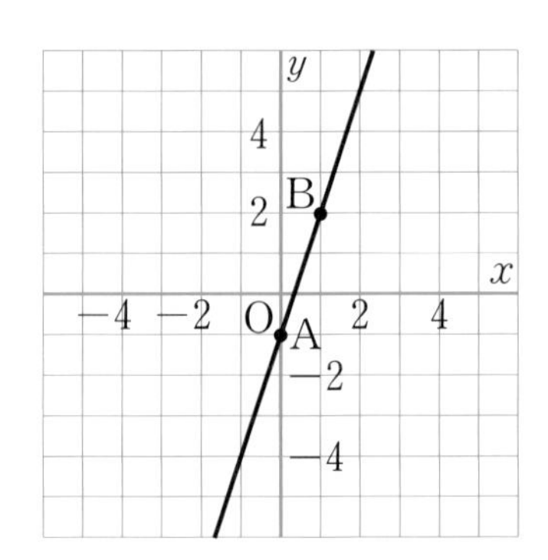

● 1次関数のグラフのかき方②

教科書 p.77

□ **例題 2** 1次関数 $y=-\frac{1}{3}x+2$ のグラフをかきなさい。 ▶▶1 3

考え方 グラフ上にあるとわかっている2点をとってかきます。

答え ❶ 切片が ① ___ だから，

点 A(0， ① ___)

を通る。

（切片から1点を決める）

❷ 傾きが ② ___ だから，

たとえば，点Aから

右に ③ ___ ，下に ④ ___

進んだ点 B(⑤ ___ ， ⑥ ___)

を通る。

（傾きから1点を決める）

❸ 2点A，Bを通る直線をひく。

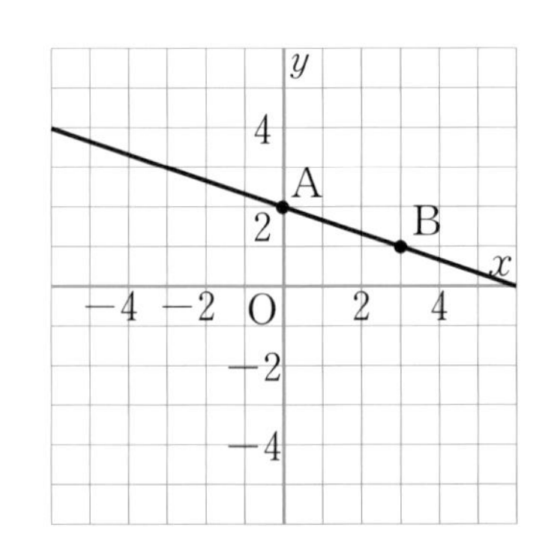

プラスワン 1次関数のグラフ上の2点のとり方

1次関数 $y=-\frac{1}{3}x+2$ のグラフは，2点 (0, 2)，(6, 0) や2点 (−3, 3)，(6, 0) を通る直線をひいてもかくことができます。

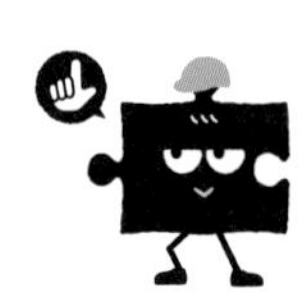

グラフ上の2点は，x座標とy座標がともに整数である点をとると，かきやすくなります。

1 【1次関数のグラフのかき方】1次関数 $y=-\frac{1}{2}x-2$ のグラフについて，次の(1)，(2)に答えなさい。

教科書 p.76～77

□(1) グラフが通る点について，□にあてはまる数を書きなさい。

① 切片が -2 だから，点 $\mathrm{A}(0,\ \square)$ を通る。

② 傾きが $-\frac{1}{2}$ だから，点Aから右に2，下に1進んだ点 $\mathrm{B}(2,\ \square)$ を通る。

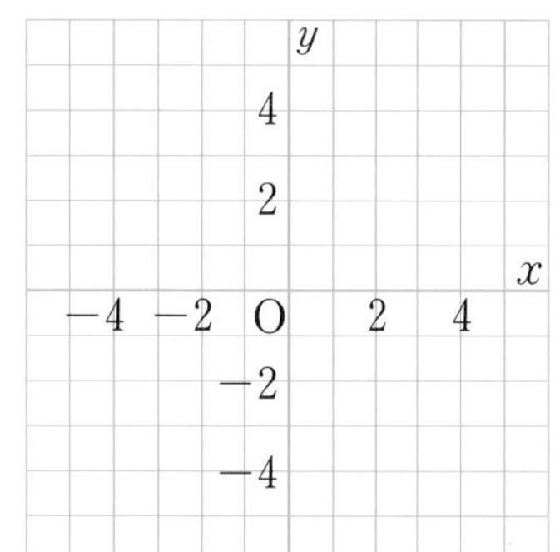

□(2) この1次関数のグラフをかきなさい。

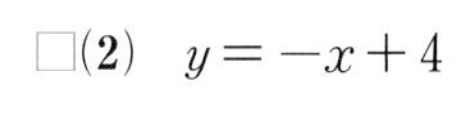

2 【1次関数のグラフのかき方①】次の1次関数のグラフをかきなさい。

教科書 p.77 たしかめ 2

□(1) $y=3x-3$

□(2) $y=-x+4$

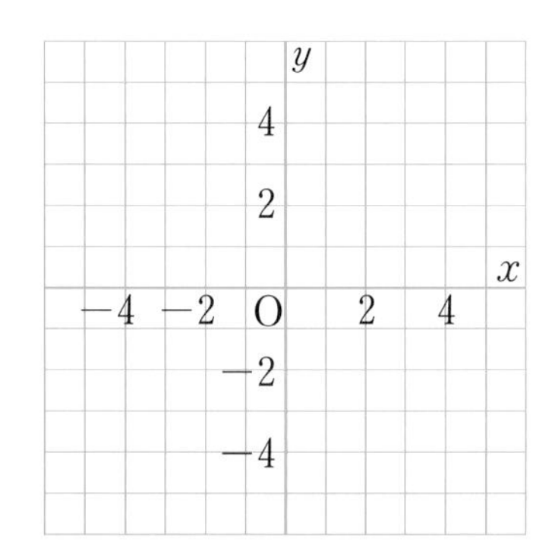

●キーポイント
傾きと切片に着目してグラフをかきます。

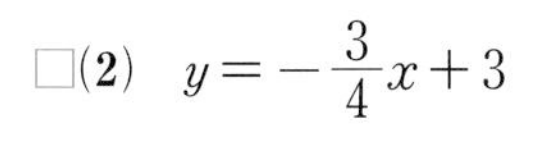

3 【1次関数のグラフのかき方②】次の1次関数のグラフをかきなさい。

教科書 p.77 Q9

□(1) $y=\frac{1}{2}x-1$

□(2) $y=-\frac{3}{4}x+3$

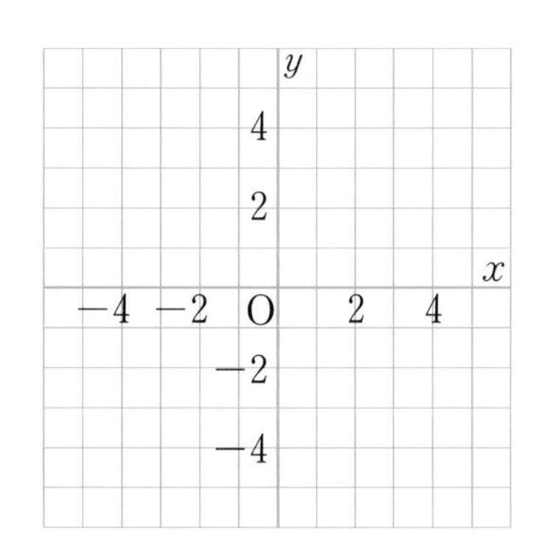

●キーポイント
離(はな)れた2点をとったほうが，グラフを正確にかくことができます。

例題の答え **1** ① -1 ② 3 ③ 1 ④ 2 **2** ① 2 ② $-\frac{1}{3}$ ③ 3 ④ 1 ⑤ 3 ⑥ 1

解答▶▶ p.17

1節 1次関数
④ 1次関数の式の求め方

●グラフの傾きと1点の座標から1次関数の式を求める 教科書 p.78~79

例題1 次の(1), (2)に答えなさい。 ▶▶1~3

(1) 右の図の直線の式を求めなさい。

(2) グラフの傾き(かたむ)きが-3で，点$(2,\ -4)$を通る直線である1次関数の式を求めなさい。

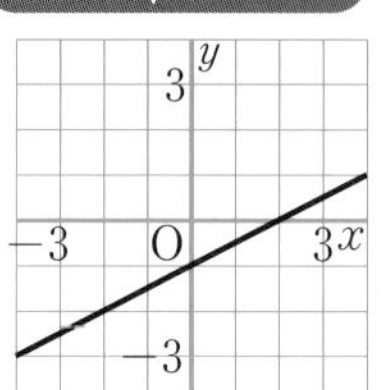

考え方 (1) 図から切片(せっぺん)と傾きを読み取ります。

(2) 直線の式$y=ax+b$に，傾きaと1点のx座標，y座標の値(あたい)を代入し，bの値を求めます。
（a：-3，x座標：2，y座標：-4）

答え (1) 右上の図の直線は，点$(0,\ -1)$を通るから，切片は ① ［　　］ である。

また，点$(0,\ -1)$から右に2進み，上に ② ［　　］ 進んだ点を通るから，傾きは$\frac{1}{2}$である。したがって，求める直線の式は，

$y=\frac{1}{2}x-$ ③ ［　　］

(2) 傾きが-3だから，求める式は$y=$ ④ ［　　］ $x+b$と表すことができる。

この直線は点$(2,\ -4)$を通るから，この式に$x=2$，$y=-4$を代入すると，

$-4=-3\times2+b$ ←$y=-3x+b$に，$x=2$，$y=-4$を代入

$b=$ ⑤ ［　　］

したがって，求める1次関数の式は，$y=$ ④ ［　　］ $x+$ ⑤ ［　　］

●グラフ上の2点の座標から1次関数の式を求める 教科書 p.80

例題2 グラフが2点$(1,\ -1)$，$(4,\ 5)$を通る直線である1次関数の式を求めなさい。 ▶▶4

考え方 2点から傾きを求め，1点のx座標，y座標の値を代入し，bの値を求めます。

答え 2点$(1,\ -1)$，$(4,\ 5)$を通るから，傾きは$\frac{5-(-1)}{4-1}=$ ① ［　　］ となり，

求める式は$y=2x+b$と表すことができる。

この直線は点$(1,\ -1)$を通るから，この式に$x=1$，$y=-1$を代入すると，

$-1=2\times1+b$

$b=$ ② ［　　］

したがって，求める1次関数の式は，

$y=2x-3$

プラスワン 2点を通る直線の式の別の求め方

$y=ax+b$に2組のx，yの値を代入して，連立方程式をつくり，a，bの値を求めます。

絶対理解 **1** 【1次関数の式】下の図の①～④は1次関数のグラフです。このとき，yをxの式で表しなさい。

●キーポイント
グラフから，切片と傾きを読み取ります。

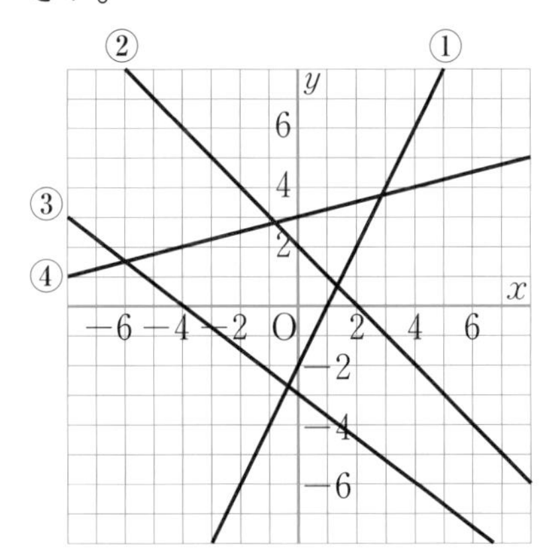

2 【1次関数の式】変化の割合が-2で，$x=-1$のとき$y=5$である1次関数の式を求めなさい。

教科書 p.79 例 2

●キーポイント
グラフは点$(-1,\ 5)$を通り，傾きが-2の直線です。

3 【1次関数の式】次のような1次関数の式を求めなさい。

教科書 p.79 Q1

□(1) グラフの傾きが3で，点$(-1,\ 2)$を通る直線である。

□(2) xの値が1増加するとyの値が1減少し，$x=2$のとき$y=7$である。

□(3) グラフが，点$(4,\ 5)$を通り，直線$y=2x+1$に平行な直線である。

●キーポイント
(3) $y=2x+1$に平行な直線の傾きは，$y=2x+1$の傾きと等しくなります。

よく出る **4** 【2点を通る直線の式】次の2点を通る直線の式を求めなさい。

教科書 p.80 活動 4

□(1) $(1,\ 4)$，$(3,\ 6)$　　□(2) $(-1,\ 3)$，$(5,\ -5)$

3章 教科書78～80ページ

例題の答え **1** ① -1　② 1　③ 1　④ -3　⑤ 2　**2** ① 2　② -3

解答▶▶ p.17

1節　1次関数　①～④

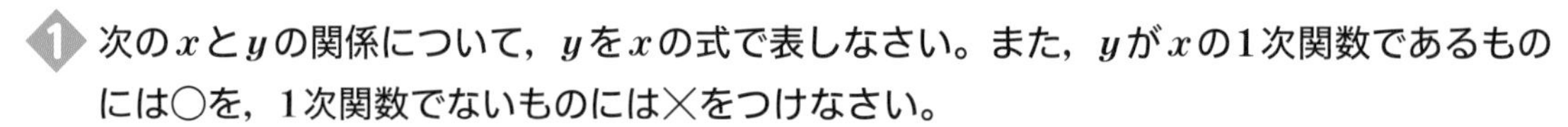

1 次のxとyの関係について，yをxの式で表しなさい。また，yがxの1次関数であるものには○を，1次関数でないものには×をつけなさい。

□(1)　1辺がx cmの正方形を底面とする高さ10 cmの直方体の体積がy cm^3

□(2)　1本100円の鉛筆(えんぴつ)x本と1個50円の消しゴム1個買ったときの代金がy円

□(3)　150 cmのひもから，8 cmのひもをx本切り取ったときのひもの残りがy cm

2 1次関数$y=-4x+8$について，次の(1)～(5)に答えなさい。

□(1)　$y=-12$のときのxの値(あたい)を求めなさい。

□(2)　変化の割合を求めなさい。

□(3)　xの値が3増加すると，yの値はどれだけ増加しますか。

□(4)　この1次関数のグラフが，点$(m,\ 4)$を通るとき，mの値を求めなさい。

□(5)　この1次関数のグラフは，$y=-4x-1$のグラフをどのように平行移動させたものですか。

3 次の(1)～(3)で，yはxの1次関数です。表の□をうめなさい。また，yをxの式で表しなさい。

□(1)

x	-3	-2	-1	0	1
y	□	□	4	6	□

□(2)

x	-8	-3	2	7	12
y	14	□	□	□	-6

□(3)

x	-4	-2	0	2	4
y	□	-1	□	4	□

ヒント　**2** (5)2つの1次関数の切片を比べればよいです。
3 与えられたx，yの値の組から，変化の割合を求めます。

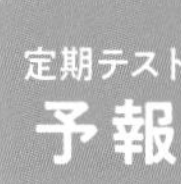

●1次関数の式の求め方を，しっかりと覚えよう。
1次関数の式や直線の式を求める問題は，よく出題されるよ。直線が通る2点がわかっているときや，変化の割合から考えるときなど，いろいろなパターンを練習しよう。

4 次の1次関数のグラフをかきなさい。

□(1) $y=2x+3$

□(2) $y=-x-4$

□(3) $y=\frac{3}{4}x+2$

□(4) $y=-\frac{2}{3}x-1$

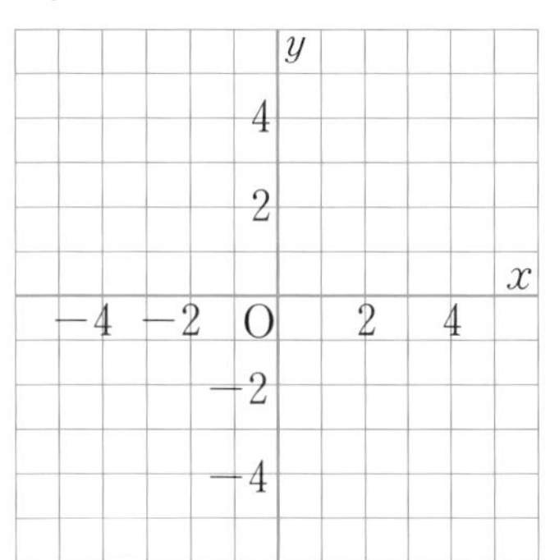

5 右の図の直線の式をそれぞれ求めなさい。

□(1)

□(2)

□(3)

□(4)

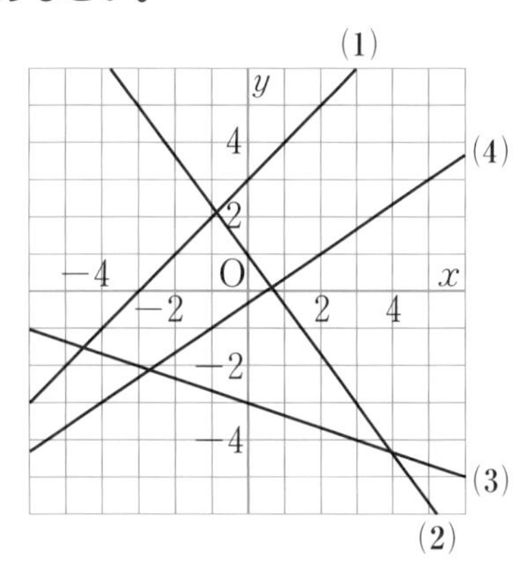

6 次の(1)～(4)に答えなさい。

□(1) 変化の割合が-5で，$x=3$のとき$y=-6$である1次関数の式を求めなさい。

□(2) 2点$(3,\ 2)$，$(-1,\ -3)$を通る直線の式を求めなさい。

□(3) $x=4$のとき$y=-2$で，$x=-3$のとき$y=-9$である1次関数の式を求めなさい。

□(4) 傾き(かたむ)が-1で，点$\left(\frac{1}{2},\ \frac{3}{4}\right)$を通る直線の式を求めなさい。

4 傾きと切片を読み取ってグラフをかきます。
6 求める式を$y=ax+b$と置き，与えられた条件を代入していきます。

解答▶▶ p.18

2節 方程式とグラフ
① 2元1次方程式のグラフ

● 2元1次方程式のグラフ

教科書 p.82〜85

□ **例題 1** 次の方程式のグラフを，右の図のA〜Eから選びなさい。 ▶▶1〜3

(1) $3x+y=2$

(2) $3x-4y=4$

(3) $y=-3$

(4) $x=2$

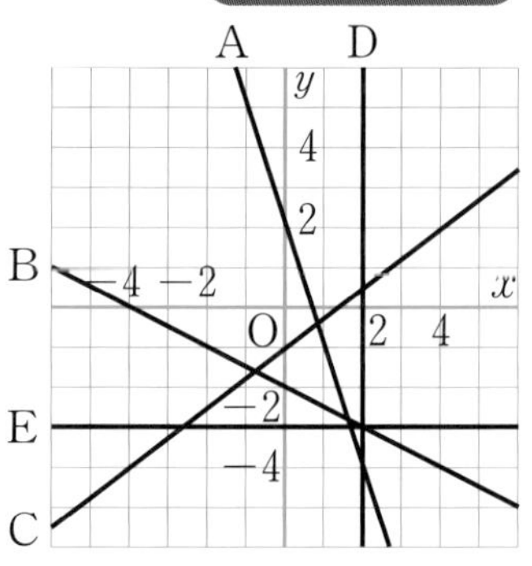

考え方 2元1次方程式 $ax+by=c$（a，b，cは定数）のグラフは直線になります。

(1)，(2) 2元1次方程式をyについて解いて，傾き（かたむ）と切片（せっぺん）を求めます。

(3) $y=k$のグラフは，点$(0,\ k)$を通り，x軸（じく）に平行な直線です。

(4) $x=h$のグラフは，点$(h,\ 0)$を通り，y軸に平行な直線です。

答え (1) $3x+y=2$をyについて解くと，$y=$ ① ______ $x+2$

グラフは傾きが ① ______，切片が2だから，② ______ のグラフ。

(2) $3x-4y=4$をyについて解くと，$y=\frac{3}{4}x-$ ③ ______

グラフは傾きが$\frac{3}{4}$，切片が ④ ______ だから，⑤ ______ のグラフ。

(3) $y=-3$のグラフは，点$(0,$ ⑥ ______ $)$を通り，x軸に平行な直線だから，

⑦ ______ のグラフ。

(4) $x=2$のグラフは，点$($ ⑧ ______ $,\ 0)$を通り，y軸に平行な直線だから，

⑨ ______ のグラフ。

(3)は，$ax+by=c$で$a=0$のとき，(4)は，$ax+by=c$で$b=0$のときのグラフです。

プラスワン $ax+by=c$ のグラフのかき方

2元1次方程式のグラフは，yについて解いて，傾きと切片を求めたり，適当な2点を決めたりして，グラフをかくことができます。

例 $2x+3y=6 \rightarrow \begin{cases} x=0 \text{のとき，} y=2 \\ y=0 \text{のとき，} x=3 \end{cases}$

→2点 (0，2)，(3，0) を通る直線

絶対理解 **1** 【2元1次方程式のグラフ】次の方程式のグラフを，下の図にかきなさい。

教科書 p.83 例 3

□(1) $-2x+y=-3$

□(2) $x+y=6$

□(3) $4x+3y=12$

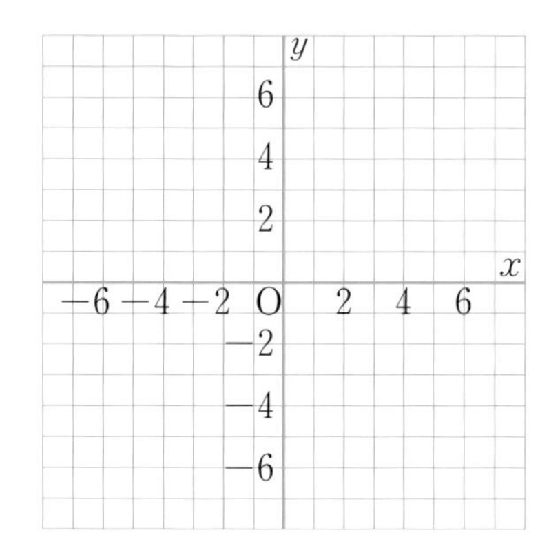

2 【2元1次方程式のグラフ】次の方程式のグラフを，グラフ上の2点を決めてから，下の図にかきなさい。

教科書 p.84 活動 4

□(1) $x-y=5$

□(2) $3x+4y=12$

□(3) $\frac{x}{2}-\frac{y}{5}=-1$

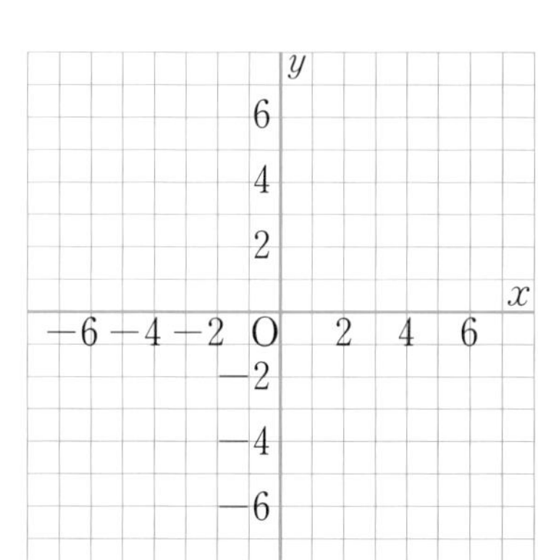

●キーポイント
$x=0$のときのyの値(あたい)，$y=0$のときのxの値をそれぞれ求めて，2点を通る直線をひきます。

よく出る **3** 【$y=k$，$x=h$のグラフ】次の方程式のグラフを，下の図にかきなさい。

教科書 p.84例5，p.85例6

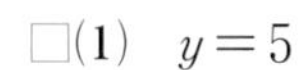

□(1) $y=5$

□(2) $3y+6=0$

□(3) $x=-2$

□(4) $-2x+8=0$

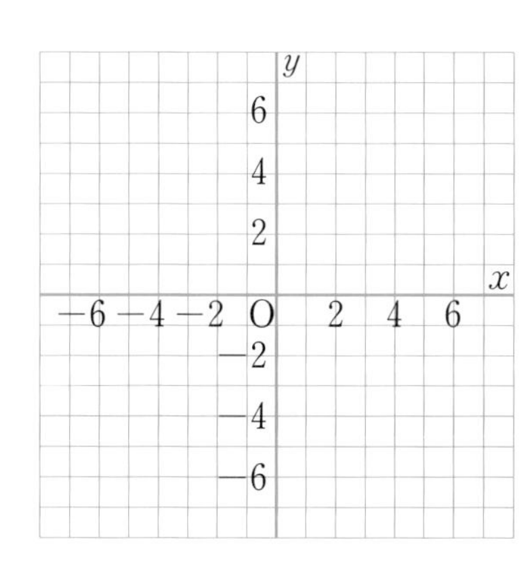

●キーポイント
(2) yについて解きます。
(4) xについて解きます。

例題の答え **1** ① -3 ② A ③ 1 ④ -1 ⑤ C ⑥ -3 ⑦ E ⑧ 2 ⑨ D

解答▶▶ p.19

2節　方程式とグラフ
②　グラフと連立方程式

●グラフと連立方程式

教科書 p.86

□ **例題 1** 連立方程式 $\begin{cases} 2x-y=1 & \cdots\cdots ㋐ \\ x+2y=8 & \cdots\cdots ㋑ \end{cases}$ の解を，グラフを使って求めなさい。 ▶▶1

考え方　x，yについての連立方程式の解は，それぞれの方程式のグラフの交点のx座標，y座標の組です。

答え　㋐をyについて解くと，$y=2x-1$だから，㋐のグラフは，右の図の①［　　］のグラフ。

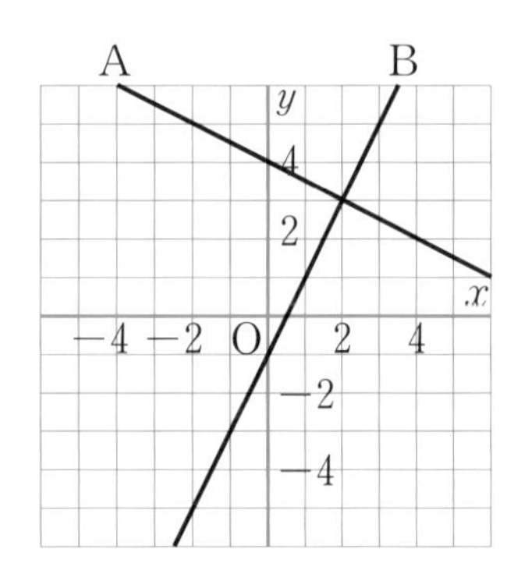

㋑をyについて解くと，$y=-\dfrac{1}{2}x+4$だから，㋑のグラフは，右の図の②［　　］のグラフ。

2つのグラフの交点の座標は，

(③［　　］，④［　　］)となる。

したがって，連立方程式の解は，$\begin{cases} x=③［\quad］ \\ y=④［\quad］ \end{cases}$

● 2直線の交点の座標と連立方程式の解

教科書 p.87

□ **例題 2** 右の図の2直線ℓ，mの交点Pの座標を，次の(1)，(2)の手順で求めなさい。 ▶▶2

(1)　2直線ℓ，mの式をそれぞれ求めなさい。

(2)　(1)で求めた2つの式を組にした連立方程式を解いて，交点Pの座標を求めなさい。

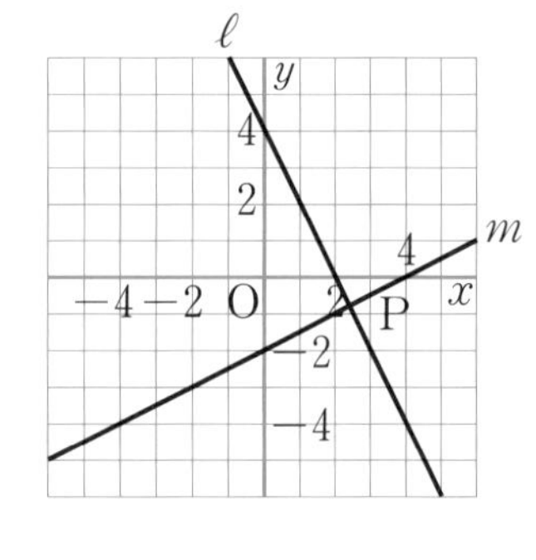

考え方　2直線の交点の座標は，2つの直線の式を組にした連立方程式を解いて求めることができます。

答え　(1)　直線ℓは切片（せっぺん）が4，傾き（かたむ）きが①［　　］だから，$y=$①［　　］$x+4$

直線mは切片が②［　　］，傾きが$\dfrac{1}{2}$だから，$y=\dfrac{1}{2}x-$③［　　］

(2)　(1)から，直線ℓ，mの式を組にした連立方程式を解くと，

$\begin{cases} x=\dfrac{12}{5} \\ y=④［\quad］ \end{cases}$

したがって，P$\left(\dfrac{12}{5}, ④［\quad］\right)$

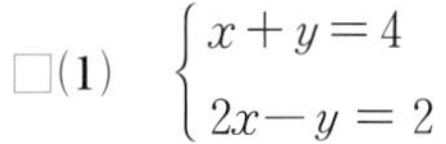

絶対理解 **1** **【グラフと連立方程式】**次の連立方程式の解を，グラフをかいて求めなさい。

教科書 p.86 活動 1

□(1) $\begin{cases} x+y=4 \\ 2x-y=2 \end{cases}$

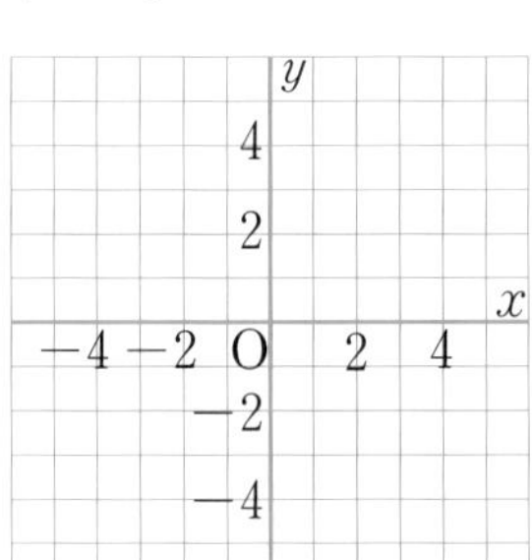

□(2) $\begin{cases} 2x-y=5 \\ 3x+2y=4 \end{cases}$

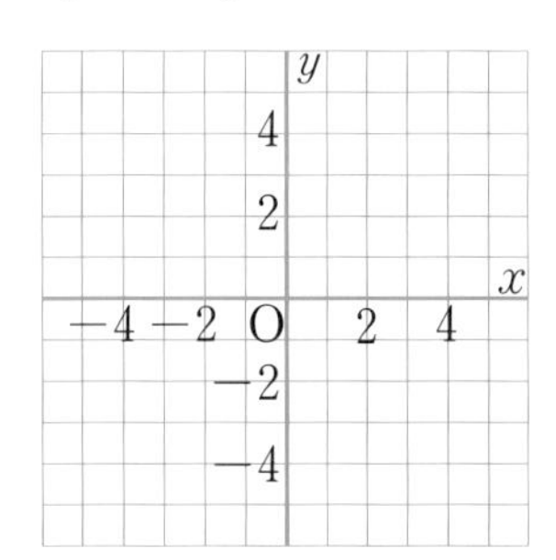

●キーポイント
方程式のグラフをかく
▼
交点の座標を読み取る

教科書86〜87ページ

2 **【2直線の交点の座標】**右の図の2直線ℓ，mの交点Pの座標を，次の(1)，(2)の手順で求めなさい。

教科書 p.87 例 2

□(1) 2直線ℓ，mの式をそれぞれ求めなさい。

① 直線ℓ

② 直線m

□(2) (1)で求めた2つの式を組にした連立方程式を解いて，交点Pの座標を求めなさい。

●キーポイント
2直線の交点の座標がグラフから読み取れない
⇩
2つの直線の式を求める
▼
2つの直線の式を組にした連立方程式を解く

例題の答え **1** ①B ②A ③2 ④3 **2** ①−2 ②−2 ③2 ④$-\frac{4}{5}$

解答▶▶ p.20

● 1 次関数の利用

教科書 p.89〜93

例題 1 右の図のような長方形ABCDがあります。点PはAを出発して，長方形の辺上をB，Cを通ってDまで動きます。点PがAから$x$cm動いたときの△APDの面積を$y$cm^{2}とします。次の(1)〜(3)に答えなさい。

▶▶ 1 2

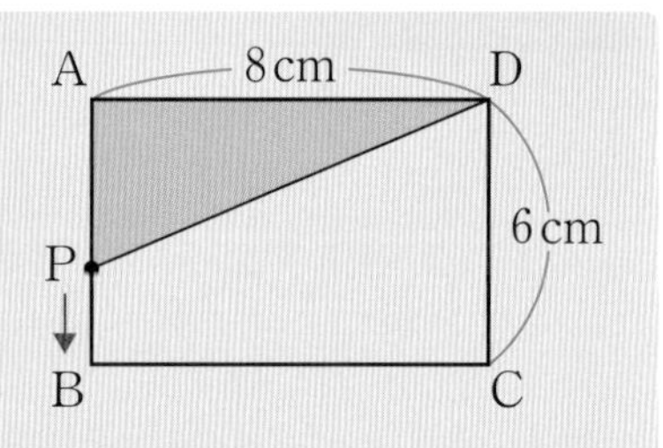

(1) 点Pが辺AB上を動くとき，yをxの式で表しなさい。また，そのときのxの変域を求めなさい。

(2) 点Pが辺BC上を動くとき，yをxの式で表しなさい。また，そのときのxの変域を求めなさい。

(3) 点Pが辺CD上を動くとき，yをxの式で表しなさい。また，そのときのxの変域を求めなさい。

考え方 △APDの辺ADを底辺とすると，高さは，(1)のとき辺AP，(2)のとき辺AB(CD)，(3)のとき辺DPとなります。
(1)，(3)の高さをxを使って表し，面積を求める式にあてはめます。

答え (1) 底辺AD＝8(cm)，高さAP＝x(cm)だから，

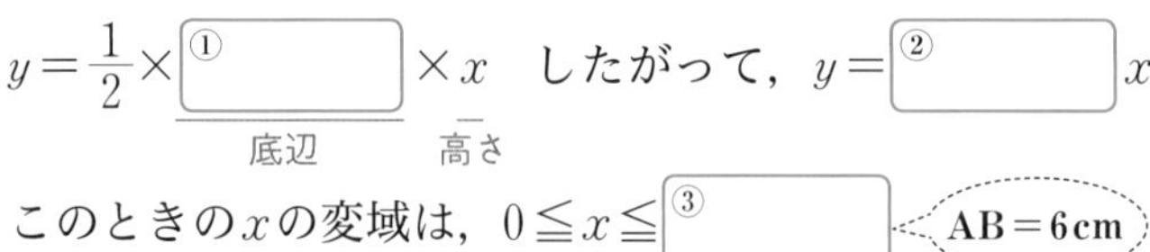

$y=\frac{1}{2}\times$ ① □ $\times x$ したがって，$y=$ ② □ x
（底辺）（高さ）

このときのxの変域は，$0 \leqq x \leqq$ ③ □ （AB＝6cm）

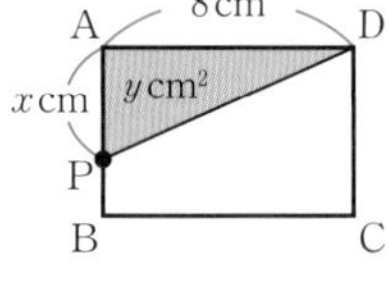

(2) 底辺AD＝8(cm)，高さ ④ □ cmだから，

$y=\frac{1}{2}\times 8\times$ ④ □ したがって，$y=$ ⑤ □

このときのxの変域は，$6 \leqq x \leqq$ ⑥ □

（点PはAから6cm進んだBから，(6＋8)cm進んだCまで）

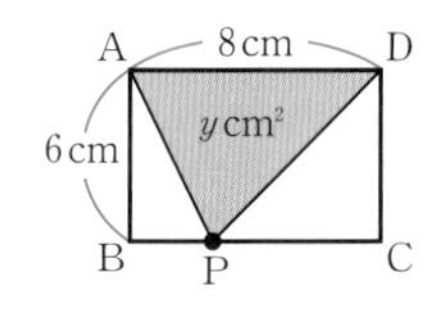

(3) 底辺AD＝8(cm)，高さDP＝ ⑦ □ $-x$(cm)
（AB＋BC＋CD）（AB＋BC＋CP）

だから，$y=\frac{1}{2}\times 8\times$ (⑦ □ $-x$)

A 8cm D
$y$cm^2
$(20-x)$cm
P
B C

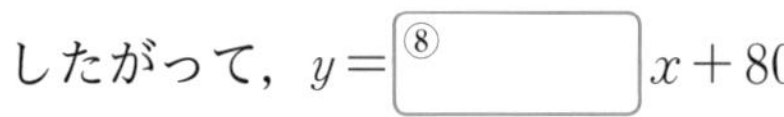

したがって，$y=$ ⑧ □ $x+80$

このときのxの変域は，$14 \leqq x \leqq$ ⑨ □

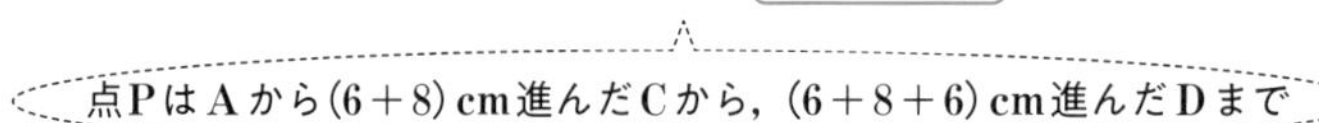

（点PはAから(6＋8)cm進んだCから，(6＋8＋6)cm進んだDまで）

絶対理解 **1** 【1次関数と図形】右の図のような$\angle B=90^\circ$，$AB=5$cm，$BC=4$cmの直角三角形があります。点Pは$\triangle ABC$の辺AB上をAからBまで動きます。$AP=x$cm，$\triangle PBC$の面積を$y$cm^{2}として，次の(1)〜(3)に答えなさい。

教科書 p.91 活動 1

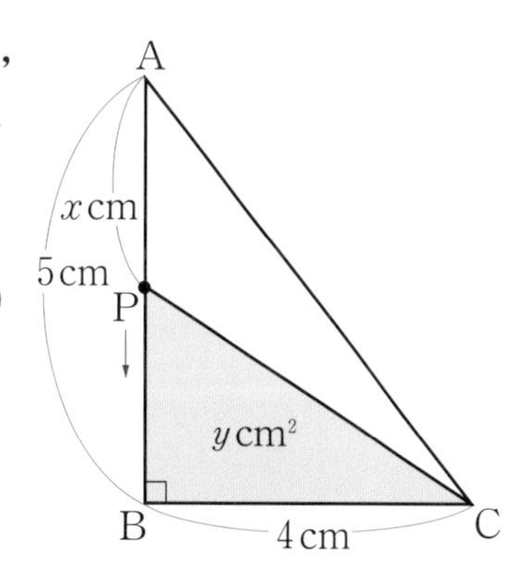

□(1) yをxの式で表しなさい。

□(2) xとyの変域を求めなさい。

□(3) $\triangle PBC$の面積が6cm^{2}になるときのAPの長さを求めなさい。

●キーポイント
(1) PBの長さをxを使って表し，面積を求める式にあてはめます。

よく出る **2** 【1次関数とグラフ】Aさんは，P町から12km離(はな)れたQ町までジョギングをしました。右のグラフはAさんがP町を正午に出発し，途中(とちゅう)に休憩(きゅうけい)をはさんでQ町へ行くようすを示したものです。次の(1)〜(3)に答えなさい。

教科書 p.92活動1，p.93活動2

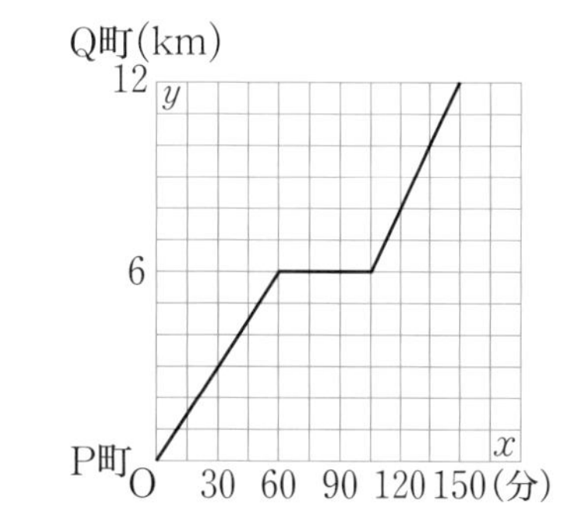

□(1) AさんがP町を出発してからx分後のP町からの距離(きょり)を$y$kmとして，休憩後の進行のようすを表す直線の式を求めなさい。

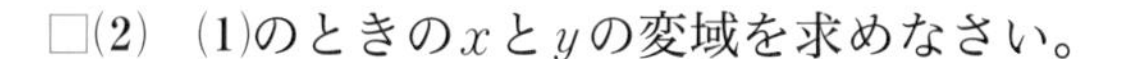
□(2) (1)のときのxとyの変域を求めなさい。

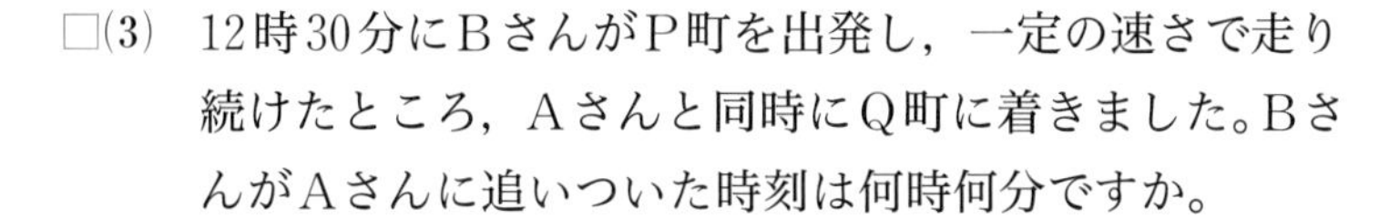
□(3) 12時30分にBさんがP町を出発し，一定の速さで走り続けたところ，Aさんと同時にQ町に着きました。BさんがAさんに追いついた時刻は何時何分ですか。

●キーポイント
(3) 実際にグラフをかき加えて読み取ります。

例題の答え **1** ①8　②4　③6　④6　⑤24　⑥14　⑦20　⑧−4　⑨20

3章 教科書89〜93ページ

ぴたトレ **2** 練習

3章　1次関数

2節　方程式とグラフ　①，②
3節　1次関数の利用　①～③

1 次の㋐，㋑の2元1次方程式について，次の(1)～(5)に答えなさい。

㋐　$y-x-3=0$　　㋑　$\frac{1}{2}x+\frac{1}{4}y-2=0$

□(1)　㋐について，$y=-2$ のときの x の値(あたい)を求めなさい。

□(2)　㋑の方程式を $y=ax+b$ の形にしなさい。

□(3)　㋐で x の値が4増加したときの y の値の増加量を求めなさい。

□(4)　㋑の方程式のグラフをかいたとき，x 軸(じく)と交わる点の座標を求めなさい。

□(5)　㋐と㋑の方程式のグラフをかいたとき，交点の座標を求めなさい。

2 右の図の直線(1)～(4)の式をそれぞれ求めなさい。

□(1)

□(2)

□(3)

□(4)

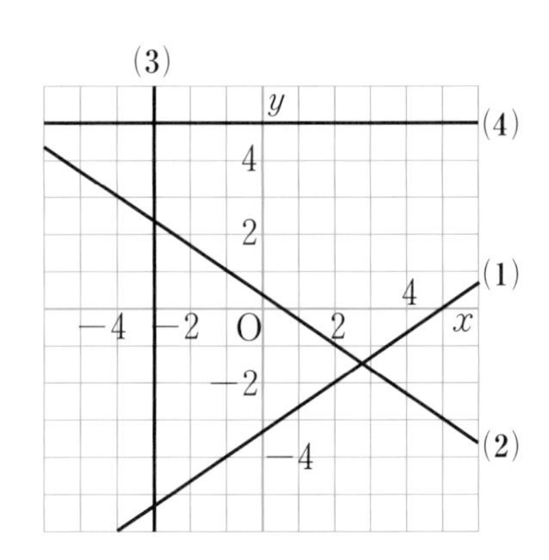

3 次の方程式のグラフをかきなさい。

□(1)　$x+4y=8$

□(2)　$3x-2y=6$

□(3)　$5y-15=0$

□(4)　$-4x+8=0$

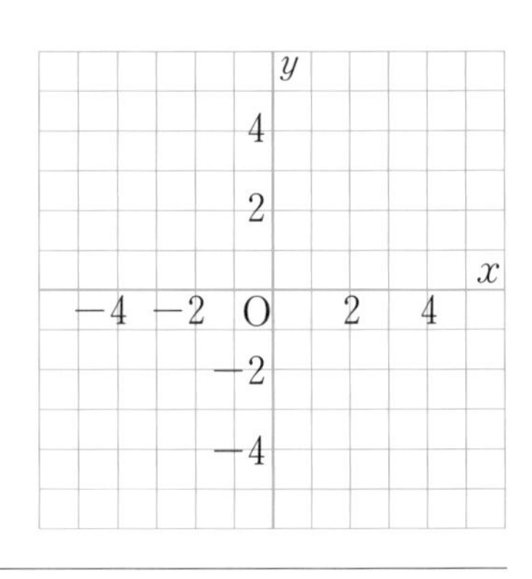

ヒント　**3** (3) y について解くと，$y=3$ になります。

定期テスト予報

●方程式のグラフをしっかり理解しよう。
方程式をグラフに表すときは，まず，$y=ax+b$の形に変形しよう。また，$y=k$のグラフはx軸に平行，$x=h$のグラフはy軸に平行になるので，混同しないように気をつけよう。

4 次の(1)，(2)に答えなさい。

□(1) 2直線$2x-3y=5$，$3x+ay=8$が，直線$y=x-3$上で交わるとき，定数aの値を求めなさい。

□(2) 次の2元1次方程式㋐，㋑のグラフの交点の座標は(2, 3)です。a, bの値を求めなさい。
㋐ $ax=by-5$　　㋑ $bx+ay=12$

5 右の図の台形で，点Pは辺BC上をBからCまで毎秒2cmの速さで移動します。点PがBを出発してからx秒後の台形APCDの面積を$y$cm²として，次の(1)～(3)に答えなさい。

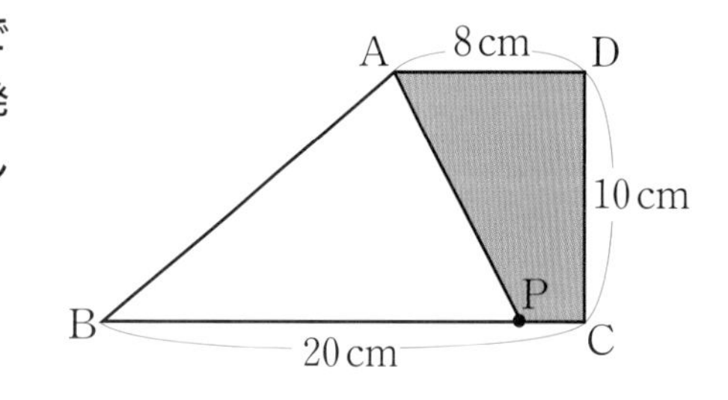

□(1) $x=3$のときのyの値を求めなさい。

□(2) $y=90$になるのは何秒後ですか。

□(3) 直線APが台形ABCDの面積を2等分するのは何秒後ですか。

6 右のグラフは，A駅からD駅までの普通(ふつう)列車と特急列車の運行のようすを表したものです。次の(1)～(3)に答えなさい。

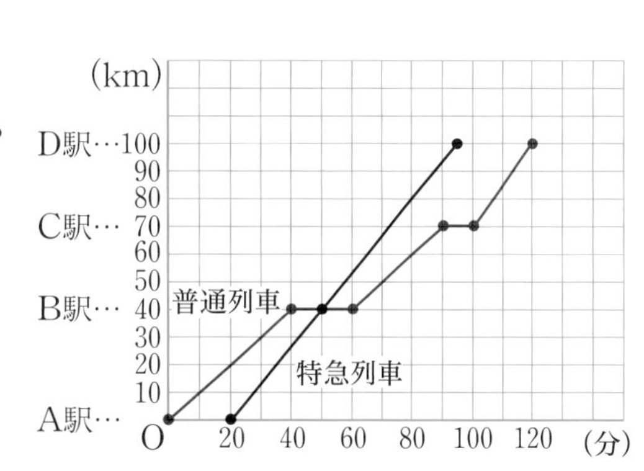

□(1) 特急列車の時速を求めなさい。

□(2) 普通列車がB駅に着いたとき，特急列車はB駅の何km手前を走っていましたか。

□(3) 普通列車と特急列車の距離(きょり)が最も開いたのは，普通列車が出発してから何分後ですか。

4 (1)$2x-3y=5$と$y=x-3$を連立させて，その解を$3x+ay=8$に代入してaの値を求めます。
6 (1)グラフの傾きが速さを表します。

解答▶▶ p.21

3章　1次関数

1 下の表は，y が x の1次関数であるときの対応のようすを示したものです。これについて，次の(1)，(2)に答えなさい。知

(1) 表の a，b にあてはまる数を求めなさい。

x	-4	…	2	…	4	…	b
y	a	…	-1	…	3	…	9

(2) y を x の式で表しなさい。

1 点/12点(各4点)

(1)	a	
	b	
(2)		

2 次の(1)～(4)にあてはまるものを，㋐～㋓のなかからすべて選んで，記号で答えなさい。知

㋐ $2x+y=4$　　㋑ $y=-\dfrac{x}{3}$

㋒ $y=\dfrac{5}{x}$　　㋓ $x=5y$

(1) y は x の1次関数である。

(2) グラフが右上がりの直線である。

(3) y の値(あたい)が減少すると，対応する x の値も減少する。

2 点/12点(各4点)

(1)	
(2)	
(3)	

3 次の条件にあてはまる1次関数の式を求めなさい。知

(1) x の値が2増加すると y の値が -5 増加し，$x=6$ のとき $y=2$ である。

(2) グラフは $y=\dfrac{2}{3}x$ のグラフと平行で，点$(0,\ 7)$を通る。

(3) グラフが2点$(5,\ 3)$，$(-1,\ 1)$を通る。

(4) グラフが2元1次方程式 $3x+y+1=0$ のグラフと平行で，1次関数 $y=3x+2$ のグラフと y 軸(じく)上で交わる。

3 点/20点(各5点)

(1)	
(2)	
(3)	
(4)	

❹ 次の方程式のグラフをかきなさい。 知

(1) $2x+y=5$

(2) $x-3y=9$

(3) $5x-3y-15=0$

(4) $2y+8=0$

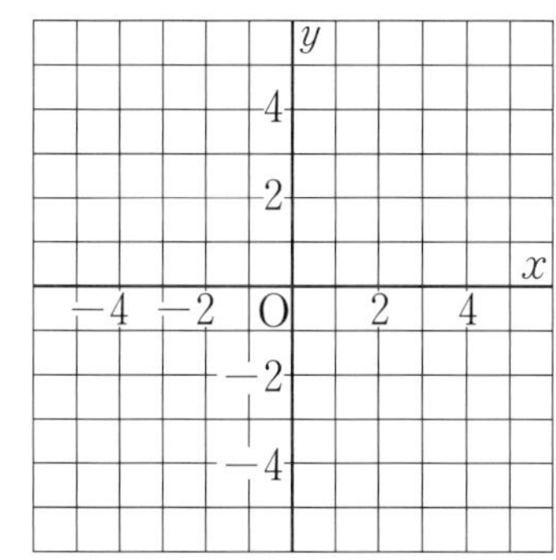

❹ 点/20点(各5点)

(1)	左の図にかき入れる。
(2)	左の図にかき入れる。
(3)	左の図にかき入れる。
(4)	左の図にかき入れる。

❺ 右のグラフで，直線 m は $y=-2x+8$ のグラフであり，直線 ℓ との交点Bの x 座標は3です。このとき，次の(1)，(2)に答えなさい。 考

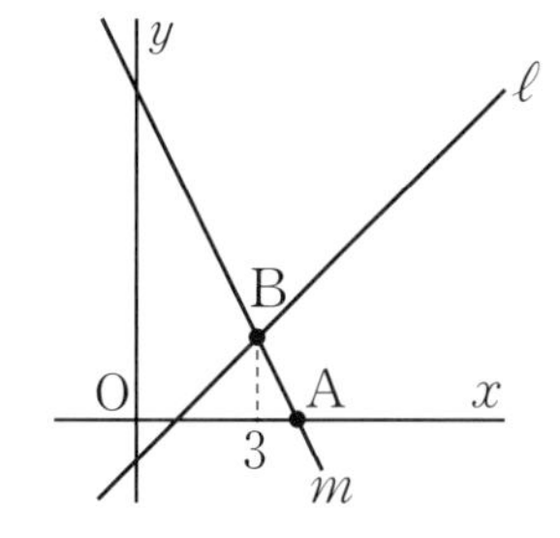

(1) 直線 m と x 軸との交点Aの座標を求めなさい。

(2) 直線 ℓ と y 軸との交点の y 座標が -1 であるとき，直線 ℓ の式を求めなさい。

❺ 点/12点(各6点)

❻ 右の図の四角形ABCDは，AB＝4cm，AD＝3cmの長方形です。点Pが点Aを出発して，辺AB，辺BC上を点Cまで1秒間に1cm進みます。点Pが，点Aを出発して x 秒後の△APDの面積を y cm² として，次の(1)～(4)に答えなさい。 考

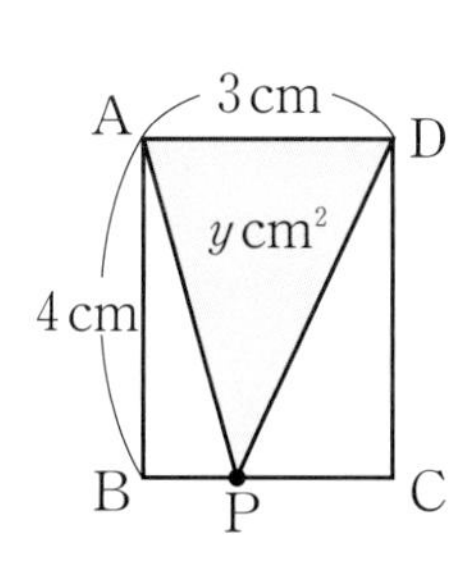

(1) 点Pが点Aを出発して3秒後の△APDの面積を求めなさい。

(2) 点Pが辺AB上にあるとき，x と y の関係を式で表しなさい。

(3) 点Pが辺BC上にあるとき，x と y の関係を式で表しなさい。

(4) (2)，(3)から，x と y の関係をグラフに表しなさい。

❻ 点/24点(各6点)

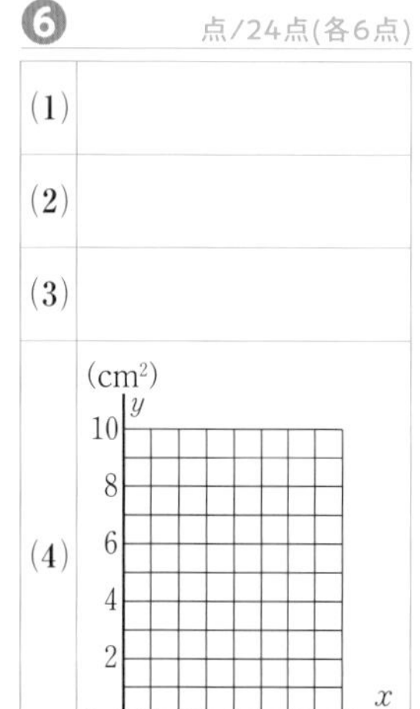

教科書のまとめ〈3章　1次関数〉

● 1次関数

・y が x の関数で，y が x の1次式，つまり，$y=ax+b$（a，b は定数，ただし $a \neq 0$）で表されるとき，**y は x の1次関数である**という。

・1次関数 $y=ax+b$ は，x に比例する量 ax と一定の量 b との和とみることができる。

・比例は1次関数の特別な場合といえる。

●変化の割合

y が x の関数であるとき，x の増加量に対する y の増加量の割合を**変化の割合**という。

$$（変化の割合）=\frac{（y の増加量）}{（x の増加量）}$$

● 1次関数の変化の割合

・1次関数 $y=ax+b$ では，x の値（あたい）がどこからどれだけ増加しても，変化の割合は一定であり，a に等しい。

$$（変化の割合）=\frac{（y の増加量）}{（x の増加量）}=a$$

・1次関数の変化の割合は，x の値が1ずつ増加するときの y の増加量に等しい。

・$(y$ の増加量$)=a\times(x$ の増加量$)$

● 1次関数のグラフ

1次関数 $y=ax+b$ のグラフは，$y=ax$ のグラフを，y 軸（じく）の正の向きに b だけ平行移動させたものである。

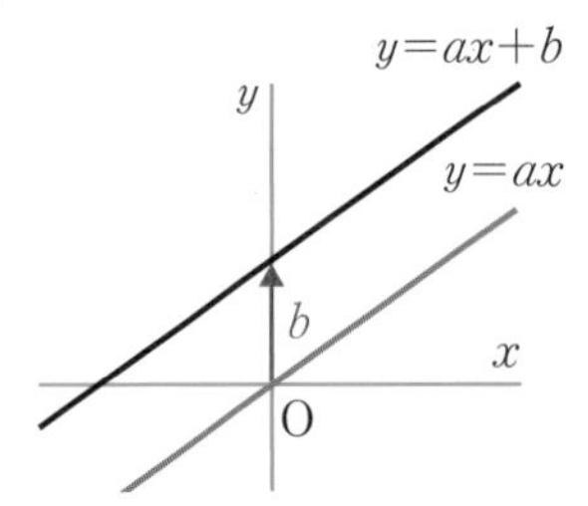

● 1次関数 $y=ax+b$ のグラフ

・傾き（かたむ）が a，切片（せっぺん）が b の直線。

・$a>0$ のとき
x の値が増加すると，対応する y の値も増加し，グラフは右上がりの直線。

・$a<0$ のとき
x の値が増加すると，対応する y の値は減少し，グラフは右下がりの直線。

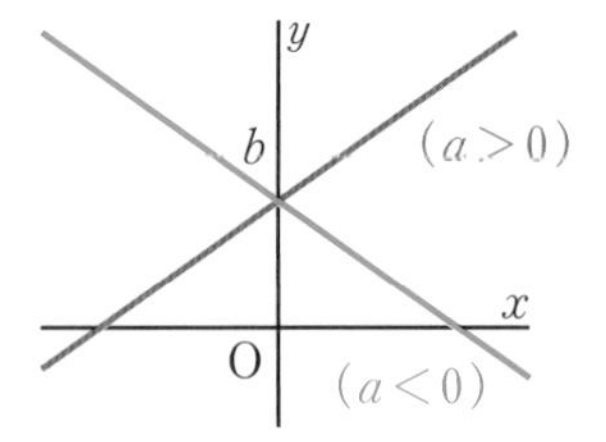

● 2元1次方程式のグラフ

・方程式 $ax+by=c$ のグラフは直線。

・$y=k$ のグラフは，x 軸に平行な直線。

・$x=h$ のグラフは，y 軸に平行な直線。

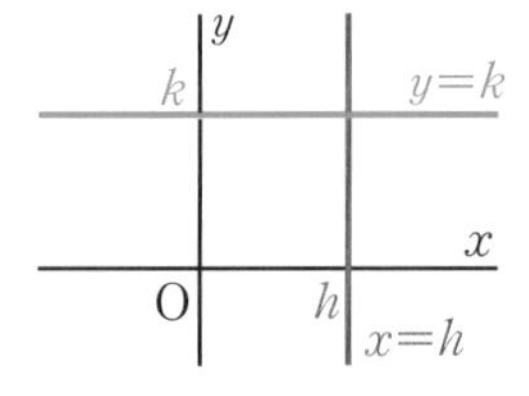

●グラフと連立方程式

2つの2元1次方程式のグラフの交点の x 座標，y 座標の組は，その2つの方程式を組にした連立方程式の解である。

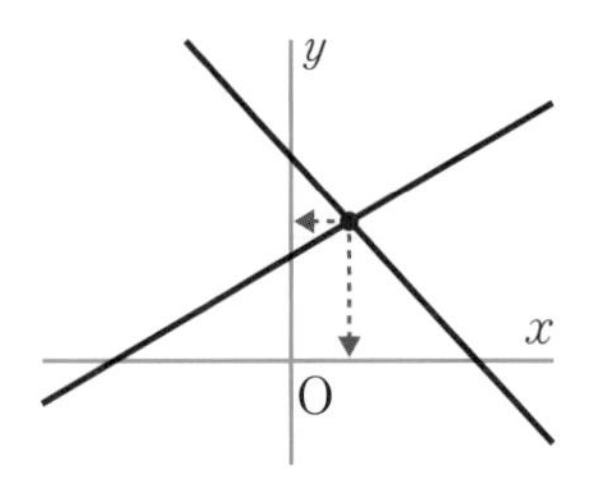

4章　平行と合同

次の学習に入る前に取り組もう。

□**合同な図形**　　◀小学5年

2つの図形がぴったり重なるとき，これらの図形は合同であるといいます。合同な図形で，重なり合う頂点，辺，角をそれぞれ対応する頂点，対応する辺，対応する角といいます。

□**三角形の角**　　◀小学5年

三角形の3つの角の大きさの和は180°です。

1 右の2つの四角形は合同です。　　◀小学5年〈合同な図形〉

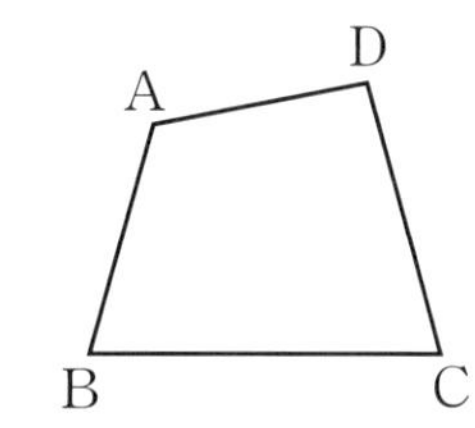

(1) 対応する頂点をすべて答えなさい。

(2) 対応する辺をすべて答えなさい。

(3) 対応する角をすべて答えなさい。

ヒント
四角形ABCDを180°回転させてみると……

2 下の2つの三角形は合同です。　　◀小学5年〈合同な図形〉

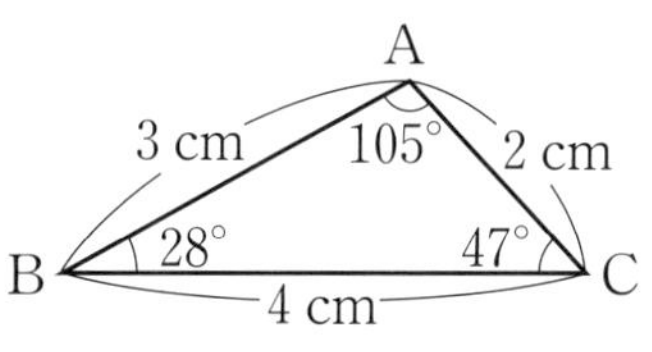

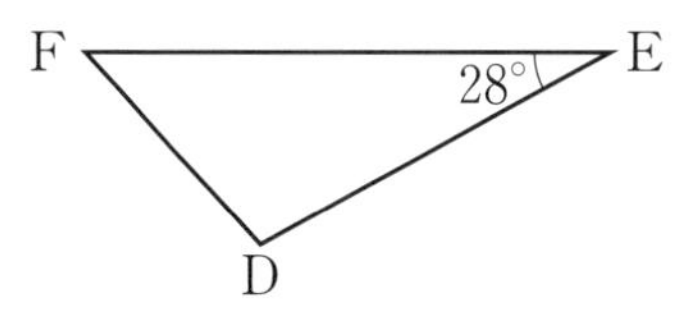

(1) △DEFの3つの辺の長さをそれぞれ求めなさい。

(2) ∠D，∠Fの大きさをそれぞれ求めなさい。

ヒント
対応する角に注目すると……

3 下の図で，∠xと∠yの大きさを求めなさい。　　◀小学5年〈三角形の角〉

(1)

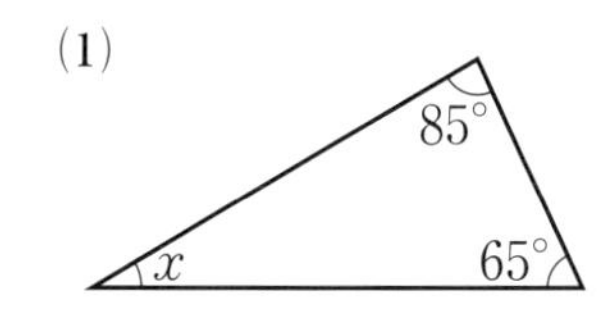

(2)

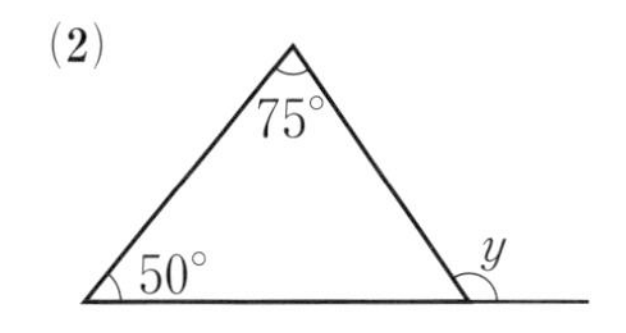

ヒント
三角形の3つの角の大きさの和が180°だから……

解答▶▶ p.23

ぴたトレ 1 要点チェック

4章 平行と合同

1節 角と平行線
① いろいろな角／② 平行線と角

●対頂角，同位角，錯角

教科書 p.100～101

例題 1 右の図で，次の角を答えなさい。 ▶▶1

(1) $\angle a$の対頂角（たいちょうかく）

(2) $\angle b$の同位角（どういかく）

(3) $\angle c$の錯角（さっかく）

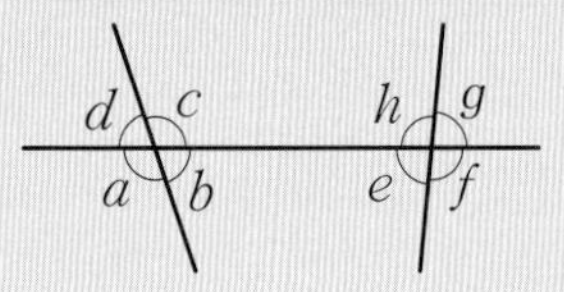

考え方

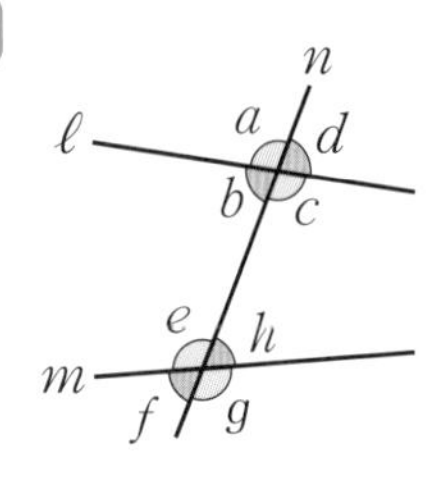

左の図の$\angle a$と$\angle c$のように，向かい合っている2つの角を対頂角といいます。

左の図のように，2直線に1つの直線が交わっているとき，$\angle a$と$\angle e$，$\angle d$と$\angle h$のような位置にある2つの角を同位角といいます。

また，$\angle b$と$\angle h$のような位置にある2つの角を錯角といいます。

答え (1) $\angle a$の対頂角は ①

(2) $\angle b$の同位角は ②

(3) $\angle c$の錯角は ③

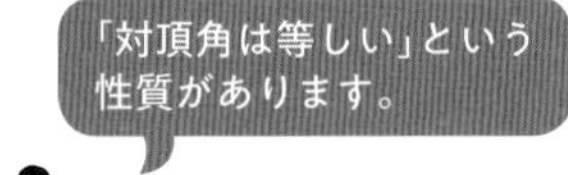

●平行線の性質，平行線であるための条件

教科書 p.102～103

例題 2 右の図について，次の(1)，(2)に答えなさい。 ▶▶2～4

(1) $\ell /\!/ m$であることを説明しなさい。

(2) $\angle x$，$\angle y$の大きさを求めなさい。

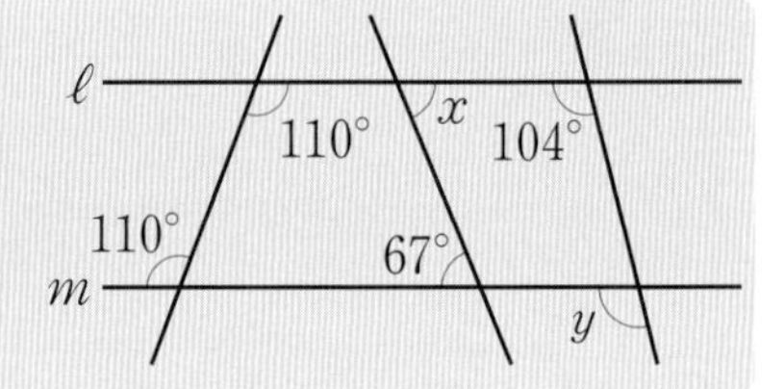

考え方 (1) 同位角または錯角が等しければ，その2直線は平行です。

(2) 2直線が平行ならば，同位角，錯角は等しくなります。

答え (1) ① が110°で等しいから，$\ell /\!/ m$

(2) $\ell /\!/ m$より，錯角は等しいから，$\angle x =$ ② °

$\ell /\!/ m$より，同位角は等しいから，$\angle y =$ ③ °

プラスワン 平行線の性質

2直線に1つの直線が交わるとき，

1 2直線が平行ならば，同位角は等しい。

2 2直線が平行ならば，錯角は等しい。

プラスワン 平行線であるための条件

2直線に1つの直線が交わるとき，

1 同位角が等しければ，その2直線は平行である。

2 錯角が等しければ，その2直線は平行である。

1 【対頂角】右の図で，3つの直線ℓ，m，nは1点で交わって
□ います。このとき，$\angle a$，$\angle b$，$\angle c$の大きさを求めなさい。

教科書 p.100 活動 1

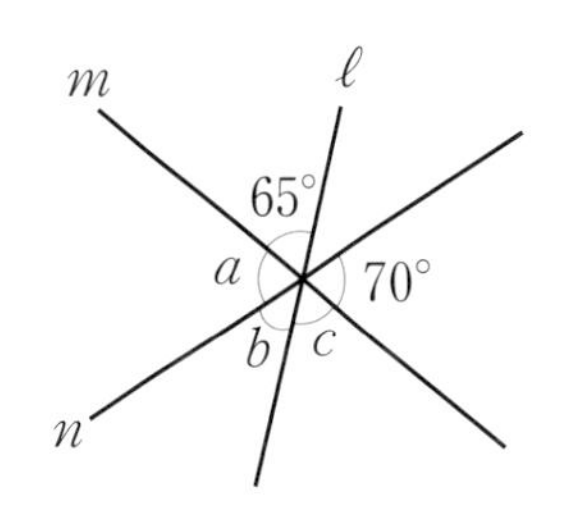

●キーポイント
対頂角は等しいことを使います。

絶対理解 **2** 【平行線の性質】右の図で，$\ell /\!/ m$のとき，$\angle x$，$\angle y$の大きさを求めなさい。
□

教科書 p.102 Q2

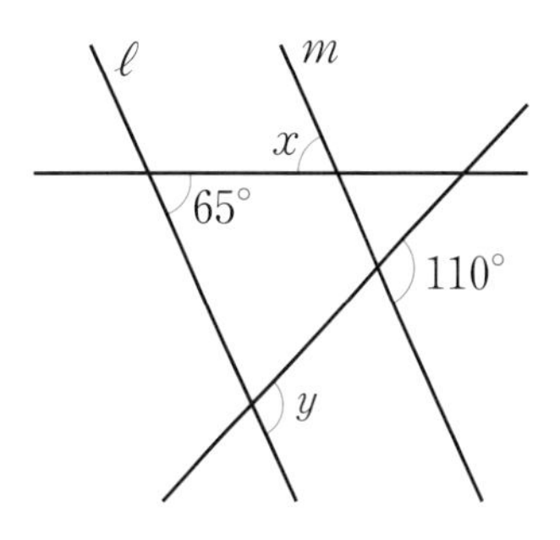

3 【平行線の性質】右の図で，$\ell /\!/ m$のとき，$\angle x$の大きさを求めなさい。
□

教科書 p.102 Q2

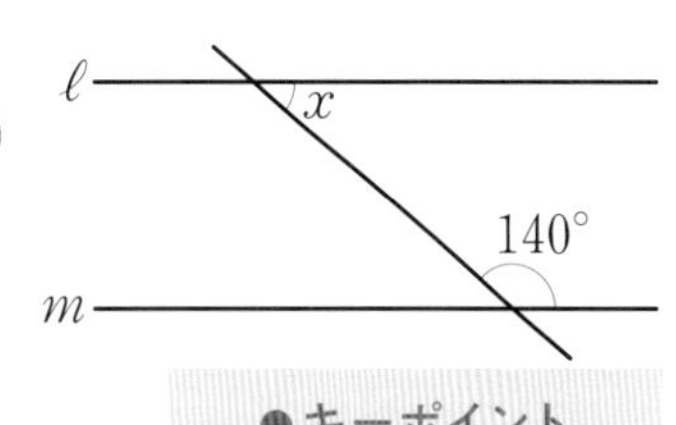

●キーポイント
2直線が平行ならば，同位角，錯角が等しくなることを使います。

よく出る **4** 【平行線であるための条件】右の図について，次の(1)，(2)に答えなさい。

教科書 p.103 活動 2

□(1) 直線ℓ，m，n，pのうち，平行な2直線を見つけて，記号$/\!/$を使って表しなさい。

□(2) $\angle a$，$\angle b$，$\angle c$，$\angle d$のうち，等しい角を記号を使って表しなさい。

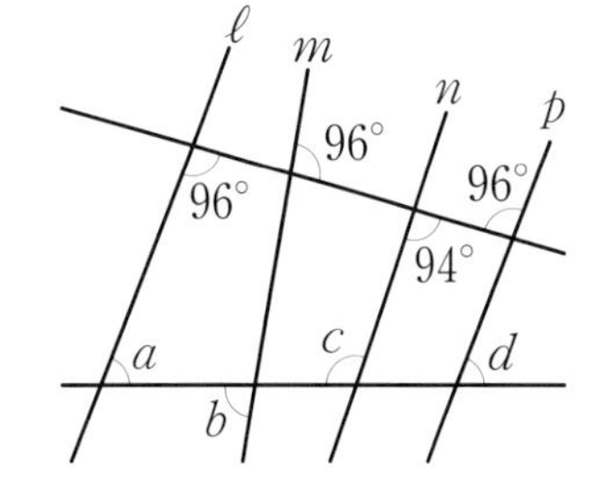

例題の答え **1** ①$\angle c$ ②$\angle f$ ③$\angle e$ **2** ①錯角 ②67 ③104

解答▶▶ p.23

4章 平行と合同
1節 角と平行線
③/④/⑤/⑥/⑦/⑧

●三角形の角，図形の性質と補助線
教科書 p.104～107

□ **例題 1** 下の図で，$\angle x$の大きさを求めなさい。 ▶▶1

(1)
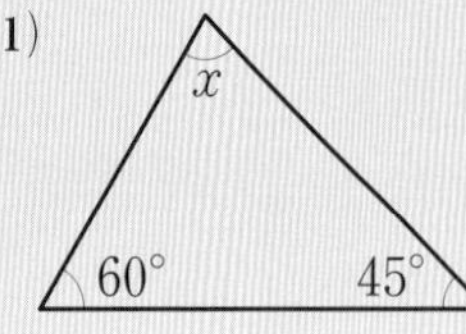

(2)
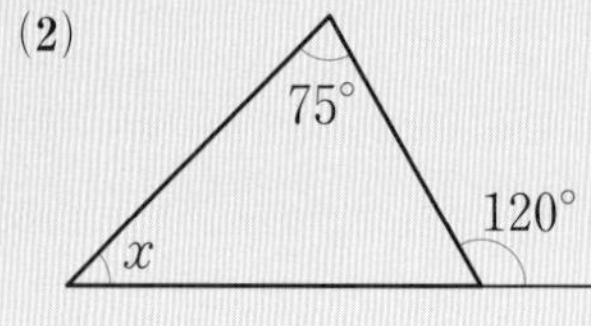

(3) $\ell /\!/ m$
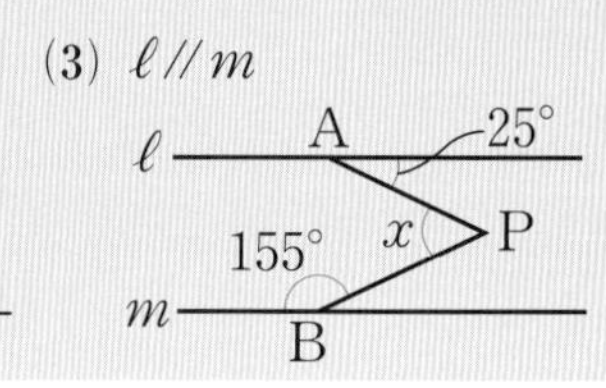

考え方 (1) 三角形の内角(ないかく)の和は180°です。
(2) 三角形の1つの外角(がいかく)は，それととなり合わない2つの内角の和に等しくなります。
(3) Pを通り，直線ℓに平行な直線をひきます。

答え (1) $\angle x+60^\circ+45^\circ=$ ① °より，$\angle x=$ ② °

(2) $\angle x+75^\circ=$ ③ °より，$\angle x=$ ④ °

(3) 平行線の錯角(さっかく)だから，$\angle \mathrm{APQ}=$ ⑤ °，

$\angle \mathrm{QPB}=180^\circ-155^\circ=$ ⑥ °

だから，$\angle \mathrm{APB}=$ ⑦ °

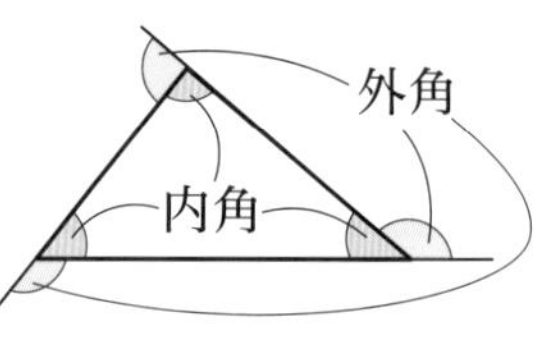

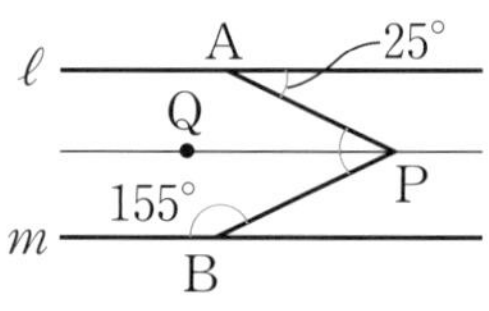

●多角形の内角
教科書 p.108～109

□ **例題 2** 十角形の内角の和を求めなさい。 ▶▶2

考え方 n角形の内角の和は，$180^\circ\times(n-2)$です。

答え $180^\circ\times(n-2)$に$n=$ ① を代入すると，$180^\circ\times($ ① $-2)=$ ② °

●多角形の外角，図形の性質の調べ方
教科書 p.110～113

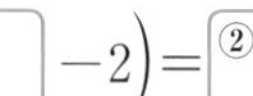

□ **例題 3** 右の図で，$\angle x$の大きさを求めなさい。 ▶▶2 3

(1)
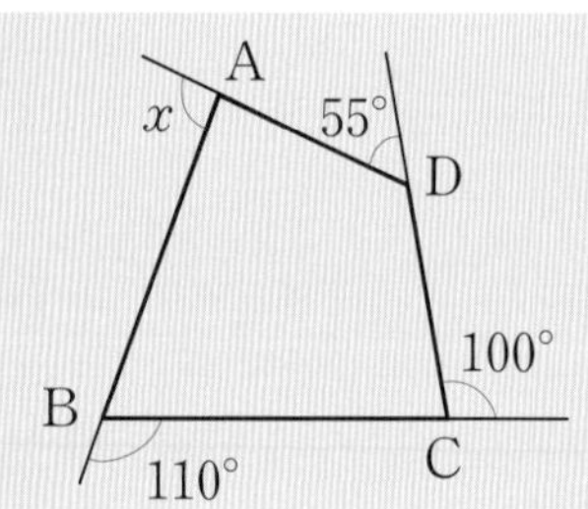

(2)
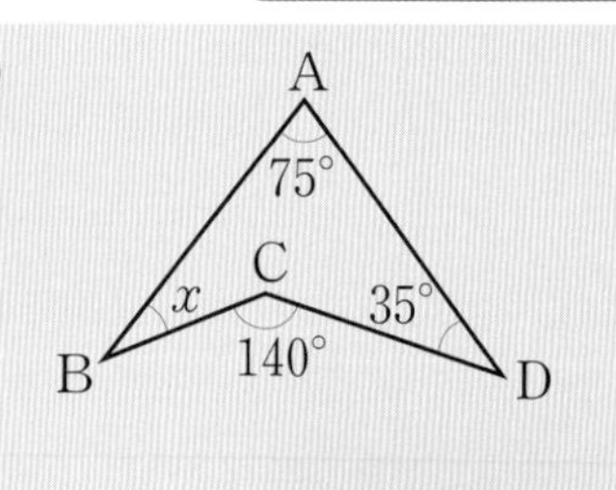

考え方 (1) 多角形の外角の和は360°です。
(2) $\angle \mathrm{A}+\angle \mathrm{B}+\angle \mathrm{D}=\angle \mathrm{BCD}$を利用します。

答え (1) $\angle x+110^\circ+100^\circ+55^\circ=$ ① °より，$\angle x=$ ② °

(2) $\angle x=$ ③ $^\circ-(75^\circ+35^\circ)$，$\angle x=$ ④ °

どんな多角形でも外角の和は360°になります。

絶対理解 **1** 【三角形の角，図形の性質と補助線】次の図で，$\angle x$の大きさを求めなさい。

教科書 p.105 Q3, p.106 Q2

□(1)

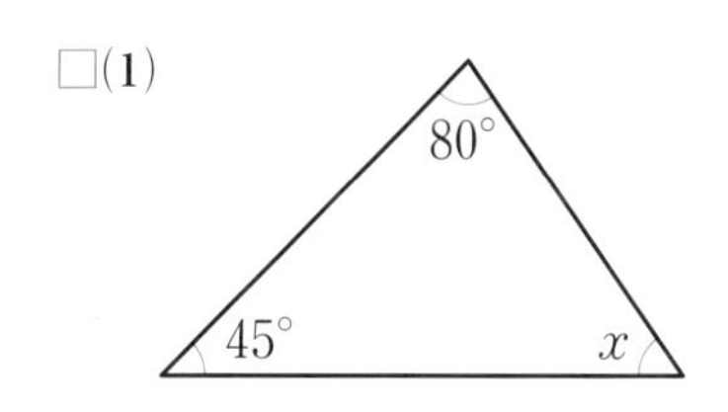

□(2)

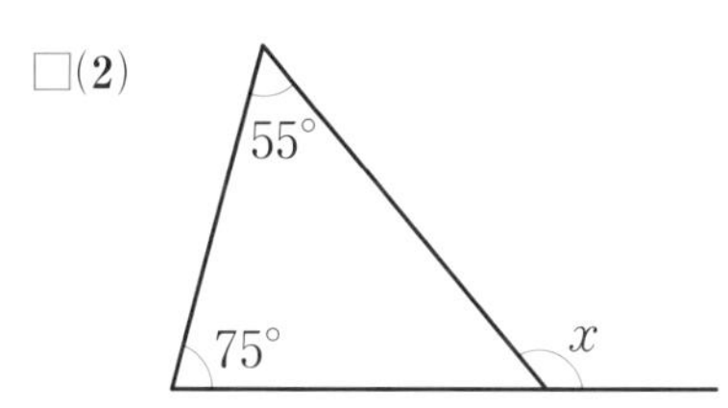

●キーポイント

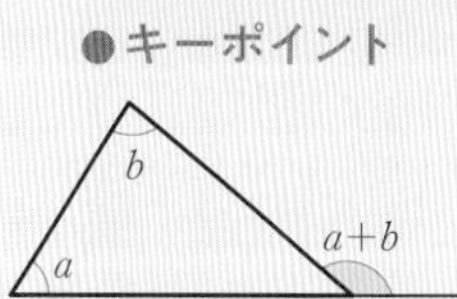

三角形の１つの外角は，それととなり合わない2つの内角の和に等しくなります。

(3) 補助線をひいて，図形の性質を使って求めます。

□(3) $\ell /\!/ m$

ℓ 30° x 50° m

□(4)

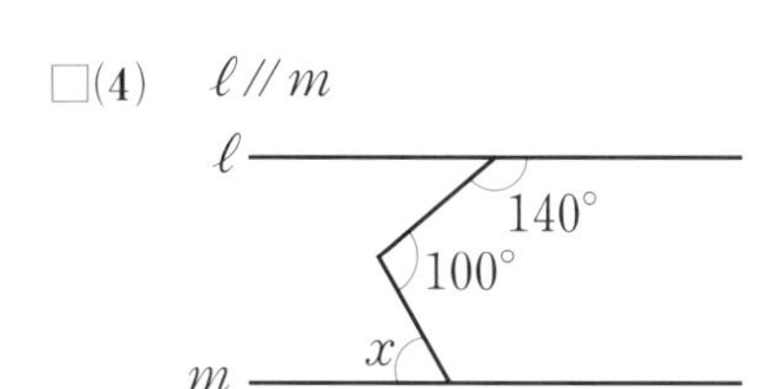

よく出る **2** 【多角形の内角，外角】次の(1)，(2)に答えなさい。

教科書 p.109例4, p.111 Q3

□(1) 内角の和が2160°である多角形は，何角形ですか。

□(2) 1つの外角が60°である正多角形は，正何角形ですか。

●キーポイント

(1) 方程式の形にして求めます。

3 【多角形の外角，図形の性質の調べ方】次の図で，$\angle x$の大きさを求めなさい。

教科書 p.111～114

□(1)

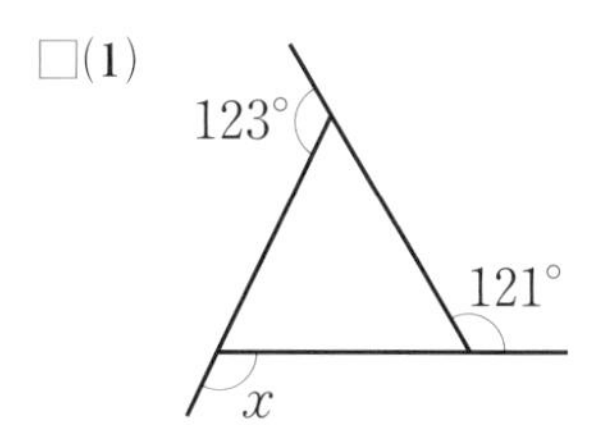

□(2)

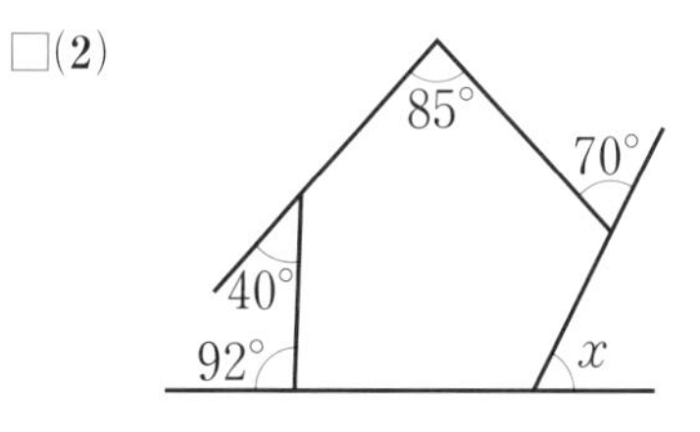

●キーポイント

(3)

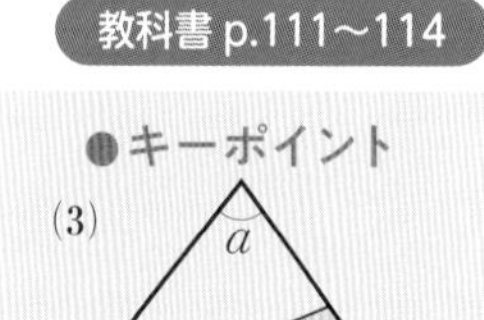

上のように補助線をひくと，

$\angle a+\angle b=\angle e$

また，

$\angle d=\angle c+\angle e$

したがって，

$\angle a+\angle b+\angle c$
$=\angle d$

□(3)

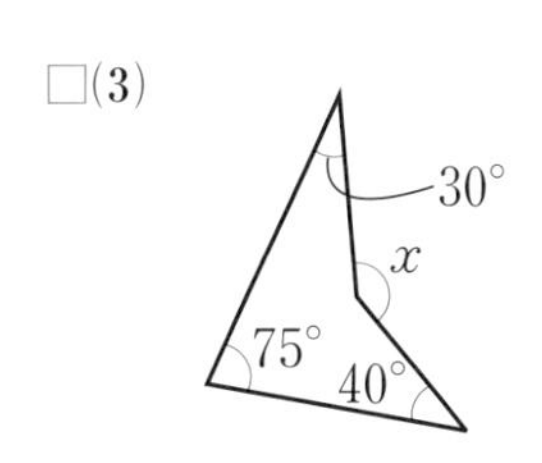

□(4)

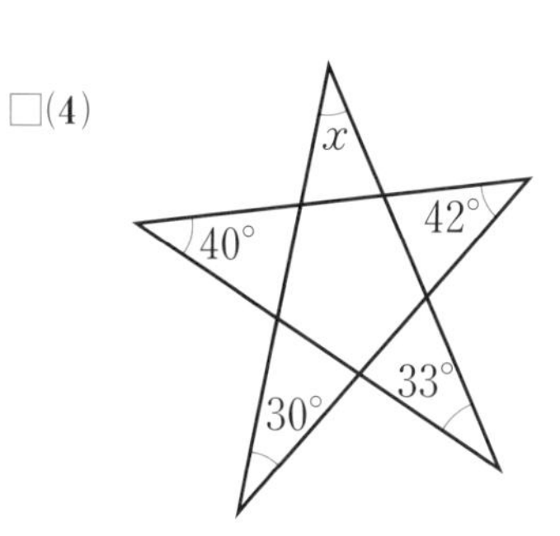

例題の答え **1** ①180 ②75 ③120 ④45 ⑤25 ⑥25 ⑦50 **2** ①10 ②1440 **3** ①360 ②95 ③140 ④30

解答▶▶ p.24

1 右の図のように，4つの直線が1点で交わっています。
これについて，次の(1)，(2)に答えなさい。

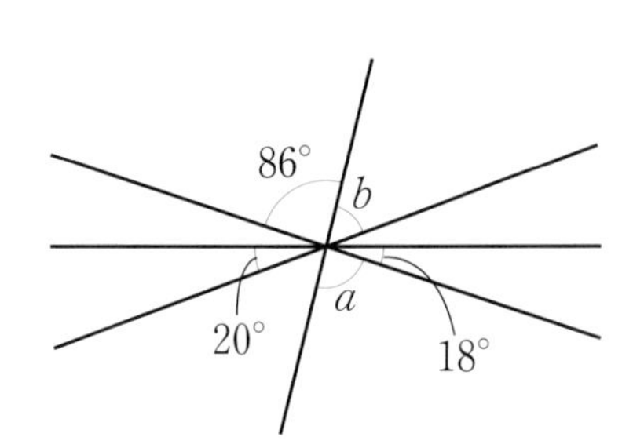

□(1) $\angle a$の大きさを求めなさい。

□(2) $\angle b$の大きさを求めなさい。

2 次の図で，$\angle x$の大きさを求めなさい。

□(1) $\ell /\!/ m$

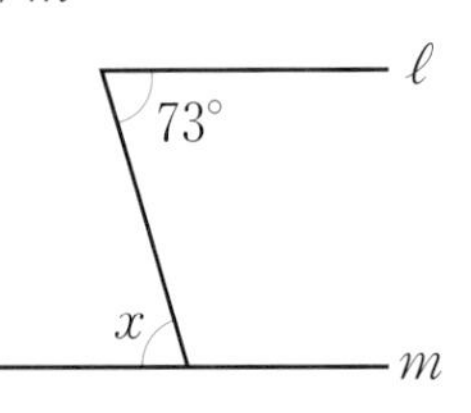

□(2) $\ell /\!/ m /\!/ n$

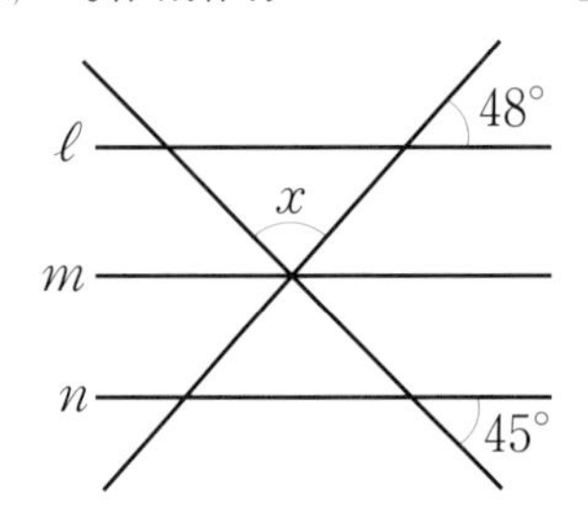

□(3) $\ell /\!/ m$，$p /\!/ q$

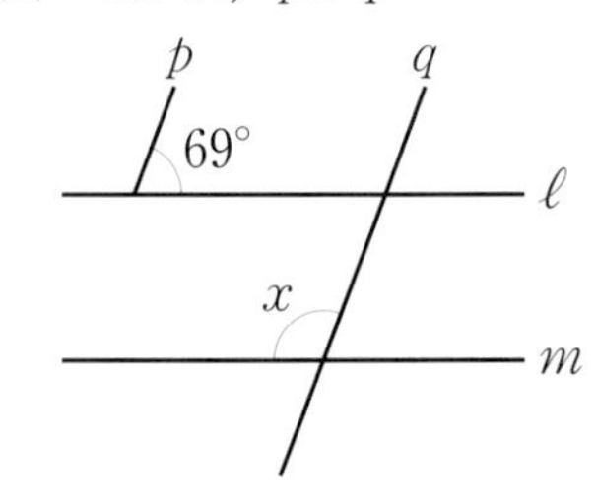

よく出る **3** 次の図で，$\angle x$の大きさを求めなさい。

□(1)

□(2)

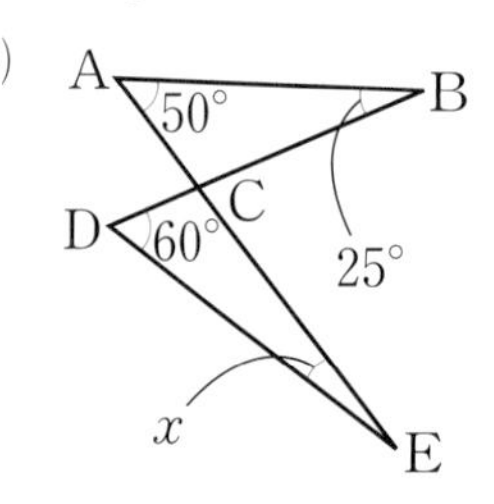

□(3)

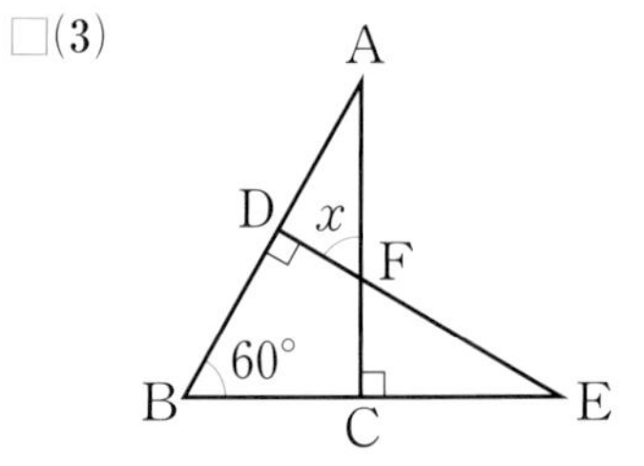

□(4)

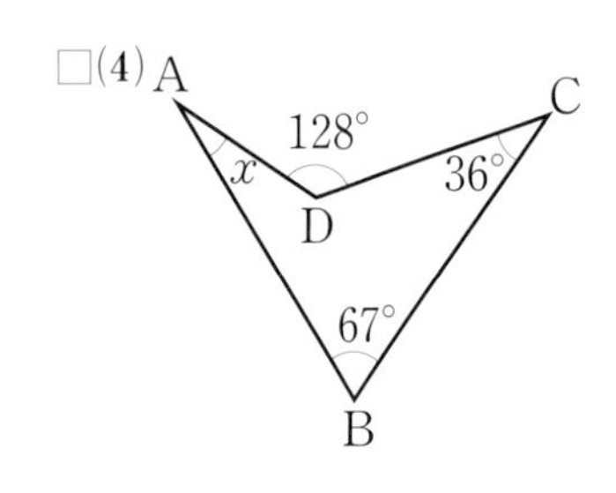

□(5)

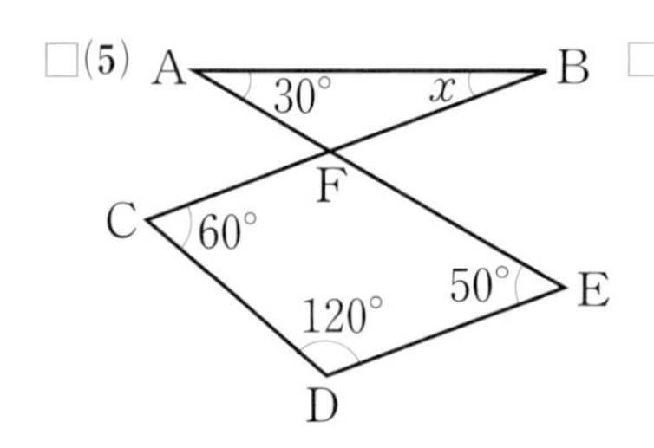

□(6)

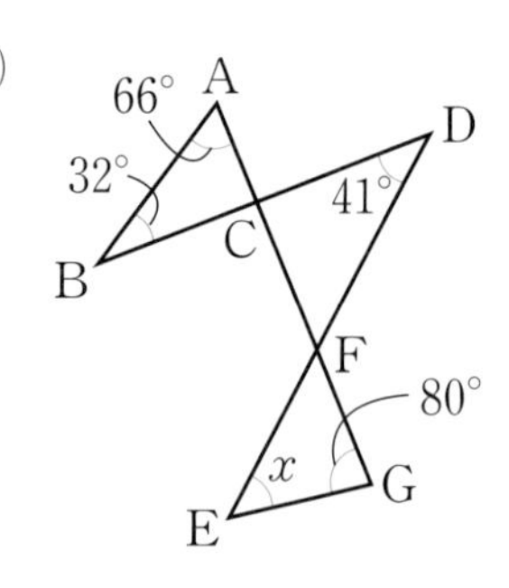

ヒント **2** 同位角や錯角を使って，わかる角の大きさを図にかいていきます。
3 (6)三角形の内角，外角を使って，順に角度を求めていきます。

定期テスト 予報

●平行線と角や多角形の角について，しっかり覚えよう。
平行線の同位角や錯角が等しいことは，重要な性質だからきちんと理解しよう。多角形の内角の和の公式や外角の和は360°であることも覚えておこう。

4 次の図で，$\angle x$の大きさを求めなさい。ただし，$\ell /\!/ m$です。

□(1)

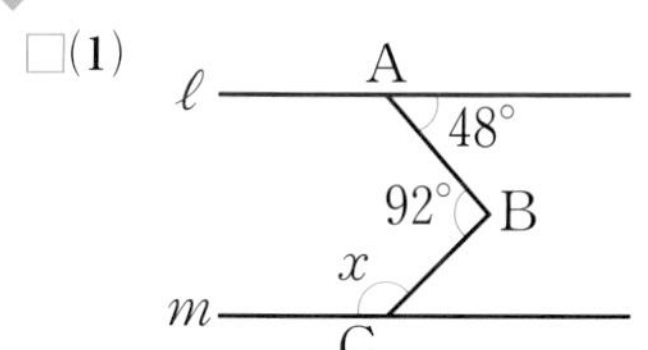

□(2)

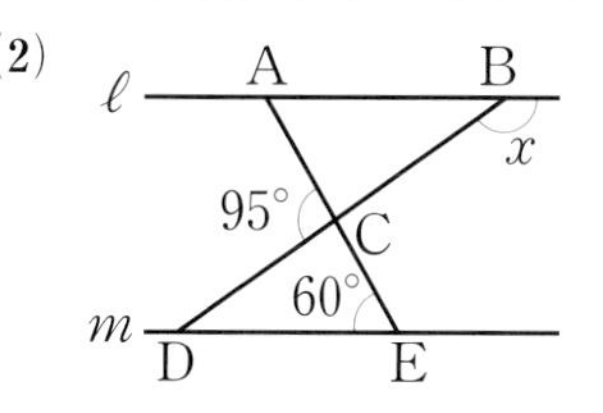

□(3)

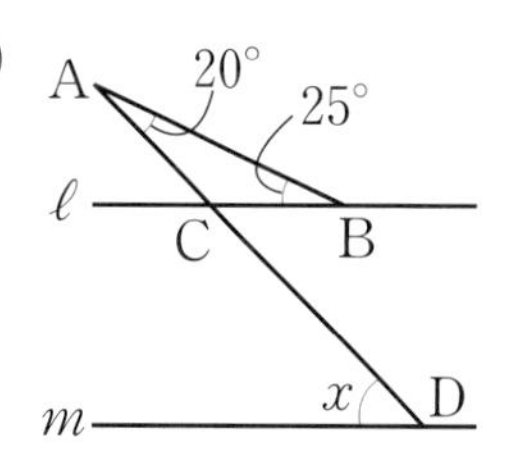

5 次の(1)〜(4)に答えなさい。

□(1) 正二十角形の1つの内角を求めなさい。

□(2) 1つの内角が156°である正多角形は，正何角形ですか。

□(3) 正十六角形の1つの外角を求めなさい。

□(4) どの外角の大きさも30°である多角形は，正何角形ですか。

6 右の図は，$\angle ABP=\angle CBP$，$\angle ACP=\angle DCP$です。これについて，次の(1)〜(3)に答えなさい。

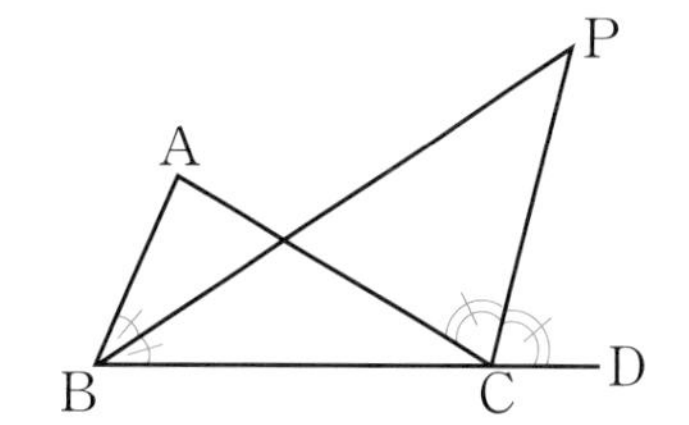

□(1) $\angle A=80°$のとき，$\angle BPC$の大きさを求めなさい。

□(2) $\angle BPC=35°$のとき，$\angle A$の大きさを求めなさい。

□(3) $\angle A=a°$とするとき，$\angle BPC$の大きさをaを使って表しなさい。

ヒント
4 (1)Bを通り，直線ℓに平行な直線をひきます。
6 (1)$\angle ABC=2b$，$\angle ACD=2c$として，$\angle BPC$を求めます。

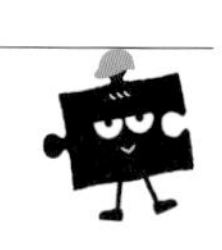

4章

教科書100〜114ページ

解答▶▶ p.24

2節 図形の合同
① 合同な図形／② 三角形の合同条件／③ 合同な三角形と合同条件

●合同な図形の性質

教科書 p.116〜117

□ 

下の図で，四角形ABCD≡四角形EFGHであるとき，次の(1)，(2)に答えなさい。 ▶▶1

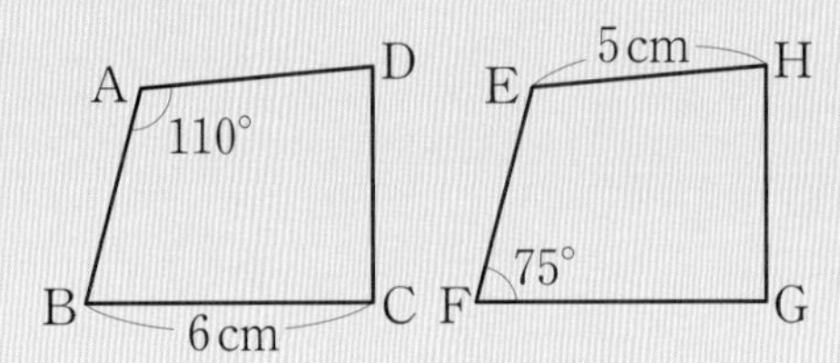

(1) 辺ADと辺FGの長さを，それぞれ求めなさい。

(2) ∠Bと∠Eの大きさを，それぞれ求めなさい。

考え方 合同（ごうどう）な図形では，対応する線分の長さ，対応する角の大きさは，それぞれ等しくなります。

プラスワン 合同を表す記号

2つの図形が合同であることを，記号≡を使って表します。
このとき，2つの図形の対応する頂点は同じ順に書きます。

答え (1) 辺ADに対応する辺は，辺EHだから，

AD＝① ［　　］ cm

辺FGに対応する辺は，辺② ［　　］ だから，

FG＝③ ［　　］ cm

(2) ∠Bに対応する角は，∠Fだから，∠B＝④ ［　　］°

∠Eに対応する角は，∠⑤ ［　　］ だから，∠E＝⑥ ［　　］°

●三角形の合同条件

教科書 p.118〜121

□ 例題 2

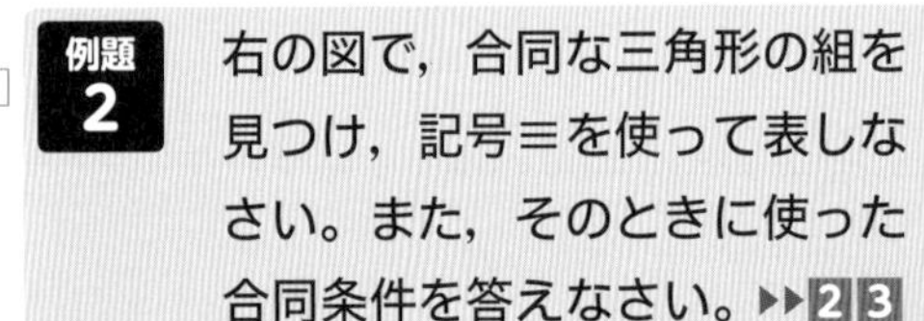

右の図で，合同な三角形の組を見つけ，記号≡を使って表しなさい。また，そのときに使った合同条件を答えなさい。 ▶▶2 3

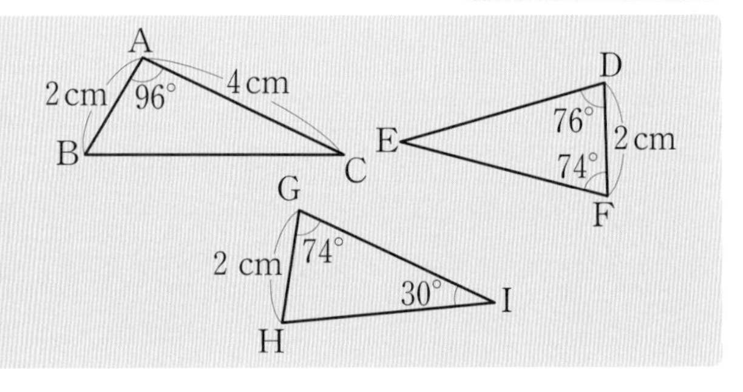

考え方 △GHIにおいて，∠H＋74°＋30°＝180°だから，∠H＝76°です。

答え △DEF≡△① ［　　］

合同条件…② ［　　］ 組の辺とその ③ ［　　］ の角がそれぞれ等しい。

DF＝HG＝2cm，∠D＝∠H＝76°，∠F＝∠G＝74°

プラスワン 三角形の合同条件

1 3組の辺がそれぞれ等しい。
2 2組の辺とその間の角がそれぞれ等しい。
3 1組の辺とその両端（りょうたん）の角がそれぞれ等しい。

絶対理解 **1** 【合同な図形の性質】右の図で，四角形ABCD≡四角形EFGHのとき，次の(1)〜(3)に答えなさい。 教科書 p.116 活動 1

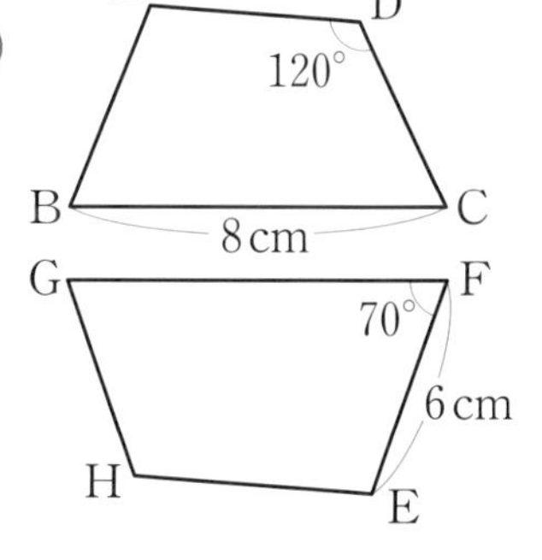

□(1) 辺AD，∠Cに対応する辺，角を，それぞれ求めなさい。

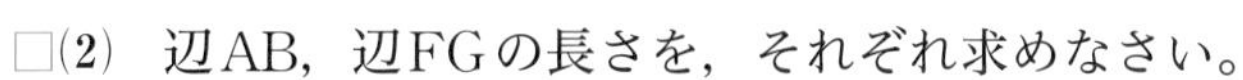

□(2) 辺AB，辺FGの長さを，それぞれ求めなさい。

□(3) ∠B，∠Hの大きさを，それぞれ求めなさい。

よく出る **2** 【三角形の合同条件】次の図で，合同な三角形の組を見つけ，記号≡を使って表しなさい。

□ また，そのときに使った合同条件を答えなさい。 教科書 p.120 Q1

A 4cm 3cm C B J 3cm L 4cm 5cm K

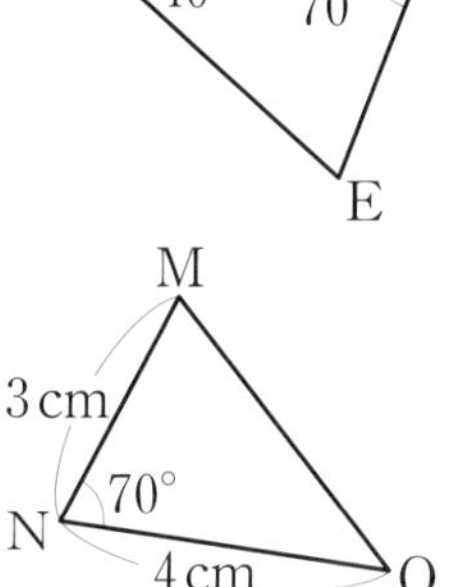

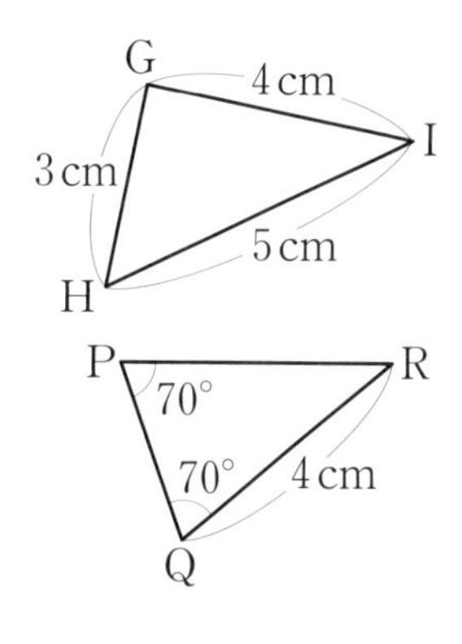

⚠ミス に注意
対応する頂点は同じ順に書きます。

3 【三角形の合同条件】下の(1)，(2)の図で，それぞれ合同な三角形を見つけ，記号≡を使って表しなさい。また，そのときに使った合同条件を答えなさい。 教科書 p.121 Q2

□(1)

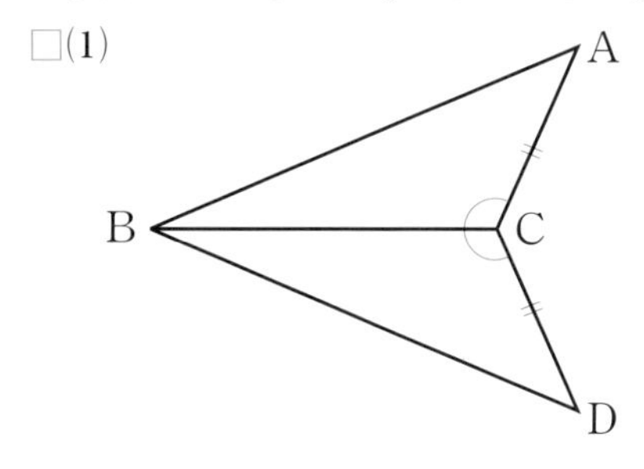

□(2)

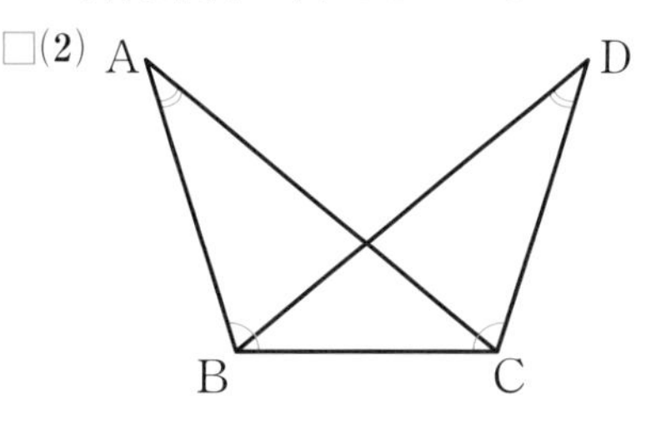

●キーポイント
2つの三角形に共通な辺を見つけ，合同条件が成り立つかどうかを調べます。

例題の答え **1** ①5 ②BC ③6 ④75 ⑤A ⑥110 **2** ①HIG ②1 ③両端

解答▶▶ p.25

2節 図形の合同 ④／⑤／⑥／⑦

●三角形の合同条件と証明の手順

教科書 p.122～128

□ **例題 1** 右の図で，
AB＝AD，BC＝DC
ならば，
∠ABC＝∠ADC
となります。 ▶▶**1 2**

A
B D
C

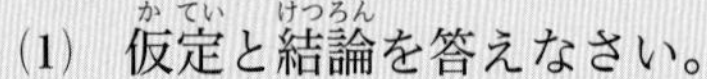

(1) 仮定と結論を答えなさい。
(2) ∠ABC＝∠ADC を導くには，どの三角形とどの三角形が合同であることを示すとよいですか。
(3) ∠ABC＝∠ADC であることを証明しなさい。

考え方 (1) 「a ならば b」のように表したとき，a を仮定，b を結論といいます。

答え (1) 仮定…AB＝AD，BC＝①[　　　]
結論…∠ABC＝∠②[　　　]

(2) ∠ABC，∠ADC をそれぞれ内角にもつ2つの三角形は，△ABC と△③[　　　]だから，この2つの三角形の合同を示すとよい。

(3) **証明**
△ABC と△ADC で，
仮定から，AB＝AD ……㋐
BC＝①[　　　] ……㋑
共通な辺だから，AC＝AC ……㋒
㋐，㋑，㋒から，④[　　　]がそれぞれ等しいので，△ABC≡△③[　　　]
合同な三角形の対応する角だから，
∠ABC＝∠②[　　　]

ここがポイント
❶ 仮定と結論を明確にする
❷ 結論の辺や角をふくむ2つの三角形に着目する
❸ 着目した2つの三角形で，等しい辺や角を見つける
❹ 三角形の合同条件のどれが根拠として使えるか判断し，合同であることを示す
❺ 合同な図形の性質を根拠にして，結論を導く

プラスワン 証明
すでに正しいと認められたことがらを根拠として，あることがらが成り立つことをすじ道を立てて述べることを**証明**といいます。
(仮定) ——(根拠となることがら)——→ (証明)

絶対理解 **1** 【三角形の合同条件と証明の手順】右の図で，
AO＝DO，BO＝COならば，∠BAO＝∠CDOです。
このとき，次の(1)，(2)に答えなさい。

教科書 p.122〜127

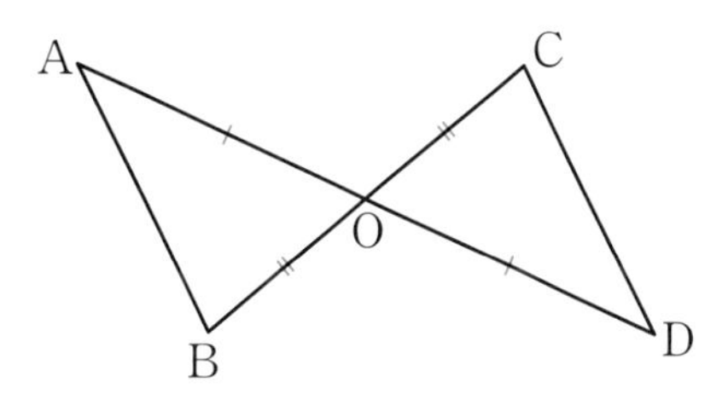

□(1) 仮定と結論を答えなさい。

●キーポイント
∠BAO，∠CDOをそれぞれ内角にもつ2つの三角形の合同を示します。

□(2) このことを証明しなさい。

2 【作図と証明】右の図は，線分ABの垂直二等分線PQを，次のような手順で作図したものです。

❶ 点A，Bをそれぞれ中心とする半径の等しい円をかき，その交点をP，Qとする。

❷ 点PとQを通る直線をひき，ABとの交点をMとする。

このとき，次の(1)，(2)に答えなさい。 教科書 p.124 活動1

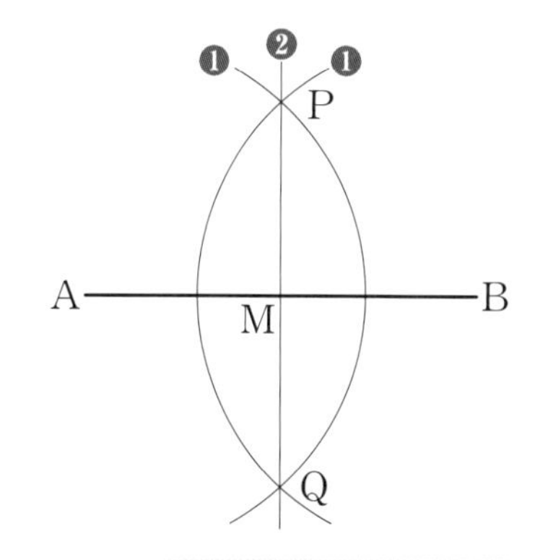

□(1) △APQ≡△BPQであることを証明しなさい。

●キーポイント
(2)のことを証明するには，△APMと△BPMの合同を先に示して，対応する辺や角を調べます。

□(2) (1)を使って，AM＝BM，AB⊥PQを証明しなさい。

4章
教科書 122〜128ページ

例題の答え **1** ①DC ②ADC ③ADC ④3組の辺

解答▶▶ p.25

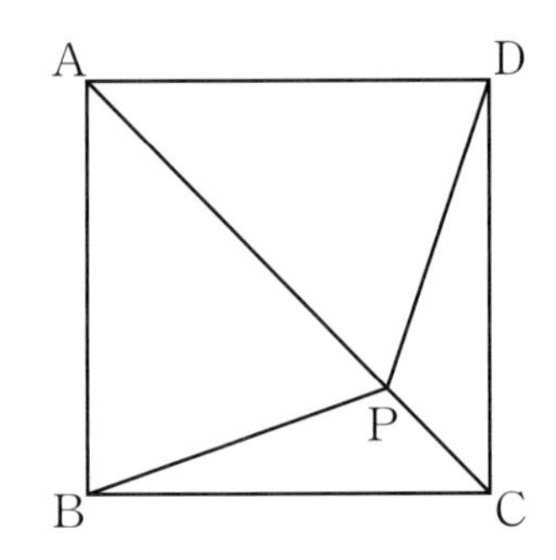

1 右の図のように，正方形 ABCD の対角線 AC 上に点 P をとり，B と P，D と P を結びます。このとき，次の(1)，(2)に答えなさい。

□(1) △ABP と合同な三角形はどれですか。記号≡を使って表しなさい。

□(2) ∠ABP＋∠APD の大きさを求めなさい。

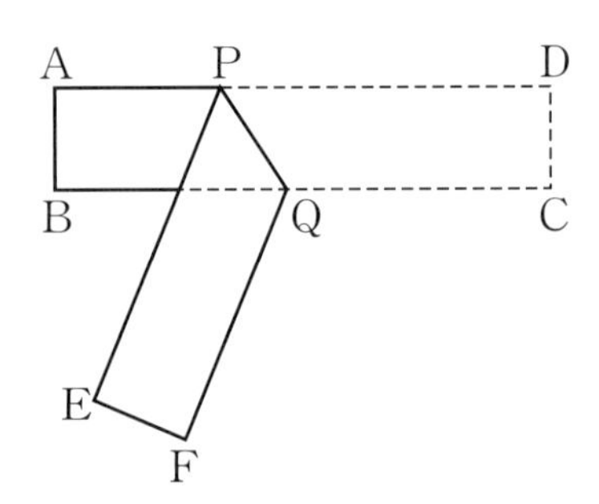

2 右の図は，縦 3 cm，横 15 cm の長方形 ABCD を，AP＝5 cm，BQ＝7 cm となる PQ を折り目として折り返したものです。このとき，次の(1)～(3)に答えなさい。

□(1) 四角形PQCDと合同な四角形はどれですか。記号≡を使って表しなさい。

□(2) PE の長さを求めなさい。

□(3) ∠APE＝$a°$とするとき，∠DPQ の大きさを a を使って表しなさい。

3 次の△ABC は，3 辺の長さが AB＝r cm，BC＝s cm，CA＝t cm の三角形です。

□ ∠A＝a，∠B＝b，∠C＝c として，△ABC と合同な三角形を作図するのに必要なものとして正しい組み合わせは下の㋐～㋓のうちどれですか。すべて答えなさい。

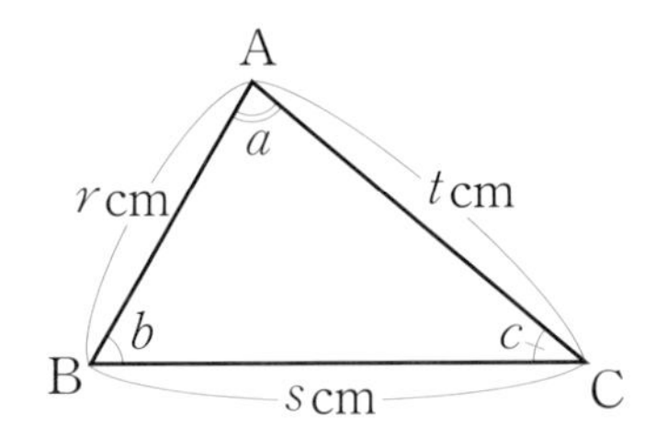

㋐ (s, t, r)　　㋑ (s, t, a)

㋒ (s, b, c)　　㋓ (a, b, c)

ヒント
2 四角形PQCDは折り返したことでどこに移動したのかを考えます。
3 三角形の合同条件を1つずつあてはめて，成り立つかを調べます。

定期テスト予報

●証明問題はしっかり練習しよう。
証明問題は必ず出題される。証明をするために，どの三角形とどの三角形が合同であることがいえればよいかを最初に考え，その後，どの合同条件を使えばよいかを考えよう。

4 右の図で，三角形の3つの内角の和が180°であることを次のように証明しました。□をうめなさい。

□

仮定　DE∥BC

結論　∠BAC＋①□＋②□＝180°

証明　DE∥BCで③□は等しいから，

∠DAB＝④□……㋐

∠EAC＝⑤□……㋑

また，⑥□＋∠DAB＋∠EAC＝180°……㋒

㋐，㋑，㋒から，∠BAC＋⑦□＋⑧□＝180°

5 右の図のように，AD∥BCである台形ABCDにおいて，対角線ACの中点Oを通る直線が辺AD，BCと交わる点をそれぞれE，Fとします。このとき，AE＝CFであることを次のように証明しました。下の①，②には角の関係を書きなさい。また，③には，三角形の合同条件を書きなさい。

□

証明　△AOEと△COFで，

仮定から，　AO＝CO　……㋐

対頂角だから，　①□　……㋑

平行線の錯角（さっかく）だから，　②□　……㋒

㋐，㋑，㋒から，③□ので，

△AOE≡△COF

合同な三角形の対応する辺だから，AE＝CF

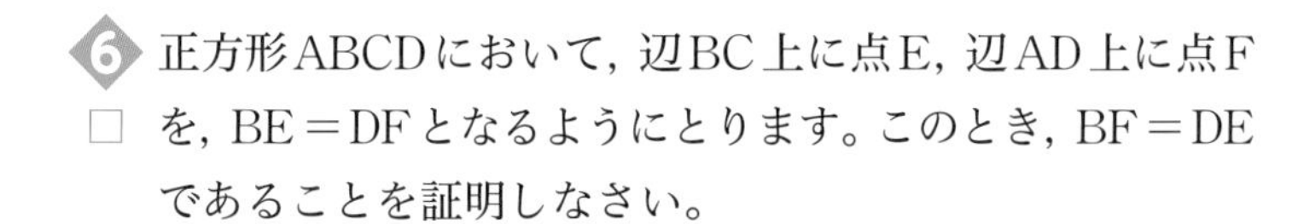

6 正方形ABCDにおいて，辺BC上に点E，辺AD上に点Fを，BE＝DFとなるようにとります。このとき，BF＝DEであることを証明しなさい。

□

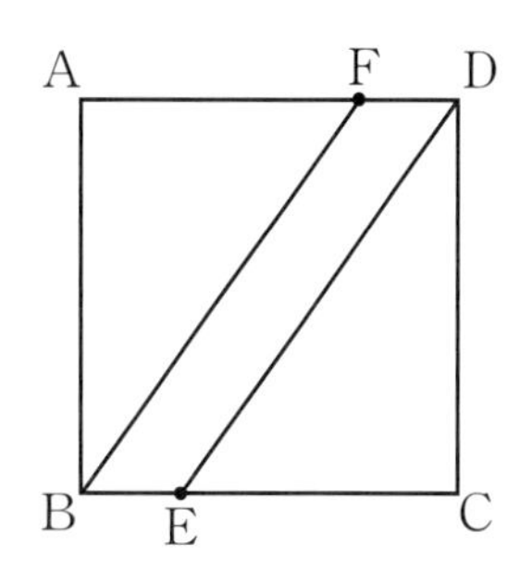

ヒント

4 平行な2直線に交わる1つの直線がつくる錯角は等しくなります。

6 AF＝CEであることを，BE＝DFを使って示します。

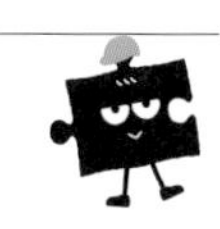

解答▶▶ p.25

4章　平行と合同

1 右の図のように，直線ℓに，2 直線 m，n が交わっています。このとき，次の角を答えなさい。知

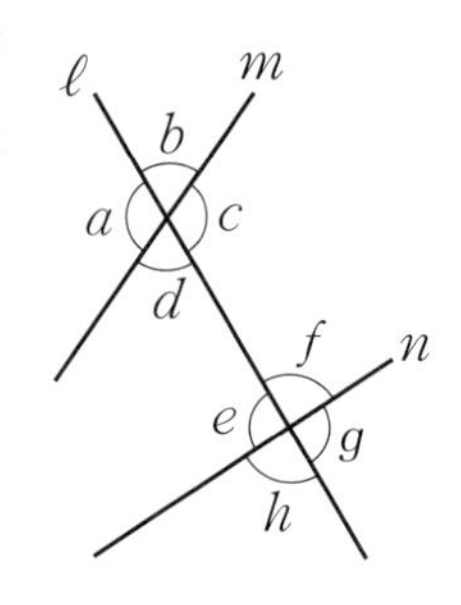

(1)　$\angle h$ の対頂角

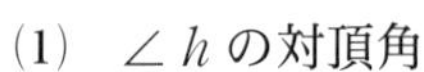

(2)　$\angle e$ の同位角

(3)　$\angle f$ の錯角（さっかく）

1　点/12点(各4点)

(1)	
(2)	
(3)	

2 右の図で，$\ell /\!/ m$ です。これについて，次の(1)，(2)に答えなさい。知

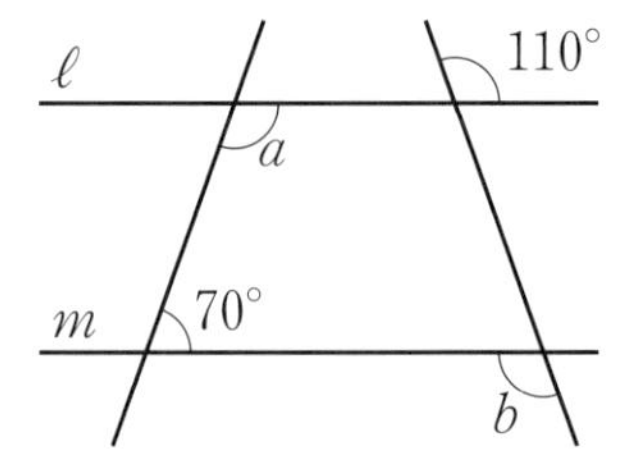

(1)　$\angle a$ の大きさを求めなさい。

(2)　$\angle b$ の大きさを求めなさい。

2　点/8点(各4点)

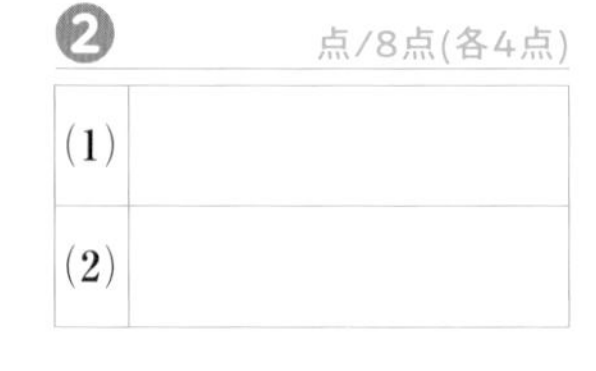

3 次の図で，$\angle x$ の大きさを求めなさい。知

(1)　$\ell /\!/ m$

ℓ　A　126°　B　C　x　m　25°　D

(2)

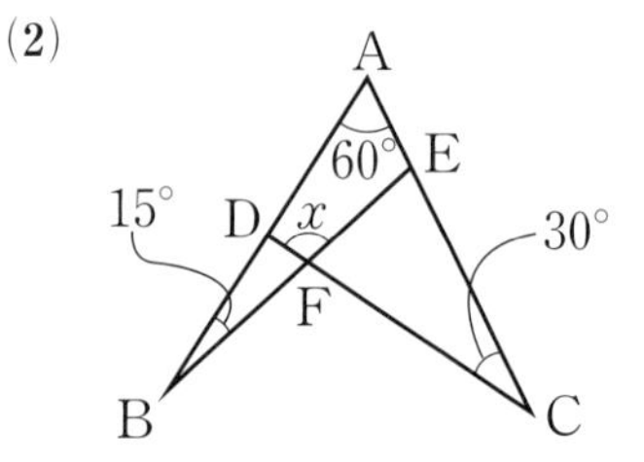

点UP (3)　$\ell /\!/ m$

A　30°　ℓ　D　F　J　C　40°　I　G　35°　20°　H　m　x　E　B

3　点/12点(各4点)

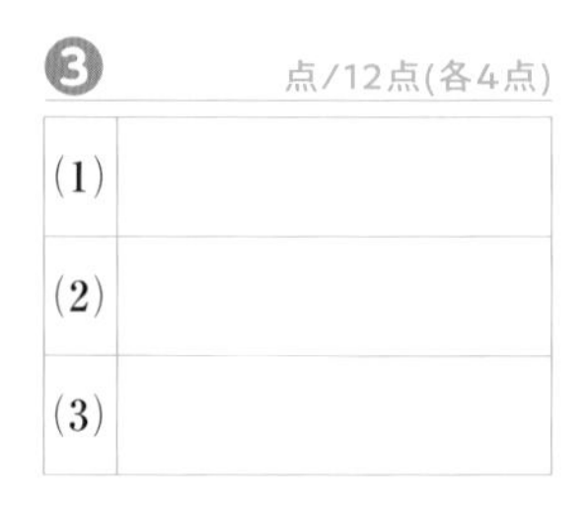

4 次の(1)，(2)に答えなさい。知

(1)　内角の和が 1800 °である多角形は，何角形ですか。

(2)　1 つの外角が 12 °である正多角形は，正何角形ですか。

4　点/10点(各5点)

　成績評価の観点　知…数量や図形などについての知識・技能　考…数学的な思考・判断・表現

❺ 次の図で，合同な三角形を見つけ，記号≡を使って表しなさい。また，そのときに使った合同条件を答えなさい。知

(1)　△ABCはAB＝ACの二等辺三角形

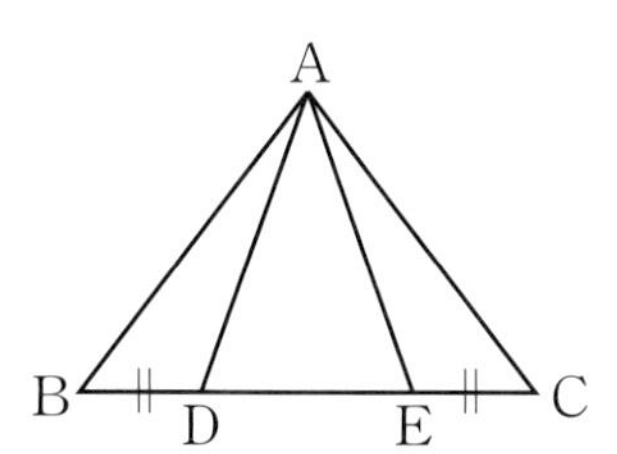

(2)　ℓは∠AOBの二等分線

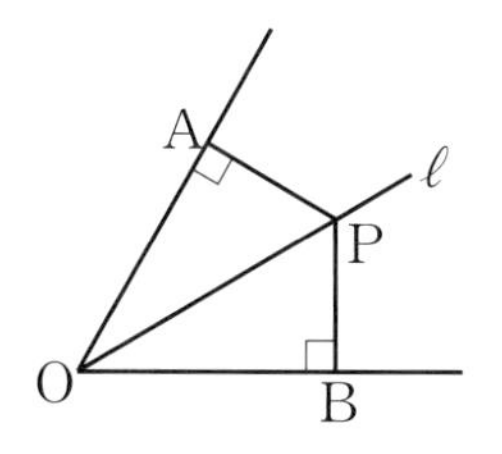

❺　点/20点(各5点)

(1) 合同
合同条件

(2) 合同
合同条件

❻ 右の正三角形ABCで，辺AB，AC上にAD＝CEとなるように，点D，Eをとると，BE＝CDとなることを証明しました。□をうめなさい。考

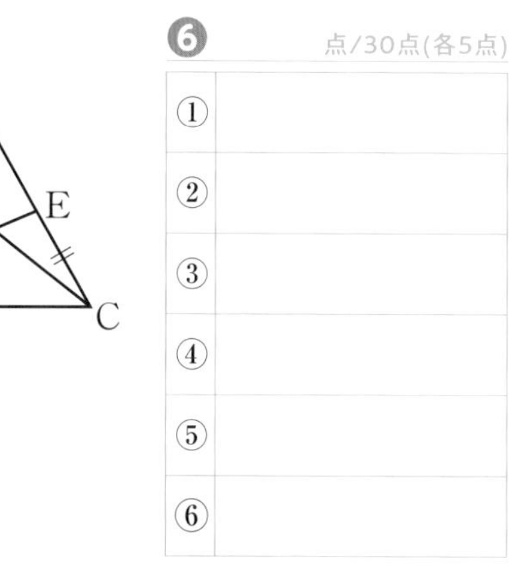

証明　△BCEと△CADで，
正三角形だから，

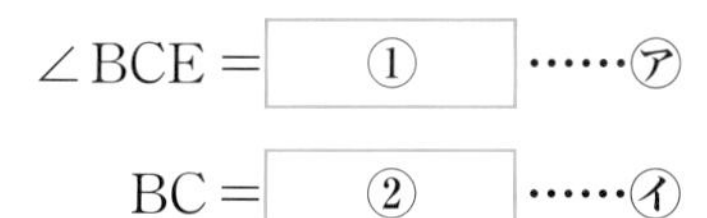

∠BCE＝ ① ……㋐

BC＝ ② ……㋑

仮定から，CE＝ ③ ……㋒

㋐，㋑，㋒から， ④ がそれぞれ等しいので，

△BCE≡ ⑤

合同な三角形の対応する辺だから， ⑥ ＝CD

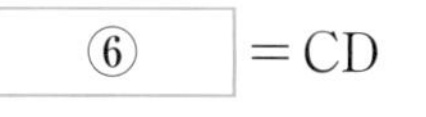

❻　点/30点(各5点)

①
②
③
④
⑤
⑥

❼ 右の図で，直線ℓ，mの交点をOとします。Oを中心とする大小2つの円をかき，大きい円とℓとの交点をA，B，小さい円とmとの交点をC，Dとします。このとき，AC//BDとなることを証明しなさい。考

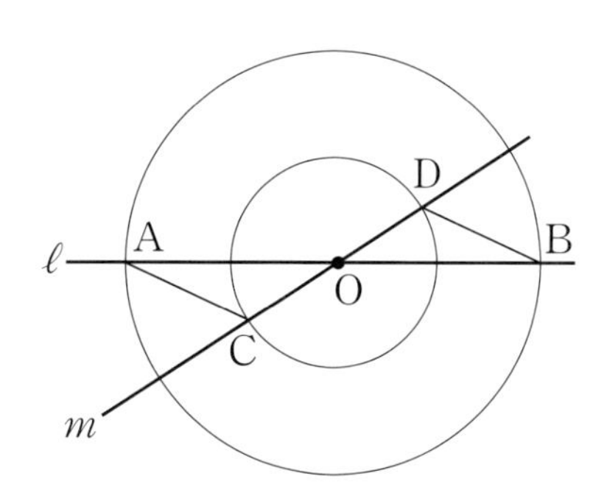

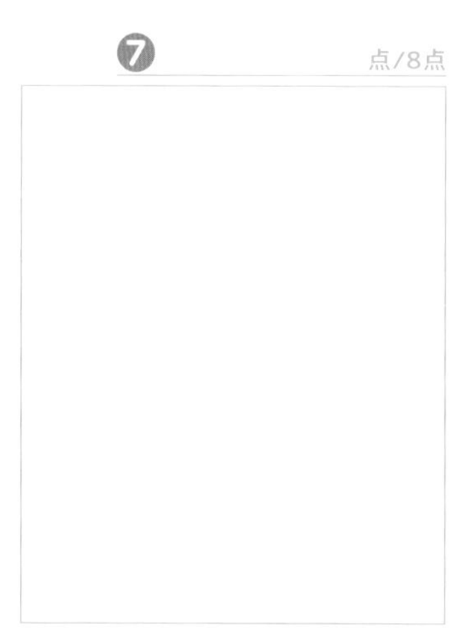

❼　点/8点

知　/62点　考　/38点

解答▶▶ p.26

教科書のまとめ〈4章　平行と合同〉

●角

・対頂角　$\angle b$ と $\angle c$
　同位角　$\angle a$ と $\angle c$
　錯角(さっかく)　$\angle a$ と $\angle b$
・対頂角は等しい。

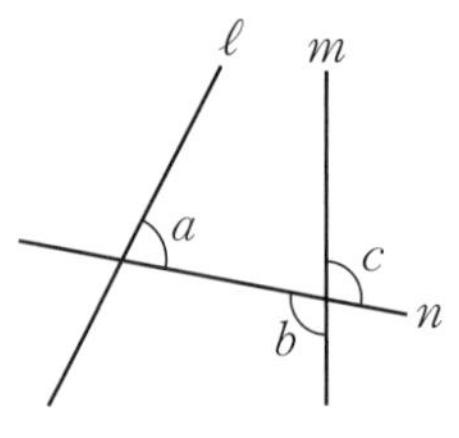

●平行線の性質

2直線に1つの直線が交わるとき，次のことが成り立つ。

1　2直線が平行ならば，同位角は等しい。
2　2直線が平行ならば，錯角は等しい。

●平行線であるための条件

2直線に1つの直線が交わるとき，次のことが成り立つ。

1　同位角が等しければ，2直線は平行である。
2　錯角が等しければ，2直線は平行である。

●三角形の内角と外角の性質

1　$\angle a+\angle b+\angle c=180°$
2　$\angle a+\angle b=\angle c'$

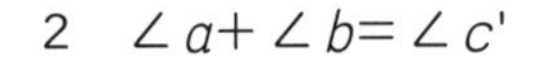

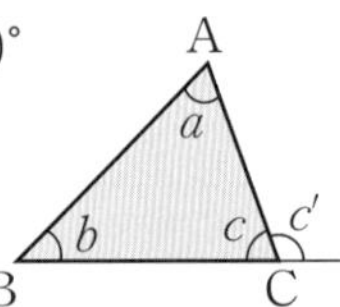

●多角形の内角と外角

1　n 角形の内角の和は $180°\times(n-2)$ である。
2　多角形の外角の和は $360°$ である。

●合同な図形の性質

1　合同な図形では，対応する線分の長さはそれぞれ等しい。
2　合同な図形では，対応する角の大きさはそれぞれ等しい。

●三角形の合同条件

2つの三角形は，次のどれかが成り立つとき合同である。

1　3組の辺がそれぞれ等しい。

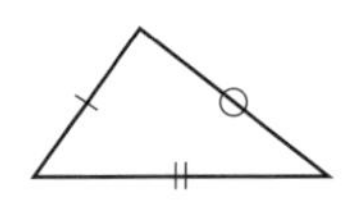
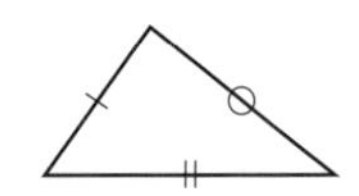

2　2組の辺とその間の角がそれぞれ等しい。

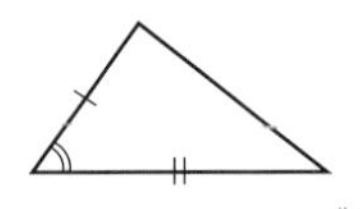
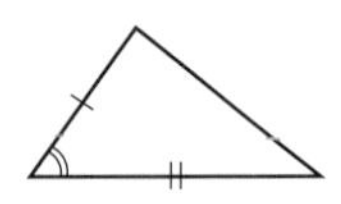

3　1組の辺とその両端(りょうたん)の角がそれぞれ等しい。

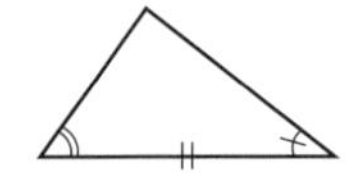

●仮定と結論

「□ならば■」の形に書かれたことがらで，□の部分を**仮定**，■の部分を**結論**という。

(例)　「$a=b$ ならば $a-c=b-c$ である。」
　ということがらの
　仮定は $a=b$
　結論は $a-c=b-c$

●図形の性質の証明の進め方

❶　仮定と結論を明確にする。
❷　結論の辺や角をふくむ2つの三角形に着目する。
❸　着目した2つの三角形で，等しい辺や角を見つける。
❹　合同条件のどれが根拠(こんきょ)として使えるか判断し，合同であることを示す。
❺　合同な図形の性質を根拠にして，結論を導く。

5章　三角形と四角形

次の学習に入る前に取り組もう。

□三角形の合同条件 ◀中学2年

2つの三角形は，次のどれかが成り立つとき合同である。

1　3組の辺がそれぞれ等しい。

2　2組の辺とその間の角がそれぞれ等しい。

3　1組の辺とその両端(りょうたん)の角がそれぞれ等しい。

1 次の□にあてはまることばを書きなさい。 ◀小学3年〈二等辺三角形，正三角形〉

(1)　2つの辺の長さが等しい三角形を，□という。二等辺三角形では，2つの角の大きさが□。

(2)　3つの辺の長さが等しい三角形を，□という。正三角形では，□の角の大きさがみんな等しい。

ヒント
三角形の辺の長さや角の大きさに目をつけると……

2 下の図の三角形を，合同な三角形の組に分けなさい。また，そのときに使った合同条件を答えなさい。 ◀中学2年〈三角形の合同条件〉

ヒント
それぞれの三角形について，どの辺の長さや角の大きさが等しいかに着目すると……

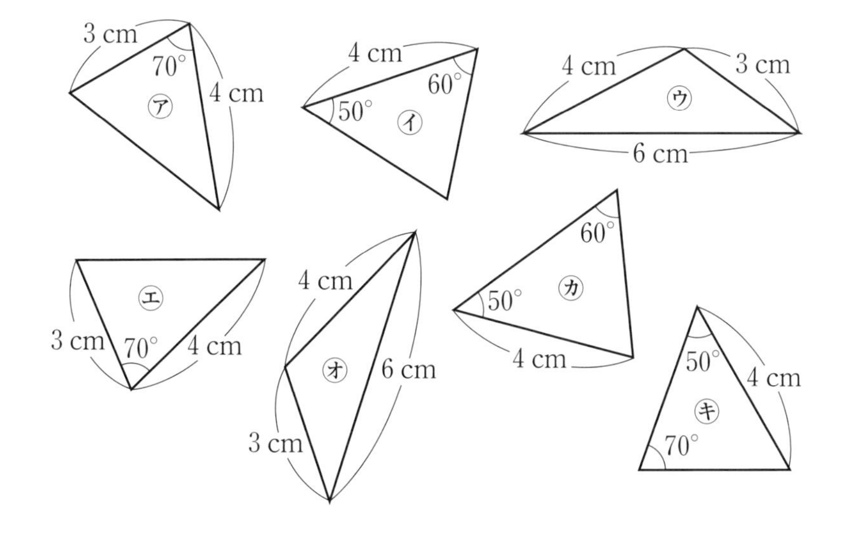

解答▶▶ p.27

5章　三角形と四角形

1節　三角形
①　二等辺三角形の性質

●二等辺三角形の角

教科書 p.136〜138

例題 1 右の図で，CA＝CBです。$\angle x$，$\angle y$の大きさを求めなさい。 ▶▶1

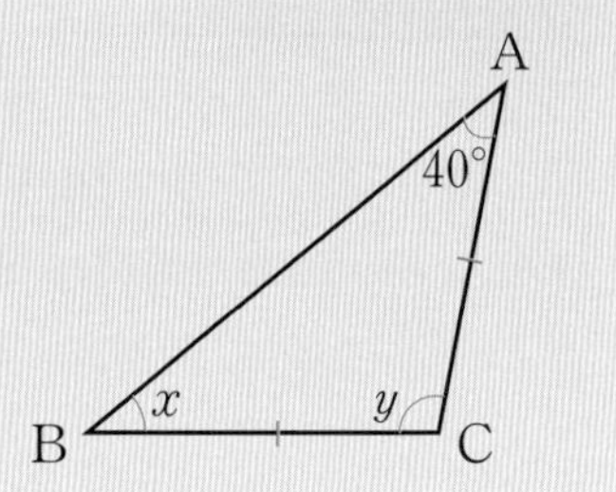

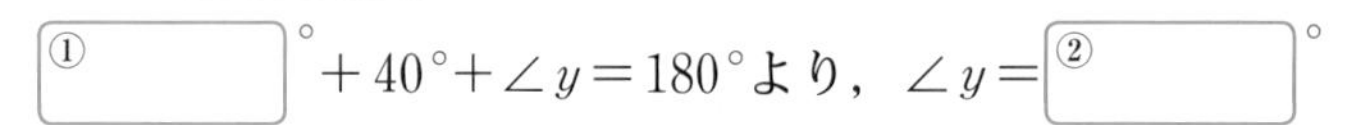

考え方　「二等辺三角形の2つの底角(ていかく)は等しい」という定理(ていり)を使います。

答え　$\angle x=$ ①［　　］°

①［　　］°$+40°+\angle y=180°$より，$\angle y=$ ②［　　］°

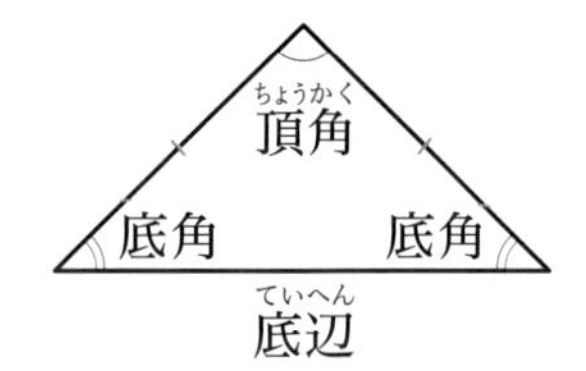

プラスワン　定義，定理

定義(ていぎ)…用語の意味を，はっきりと簡潔に述べたもの。
定理…証明されたことがらのうち，よく使われるもの。

「2つの辺が等しい三角形を二等辺三角形という。」は，二等辺三角形の定義です。

●二等辺三角形の性質

教科書 p.137〜138

例題 2 AB＝ACの二等辺三角形ABCで，∠B＝∠Cであることを，頂点Aと底辺BCの中点Mを結ぶ線分AMをひいて，証明しなさい。 ▶▶2 3

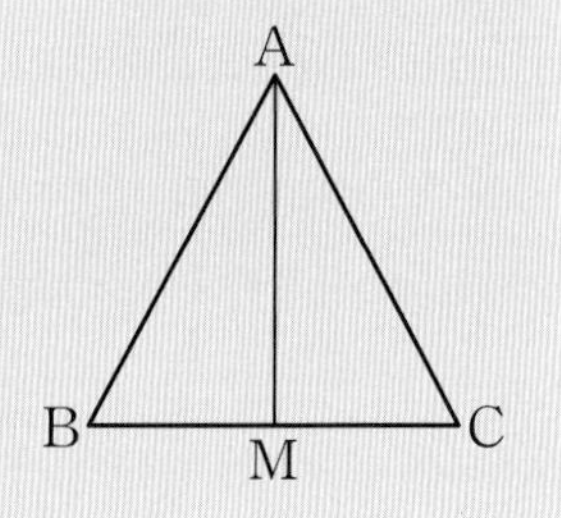

考え方　∠B，∠Cをそれぞれ内角にもつ2つの三角形の合同を証明し，合同な図形の性質を使って，ことがらを証明します。

証明　△ABMと△①［　　］で，

仮定から，　AB＝AC　……㋐

Mは辺BCの中点だから，BM＝②［　　］　……㋑

共通な辺だから，　AM＝AM　……㋒

㋐，㋑，㋒から，③［　　］がそれぞれ等しいので，

△ABM≡△①［　　］

対応する角だから，∠B＝∠C

合同な図形の対応する角の大きさはそれぞれ等しい

1 【二等辺三角形の角】次の図で，$\angle x$の大きさを求めなさい。 教科書 p.138 Q3

□(1)

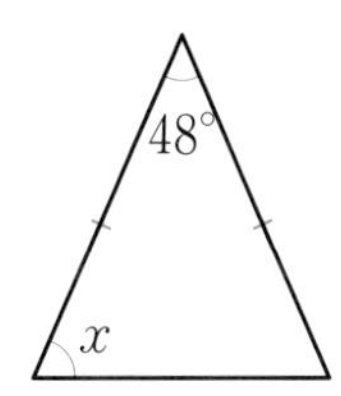

□(2)

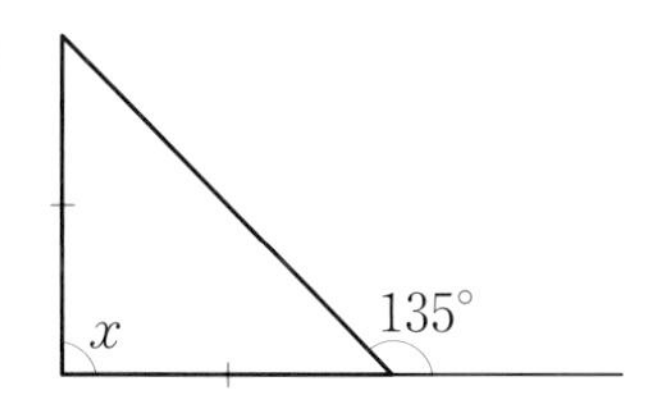

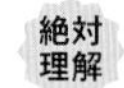

2 【二等辺三角形の性質】AB＝ACである二等辺三角形ABCの底辺BC上に，BD＝CEとなる2点D，Eをとります。

□ AとD，AとEを結ぶとき，AD＝AEであることを証明しなさい。 教科書 p.137〜138

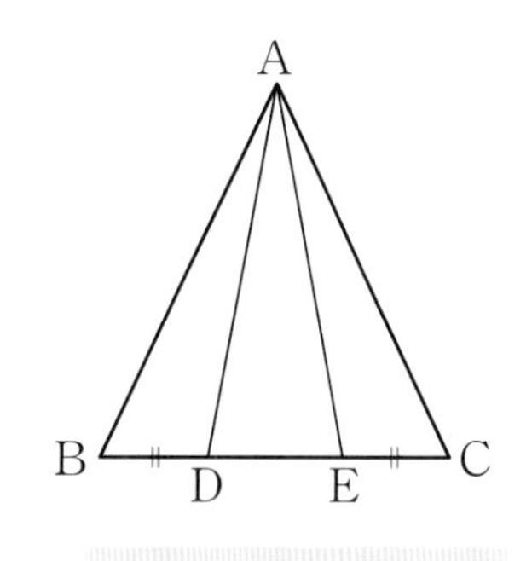

●キーポイント
二等辺三角形の底角が等しいことを使います。

3 【二等辺三角形の性質】**AB＝AD，BC＝DCである四角形ABCDがあります。対角線AC，BDの交点をOとするとき，次の(1)，(2)に答えなさい。** 教科書 p.138 活動2

□(1) ∠BCA＝∠DCAであることを証明しなさい。

□(2) (1)の結果から，ACは線分BDの垂直二等分線であることを証明しなさい。

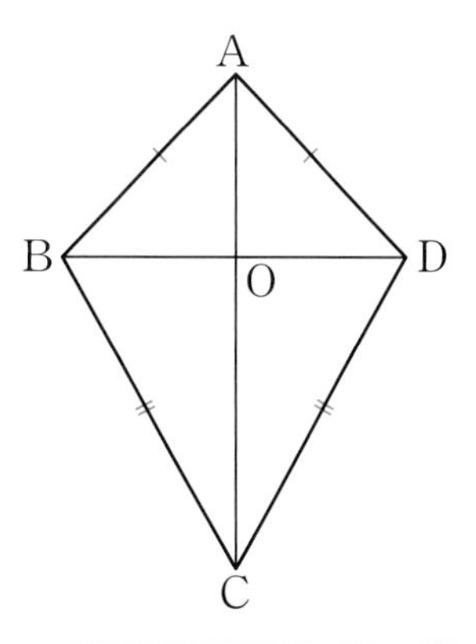

●キーポイント
(1) ∠BCA，∠DCAをそれぞれ内角にもつ2つの三角形の合同を証明します。

5章 教科書136〜138ページ

例題の答え **1** ①40 ②100 **2** ①ACM ②CM ③3組の辺

5章　三角形と四角形

1節　三角形
②　二等辺三角形であるための条件／③　逆／④　正三角形

●二等辺三角形であるための条件

教科書 p.139

□ **例題 1** 右の図で，AB＝DC，AC＝DBならば，△PBCは二等辺三角形であることを証明しなさい。 ▶▶1 3

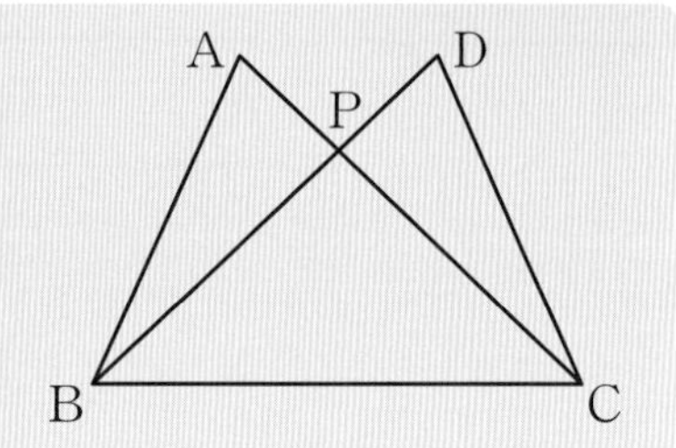

考え方　△PBCの2つの角が等しいことを証明します。
仮定…AB＝DC，AC＝DB
結論…∠PBCは二等辺三角形

証明　△ABCと△DCBで，
仮定から，AB＝DC　……㋐
AC＝①　……㋑
共通な辺だから，BC＝CB　……㋒
㋐，㋑，㋒から，3組の辺がそれぞれ等しいので，△ABC≡△②
対応する角が等しいことから，∠③＝∠PBC
∠ACB　∠DBC
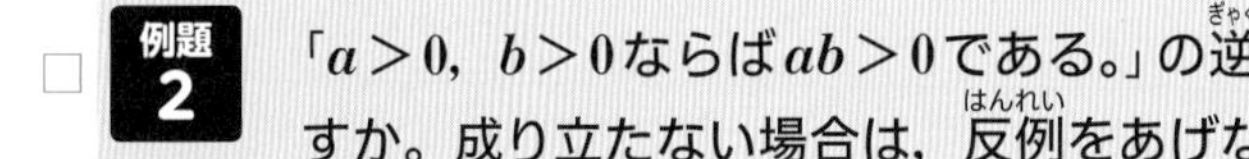
したがって，2つの角が等しいので，△PBCは二等辺三角形である。

プラスワン　二等辺三角形であるための条件
2つの角が等しい三角形は，二等辺三角形です。

●逆

教科書 p.140

□ **例題 2** 「$a>0$，$b>0$ならば$ab>0$である。」の逆（ぎゃく）を答えなさい。また，それは成り立ちますか。成り立たない場合は，反例（はんれい）をあげなさい。 ▶▶2

考え方　「■ならば●」の逆は「●ならば■」です。

答え　逆は「$ab>0$ならば$a>0$，①　である。」
これは成り立たない。
反例…$a=-1$，$b=-2$のとき
$ab>0$であるが$a<0$，②

反例があるときはそのことがらは成り立ちません。

プラスワン　逆，反例
仮定と結論が入れかわっている2つのことがらがあるとき，一方を他方の逆といいます。
あることがらが成り立たないことを示す例を反例といいます。

1 **【二等辺三角形であるための条件】** AB＝ACである二等辺三角形ABCの辺BC，AC，AB上に，それぞれ点P，Q，Rを BP＝CQ，BR＝CPとなるようにとります。このとき，△PQRが二等辺三角形であることを証明しなさい。

教科書 p.139 活動 1

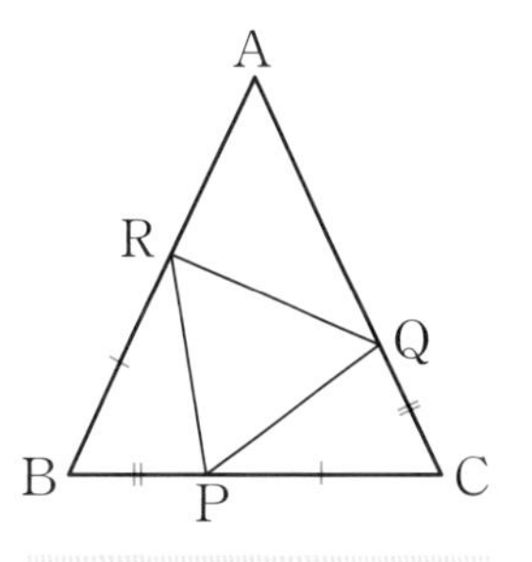

●キーポイント
△BPR≡△CQPを証明します。

2 **【逆】** 次の(1)〜(3)のことがらの逆を答えなさい。また，それは成り立ちますか。成り立たない場合は，反例をあげなさい。

教科書 p.140 Q1

□(1) △ABC≡△DEFならば，AB＝DEである。

□(2) 2直線が平行ならば，錯角(さっかく)は等しい。

□(3) $x=2$，$y=3$ならば，$x+y=5$である。

3 **【正三角形】** △ABCで，∠A＝∠B＝∠Cならば△ABCは正三角形であることを証明しなさい。

教科書 p.141 活動 1

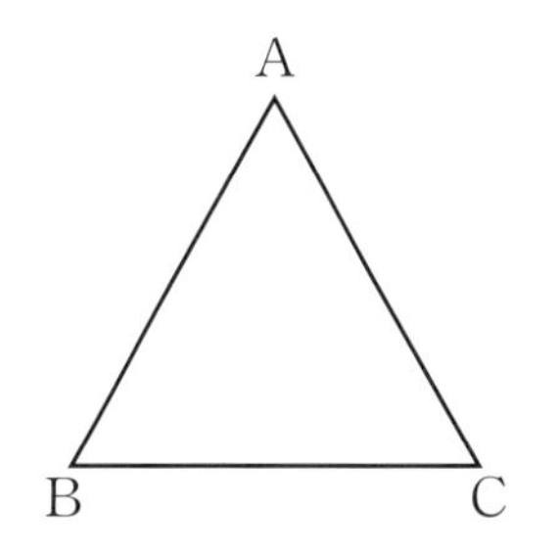

●キーポイント
二等辺三角形であるための条件を使って，3つの辺が等しいことを示します。

例題の答え **1** ①DB ②DCB ③PCB **2** ① $b>0$ ② $b<0$

1節　三角形
⑤　直角三角形の合同条件

●直角三角形の合同条件

教科書 p.142〜143

例題 1 次の図で，合同な三角形の組を見つけ，記号≡を使って表しなさい。また，その根拠(こんきょ)となる直角三角形の合同条件を答えなさい。 ▶▶1

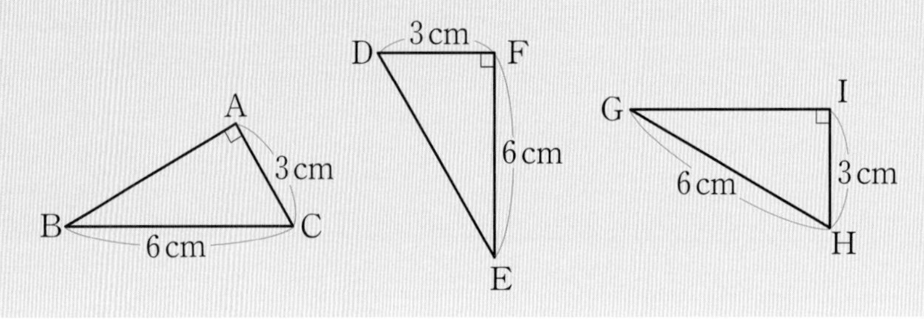

考え方　直角三角形で，等しい辺や角はどれかを考えます。

答え　△ABC≡△①［　　］

合同条件…直角三角形の斜辺(しゃへん)と②［　　］がそれぞれ等しい。

プラスワン　直角三角形の合同条件

1　斜辺と他の1辺がそれぞれ等しい。
2　斜辺と1鋭角がそれぞれ等しい。

●直角三角形の合同条件を使った証明

教科書 p.144〜145

例題 2 △ABCの辺BCの中点をMとし，Mから辺AB，ACに垂線をひき，その交点をそれぞれD，Eとします。このとき，MD＝MEならば，∠B＝∠Cであることを証明しなさい。 ▶▶2 3

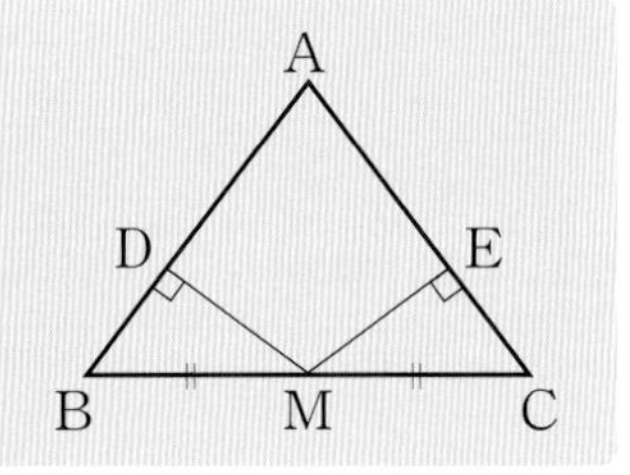

考え方　∠Bと∠Cをそれぞれ内角にもつ2つの三角形に着目します。

証明　△DBMと△ECMで，

仮定から，MD＝ME　……㋐

MDはABの垂線，MEはACの垂線だから，

∠MDB＝∠①［　　］＝90°　……㋑

MはBCの中点だから，BM＝②［　　］　……㋒

㋐，㋑，㋒から，斜辺と③［　　］がそれぞれ等しい直角三角形なので，

△DBM≡△ECM

対応する角だから，∠B＝∠C

1 【直角三角形の合同条件】次の図で，合同な三角形の組を見つけなさい。また，そのときに使った直角三角形の合同条件を答えなさい。 教科書 p.143 Q2

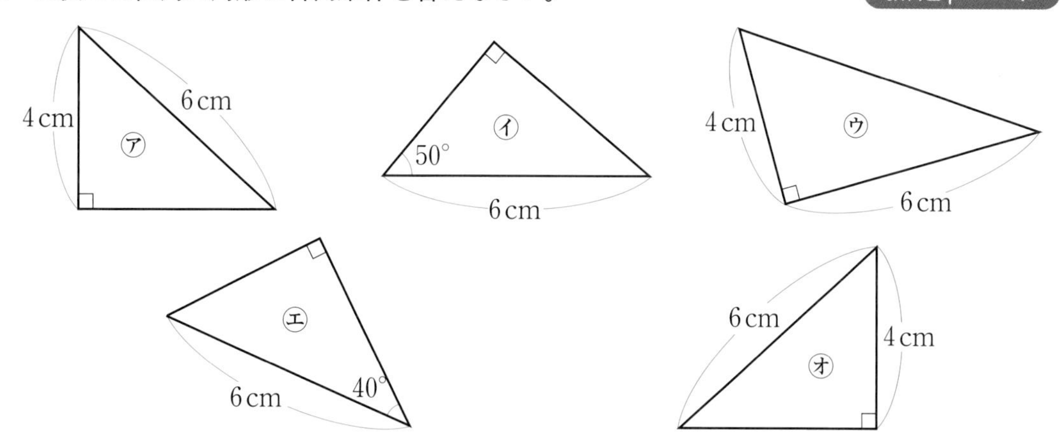

2 【直角三角形の合同条件を使った証明】右の図のように，正方形ABCDの辺AD上に点Eをとり，BEへ頂点A，Cから，それぞれ垂線AF，CGをひきます。このとき，△ABF≡△BCGであることを証明しなさい。 教科書 p.144 活動 2

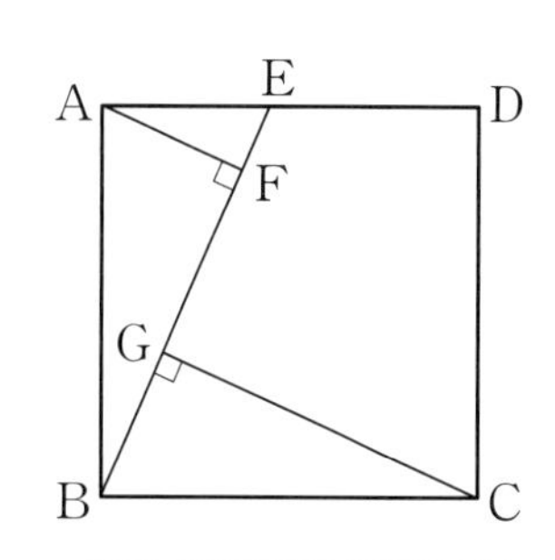

●キーポイント
三角形の内角の和が180°であることを使います。

3 【直角三角形の合同条件を使った証明】右の図のように，∠B＝90°の直角三角形ABCの斜辺AC上にAB＝ADとなる点Dをとり，Dを通って辺ACに垂直な直線をひきます。この直線が辺BCと交わる点をEとするとき，AEは∠Aの二等分線であることを証明しなさい。 教科書 p.145 Q4

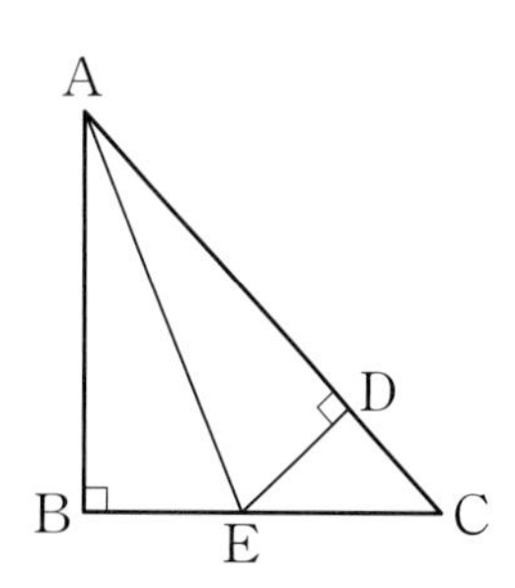

●キーポイント
∠BAE，∠DAEをそれぞれ内角にもつ2つの三角形の合同を証明します。

例題の答え **1** ①IGH ②他の１辺 **2** ①MEC ②CM ③他の１辺

解答▶▶ p.28

1 次の図で，$\angle x$，$\angle y$ の大きさを求めなさい。

□(1)　AB＝AC

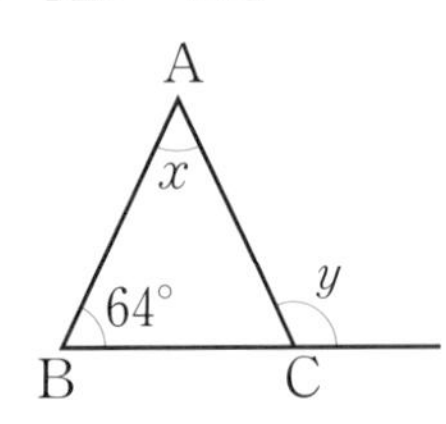

□(2)　AB＝AC

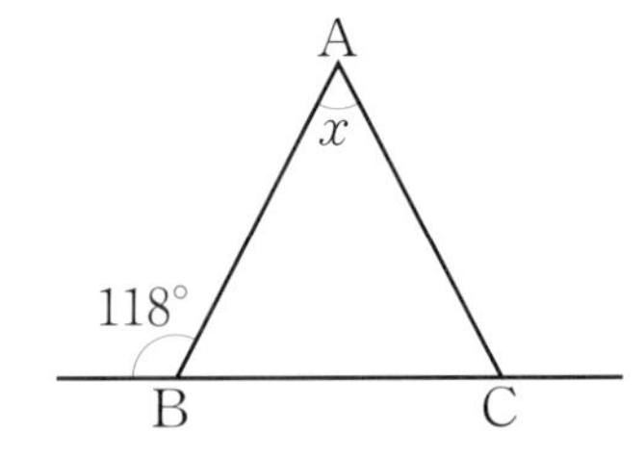

□(3)

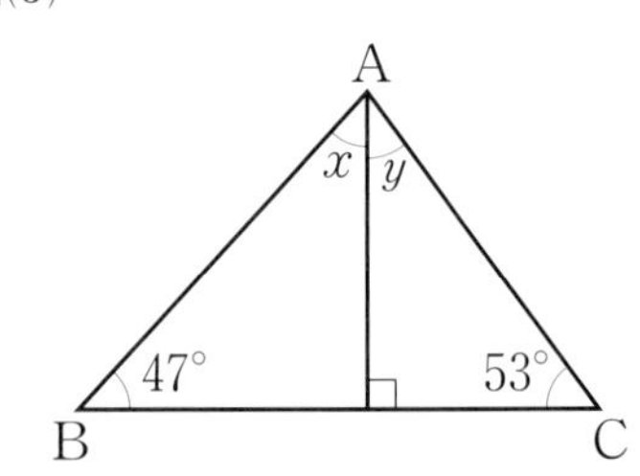

2 次の(1)～(3)のことがらの逆を答えなさい。また，それは成り立ちますか。成り立たない場合は，反例をあげなさい。

□(1)　a，b が偶数(ぐうすう)ならば，ab は偶数である。

□(2)　2 つの三角形が合同ならば，面積は等しい。

□(3)　△ABC が正三角形ならば，∠A ＝ 60°，AB ＝ AC である。

3 右の図の△ABC は，AB ＝ AC の二等辺三角形です。頂点 A から辺 BC に垂線をひき，交点を D とします。このとき，次の(1)，(2)に答えなさい。

□(1)　∠BAD ＝∠CAD であることを証明しなさい。

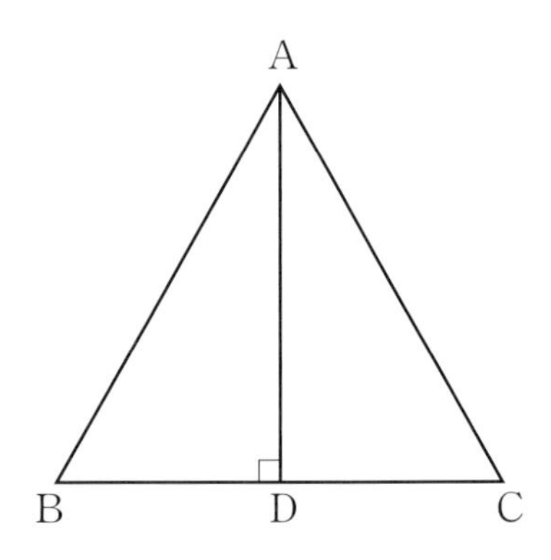

□(2)　∠BAC ＝ 36°のとき，∠BAD の大きさを求めなさい。

ヒント　**1** (1)二等辺三角形の2つの底角は等しいです。
2 「ならば」の前と後ろを入れかえます。

定期テスト 予報

●定義をしっかり覚えよう。
二等辺三角形の2つの底角が等しいことは，角度を求める問題や証明問題でよく使われるよ。
また，三角形の合同で，90°の角が与えられたら，直角三角形の合同条件が使えるか考えよう。

4 右の図のように，正方形ABCDの辺BC上に点Eをとり，
□ AEを1辺とする正方形AEFGをつくりました。頂点Gが辺CDの延長上にくるとき，△ABE≡△ADGであることを証明しなさい。

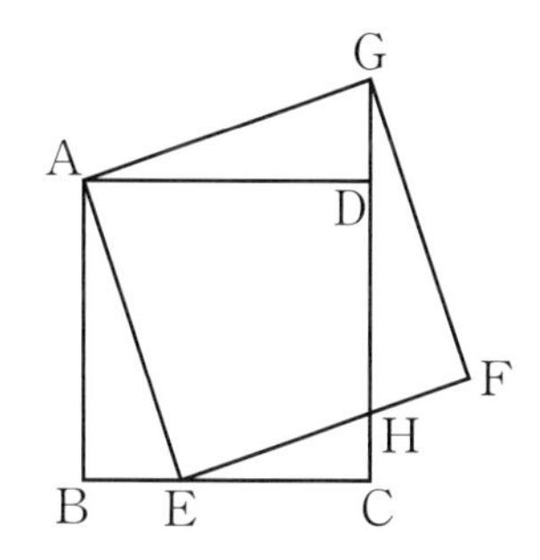

5 右の図の△ABCは，AB＝ACの直角二等辺三角形です。直角の頂点Aを通る直線ℓに，点B，Cからそれぞれ垂線BD，CEをひきます。このとき，次の(1)〜(3)に答えなさい。

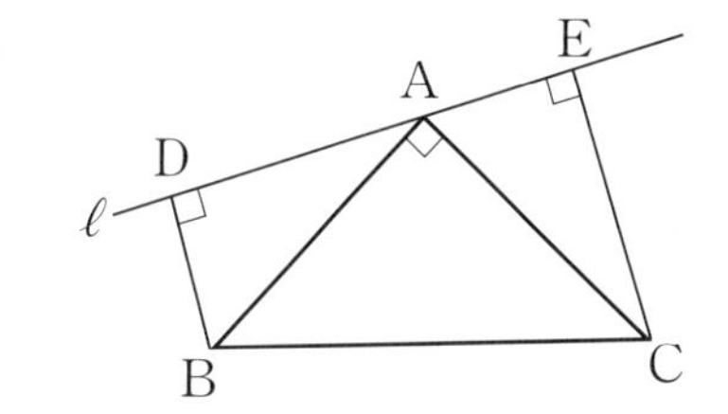

□(1) ∠ABD＝58°のとき，∠ACEの大きさを求めなさい。

□(2) △ABD≡△CAEであることを証明しなさい。

□(3) DE＝BD＋CEであることを証明しなさい。

6 △ABCはAB＝ACの二等辺三角形で，△DBCは正三角形です。
□ BEの長さと∠DECの大きさを求めなさい。

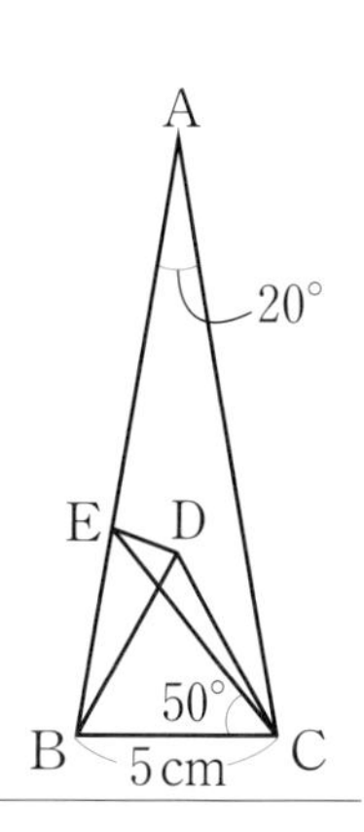

5 (3)(2)の証明を使って，辺を置きかえます。
6 角の大きさを求め，△BECの形を調べます。

解答▶▶ p.28

2節 四角形
① 平行四辺形の性質

●平行四辺形の性質

教科書 p.148～150

□ **右の図の▱ABCDで，対角線の交点をOとするとき，次の(1)～(3)の辺や線分の長さを求めなさい。また，(4)の角と等しい角を答えなさい。** ▸▸1

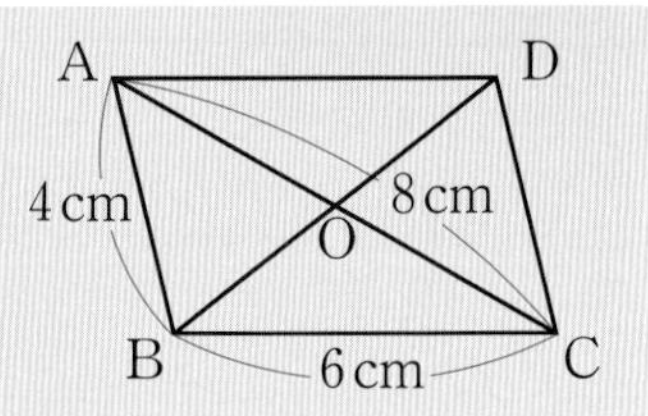

(1) 辺AD　　(2) 辺CD
(3) 線分OA　　(4) ∠ABC

考え方　平行四辺形の性質を使って求めます。

(1) AD＝BCだから，AD＝① cm

(2) AB＝DCだから，CD＝② cm

(3) OA＝OCだから，OA＝③ cm

(4) ∠ABC＝∠④

プラスワン　平行四辺形の性質

(定義)　2組の対辺はそれぞれ平行である。
1　2組の対辺はそれぞれ等しい。
2　2組の対角はそれぞれ等しい。
3　2つの対角線はそれぞれの中点で交わる。

四角形の向かい合う辺を対辺(たいへん)，向かい合う角を対角(たいかく)といいます。

●平行四辺形の性質を使った証明

教科書 p.150～151

□ **右の図の▱ABCDで，対角線の交点Oを通る直線と辺AB，CDとの交点をそれぞれE，Fとします。このとき，BE＝DFであることを証明しなさい。** ▸▸2 3

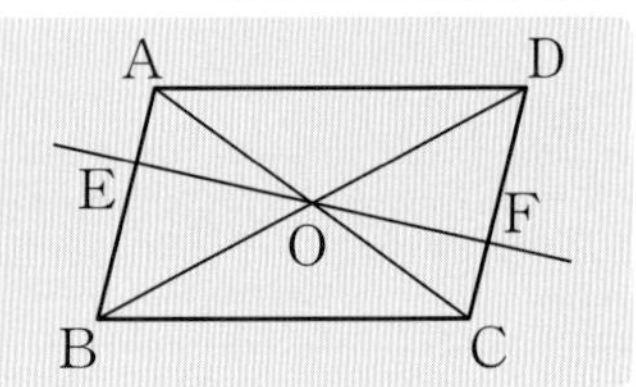

考え方　BEとDFをそれぞれ辺としてふくむ2つの三角形に着目します。

証明　△BEOと△DFOで，

平行四辺形の対角線はそれぞれの中点で交わるから，BO＝① ……㋐

対頂角は等しいから，∠BOE＝∠DOF ……㋑

平行線の錯角(さっかく)は等しいので，AB∥DC(平行四辺形の定義)から，

∠EBO＝∠② ……㋒

㋐，㋑，㋒から，1組の辺とその両端(りょうたん)の角がそれぞれ等しいので，

△BEO≡△DFO

対応する辺だから，BE＝DF

絶対理解 **1** 【平行四辺形の性質】次の▱ABCDで，x，yの値（あたい）を求めなさい。 教科書 p.150 Q3

□(1)

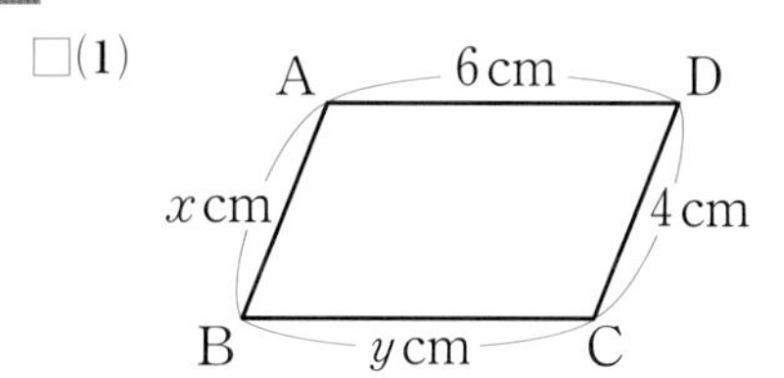

□(2)

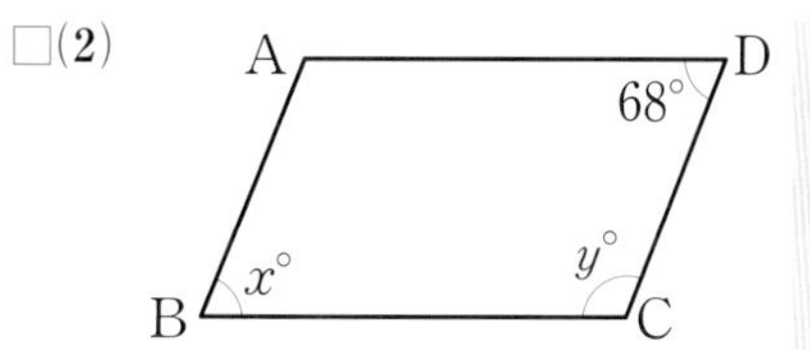

●キーポイント
平行四辺形の性質から等しい辺や等しい角の組を考えます。

□(3)

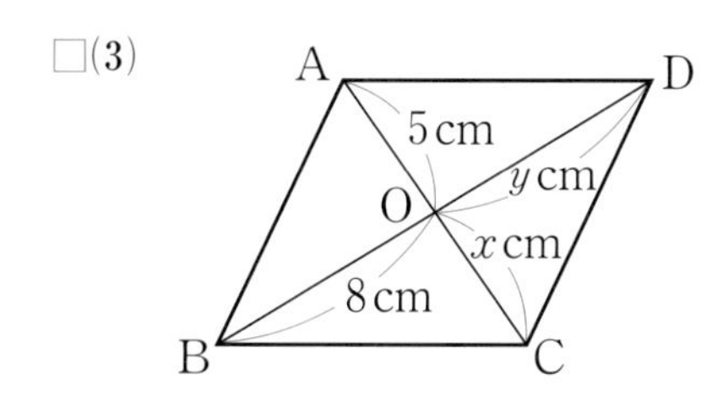

2 【平行四辺形の性質を使った証明】▱ABCDの辺AD，BC上に，それぞれ点E，FをAE＝CFとなるようにとります。このとき，BE＝DFであることを証明しなさい。

教科書 p.151 Q4

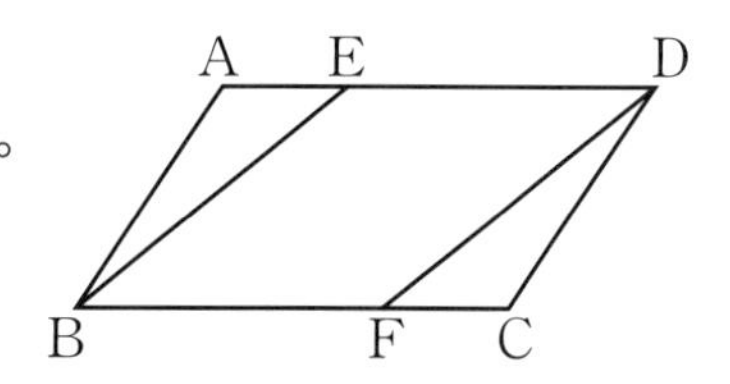

3 【平行四辺形の性質を使った証明】▱ABCDの対角線BDへ頂点A，Cからそれぞれ垂線をひき，BDとの交点をE，Fとします。このとき，BE＝DFであることを証明しなさい。

教科書 p.151 Q5

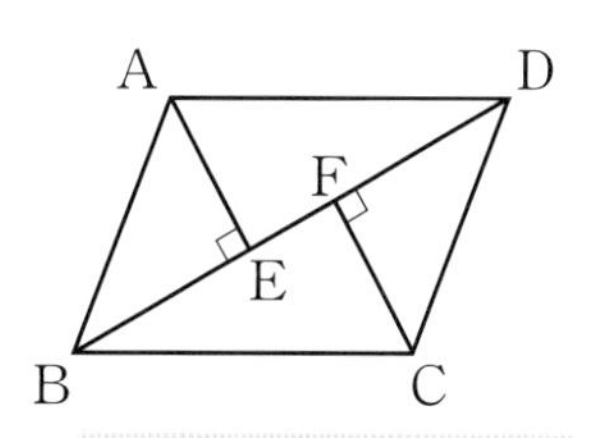

●キーポイント
BE，DFをそれぞれ辺にもつ2つの三角形の合同を証明します。

例題の答え **1** ①6 ②4 ③4 ④CDA **2** ①DO ②FDO

5章 教科書148〜151ページ

解答▶▶ p.29

5章　三角形と四角形

2節　四角形
②　平行四辺形であるための条件

●平行四辺形であるための条件

教科書 p.152〜154

例題 1 四角形ABCDが平行四辺形であるのは，次のどの場合ですか。ただし，㊟の点Oは，対角線AC，BDの交点とします。 ▶▶1

㋐　AB＝2cm，BC＝3cm，CD＝2cm，DA＝3cm

㋑　∠A＝120°，∠B＝60°，∠C＝60°，∠D＝120°

㋒　AD//BC，AD＝4cm，BC＝4cm

㋓　OA＝5cm，OB＝3cm，OC＝3cm，OD＝5cm

考え方　四角形は，次のどれかが成り立つとき平行四辺形になります。

(定義)2組の対辺がそれぞれ平行である。

1　2組の対辺がそれぞれ等しい。　　2　2組の対角がそれぞれ等しい。

3　2つの対角線がそれぞれの中点で交わる。　　4　1組の対辺が平行で等しい。

上の条件のどれかがあてはまるかどうかを考えます。

答え　㋐　2組の［　　　］がそれぞれ等しい。➡平行四辺形である。

㋑　平行四辺形でない。

㋒　1組の対辺が平行で等しい。➡平行四辺形である。

㋓　平行四辺形でない。

答　㋐，㋒

●平行四辺形であるための条件を使った証明

教科書 p.155

例題 2 ▱ABCDの辺BC，ADの中点をそれぞれM，Nとするとき，四角形NBMDは平行四辺形であることを証明しなさい。 ▶▶2 3

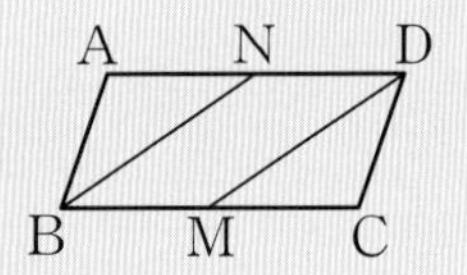

考え方　平行四辺形であるための条件のどれがあてはまるかを考えます。

証明　四角形NBMDで，

四角形ABCDは平行四辺形だから，ND//［①　　　］ ……㋐　（AD//BC）

平行四辺形の対辺だから，AD＝BC

仮定から，ND＝$\frac{1}{2}$AD，BM＝$\frac{1}{2}$BC

したがって，ND＝［②　　　］ ……㋑　（$\frac{1}{2}$AD＝$\frac{1}{2}$BC）

㋐，㋑から，1組の対辺が［③　　　］で等しいので，

四角形NBMDは平行四辺形である。

1 【平行四辺形であるための条件】四角形ABCDが平行四辺形であるのは，次のどの場合ですか。また，その理由も答えなさい。

教科書 p.154 Q4

㋐ $\angle A = 50^\circ$，$\angle B = 130^\circ$，$\angle C = 50^\circ$

㋑ AD∥BC，AB = 5cm，CD = 5cm

㋒ AD∥BC，AD = 3cm，BC = 3cm

㋓ AB = 4cm，BC = 4cm，CD = 3cm，DA = 3cm

2 【平行四辺形であるための条件を使った証明】▱ABCDの対角線BDに頂点A，Cから垂線をひき，BDとの交点をそれぞれE，Fとします。このとき，次の(1)，(2)に答えなさい。

教科書 p.155 例3

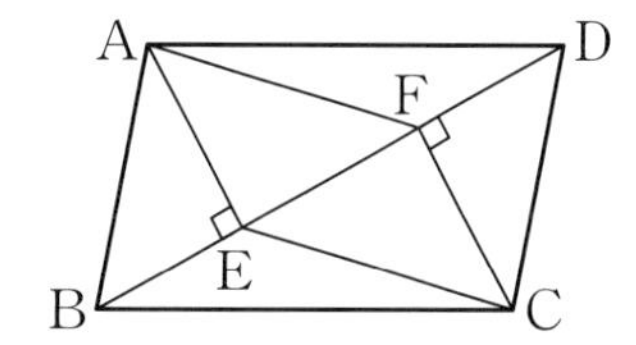

□(1) △ABE ≡△CDF であることを証明しなさい。

●キーポイント
(2) (1)から，AE=CFがわかるので，AE∥CFであることを示します。

□(2) 四角形AECFが平行四辺形であることを証明しなさい。

3 【平行四辺形であるための条件を使った証明】▱ABCDの対角線BD上に，BE＝DFとなるように2点E，Fをとるとき，四角形AECFは平行四辺形であることを証明しなさい。

教科書 p.155 例3

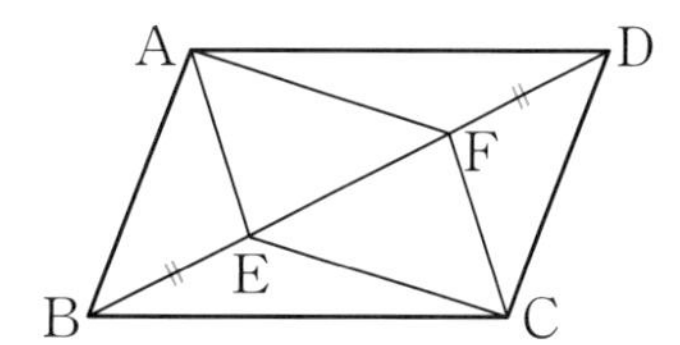

例題の答え **1** 対辺 **2** ①BM ②BM ③平行

解答▶▶ p.30

●特別な平行四辺形

教科書 p.156～158

□ **例題1** **▱ABCDで，∠A＝90°ならば▱ABCDは長方形であることを証明しなさい。** ▶▶1

考え方　4つの角が等しいことを証明します。

証明　平行四辺形の2組の対角はそれぞれ等しいから，

∠A＝∠①[　　]＝90°　……㋐

∠B＝∠D　……㋑

四角形の内角の和は②[　　]°だから，

∠A＋∠B＋∠C＋∠D＝360°　……㋒

㋐，㋒から，∠B＋∠D＝180°　……㋓

㋑，㋓から，∠B＝∠D＝③[　　]°

したがって，4つの角が等しいから，▱ABCDは長方形である。

●平行線と面積

教科書 p.159～160

□ **例題2** **▱ABCDの対角線AC，BDの交点をOとします。**
△ABO＝△DCOであることを証明しなさい。 ▶▶2 3

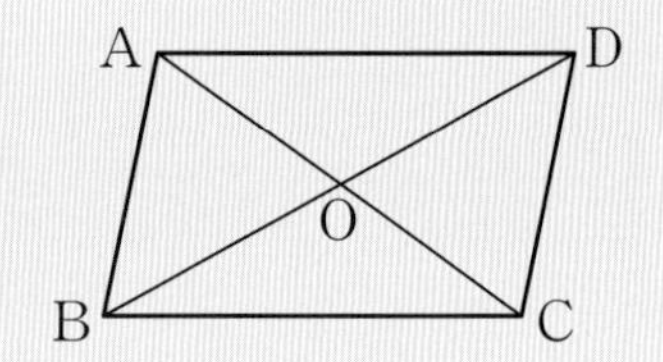

考え方　AD//BCのとき，△ABCと△DBCは，底辺BCが共通で，高さが等しいから，面積が等しくなります。
また，面積が等しい三角形から，共通な三角形の面積をひくと，残りの面積は等しくなります。

（$a=b$ならば $a-c=b-c$）

証明　平行四辺形の2組の対辺はそれぞれ平行だから，

AD//①[　　]

底辺BCが共通で，高さが等しいから，（平行な2直線の間の距離(きょり)は等しい）

△ABC＝△②[　　]　……㋐

△ABO＝△ABC－△③[　　]　……㋑

△DCO＝△DBC－△③[　　]　……㋒

㋐，㋑，㋒より，△ABO＝△DCO

プラスワン　面積が等しいこと

△ABCと△DEFの面積が等しいことを，△ABC＝△DEFと書きます。

1 【特別な平行四辺形】▱ABCDに，次の条件を加えると，それぞれどんな四角形になるかを答えなさい。

教科書 p.158

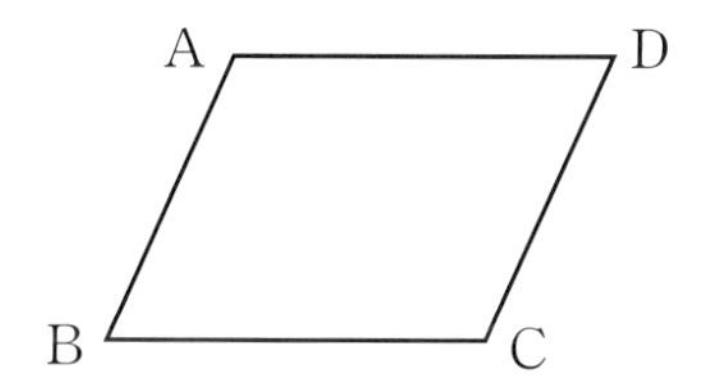

□(1)　AB = BC　　　□(2)　AC = BD

□(3)　AB = BC，∠A = ∠B

●キーポイント
(2)　長方形の対角線の長さは等しくなります。

2 【平行線と面積】右の図で，$\ell \parallel m$です。直線ℓ上に点A，B，直線m上に点C，Dをとり，AとC，BとD，BとC，AとDをそれぞれ結びます。ADとBCの交点をOとするとき，次の(1)〜(3)に答えなさい。

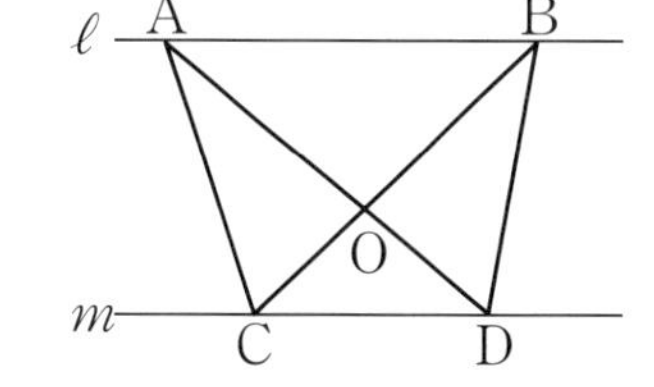

□(1)　△ACDと面積が等しい三角形を答えなさい。

□(2)　△ACBと面積が等しい三角形を答えなさい。

□(3)　△OAC＝△OBDであることを証明しなさい。

3 【平行線と面積】下の図で，辺BCを延長した半直線上に点Eをとり，四角形ABCDと面積が等しい△ABEをかきなさい。
□

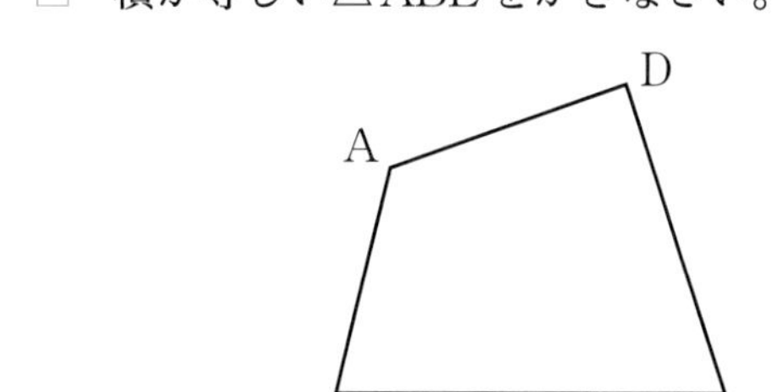

●キーポイント
△ABCと△ACDに分けて，△ACDと面積が等しい△ACEを作図します。

例題の答え　**1** ①C　②360　③90　**2** ①BC　②DBC　③OBC

解答▶▶ p.30

よく出る **1** 次の図で，$\angle x$，$\angle y$ の大きさを求めなさい。

□(1) AB∥DC，AD∥BC

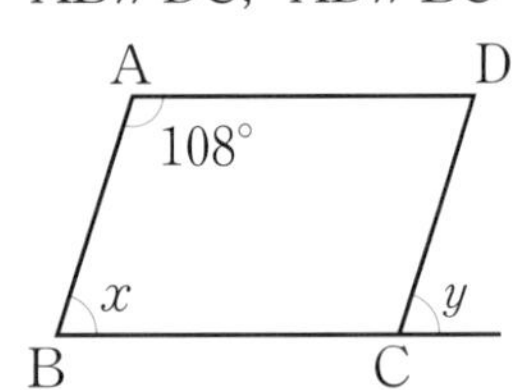

□(2) AO＝CO，BO＝DO

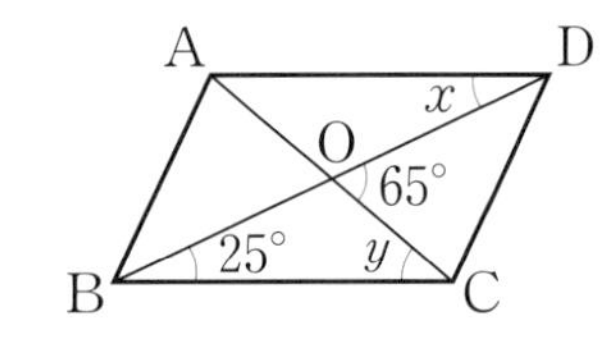

□(3) AB∥EG∥IH∥DC，AD∥BC∥GH，∠FEI＝∠DEI

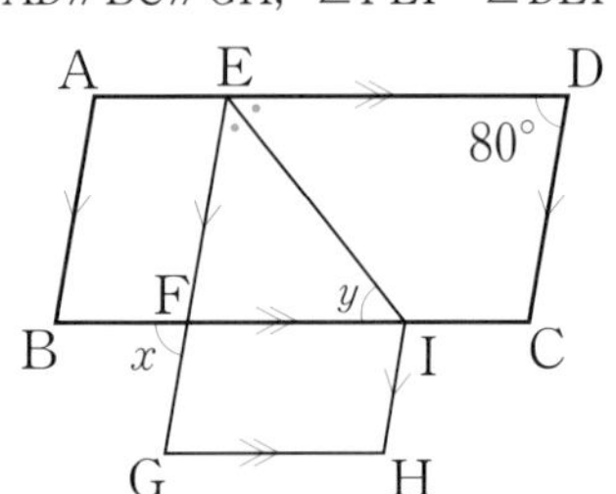

2 次の▱ABCDの中に，平行四辺形があります。この平行四辺形を見つけるときに使う，平行四辺形であるための条件を答えなさい。

□(1) ∠Bの二等分線がBF
∠Dの二等分線がDE

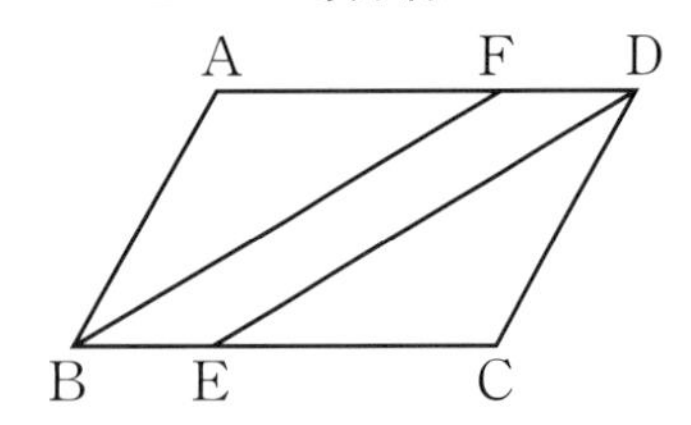

□(2) AE＝CF

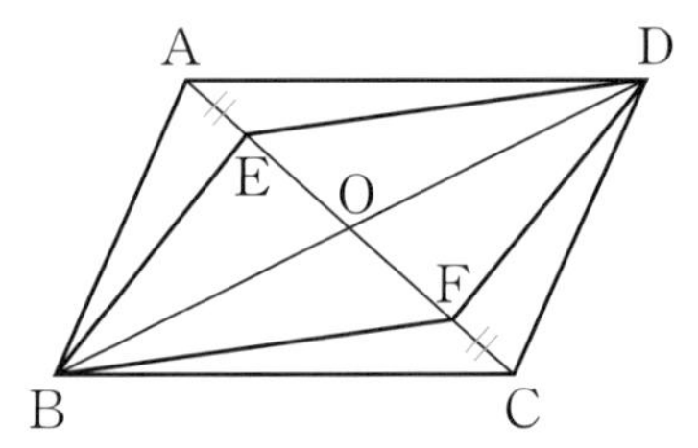

3 正方形ABCDにおいて，辺AB，辺CDを1辺とする正三角形をつくります。このとき，次の(1)，(2)に答えなさい。

□(1) △EBC≡△FDAであることを証明しなさい。

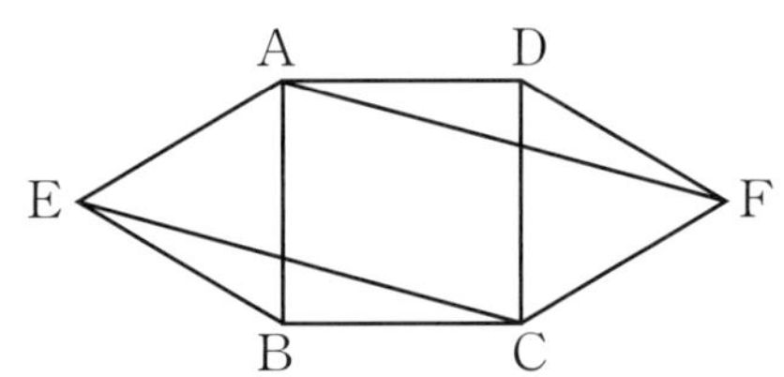

□(2) 四角形AECFは平行四辺形であることを証明しなさい。

ヒント
1 (3)∠CDE＋∠DEF＝180°です。
3 (2)(1)で示せた合同から，対応する辺の長さが等しいことを利用します。

定期テスト予報	●平行四辺形の性質はしっかりと頭に入れておこう。 平行四辺形の性質や平行四辺形であるための条件は，証明の根拠として使うことが多いので，正確に覚えておこう。また，面積が等しい図形を求める問題では，まず，平行線をさがそう。

4 右の長方形ABCDで，対角線の長さが等しいことを次のように証明しました。□をうめなさい。

□

証明　△ABCと△DCBで，

長方形だから，　AB＝①□　……㋐

∠ABC＝②□　……㋑

共通な辺だから，BC＝③□　……㋒

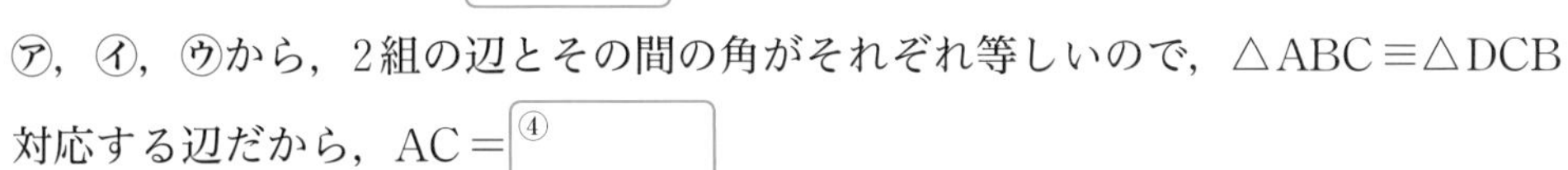

㋐，㋑，㋒から，2組の辺とその間の角がそれぞれ等しいので，△ABC≡△DCB

対応する辺だから，AC＝④□

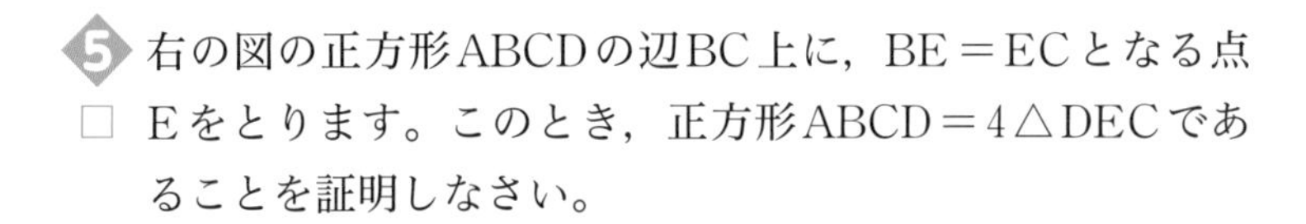

5 右の図の正方形ABCDの辺BC上に，BE＝ECとなる点Eをとります。このとき，正方形ABCD＝4△DECであることを証明しなさい。

□

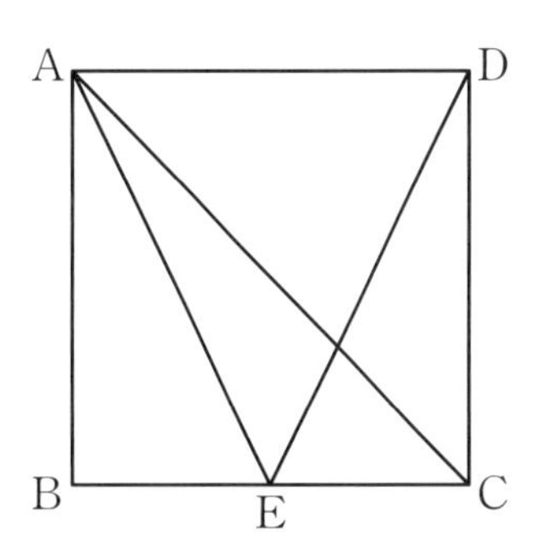

6 右の図で，△DBA，△EBC，△FACは△ABCの各辺を1辺とする正三角形です。このとき，以下の条件を加えると，四角形AFEDはどのような四角形になるかを答えなさい。

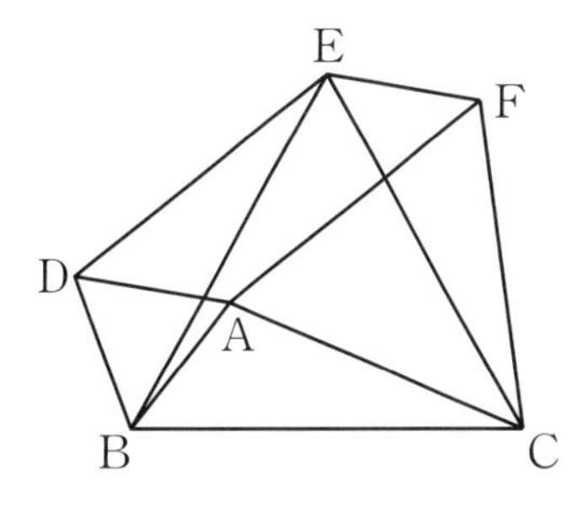

□(1)　条件なし

□(2)　∠BAC＝150°

□(3)　AB＝AC

□(4)　∠BAC＝150°，AB＝AC

ヒント

4 直角三角形の合同条件ではなく，三角形の合同条件を使います。

6 与えられた条件を加えて，図に示してみるとわかりやすくなります。

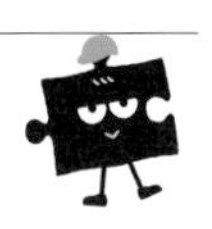

解答▶▶ p.31

5章　三角形と四角形

❶ 右の図の四角形 ABCD は平行四辺形で，∠B ＝ 56°，AE は ∠A の二等分線であるとき，次の(1)，(2)に答えなさい。 知

(1)　∠x の大きさを求めなさい。

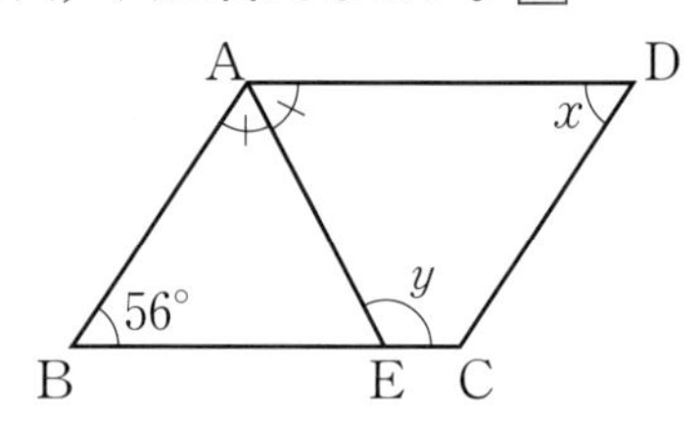

(2)　∠y の大きさを求めなさい。

❶　点/10点(各5点)

(1)	
(2)	

❷ 次の(1)〜(3)はそれぞれ成り立ちますか。また，その逆を答え，それが成り立つかどうかを調べなさい。 知

(1)　面積の等しい三角形は合同である。

(2)　$x + y = 3$ ならば，$x = 2$，$y = 1$ である。

(3)　8 の倍数ならば，4 の倍数である。

❷　点/36点(各6点)

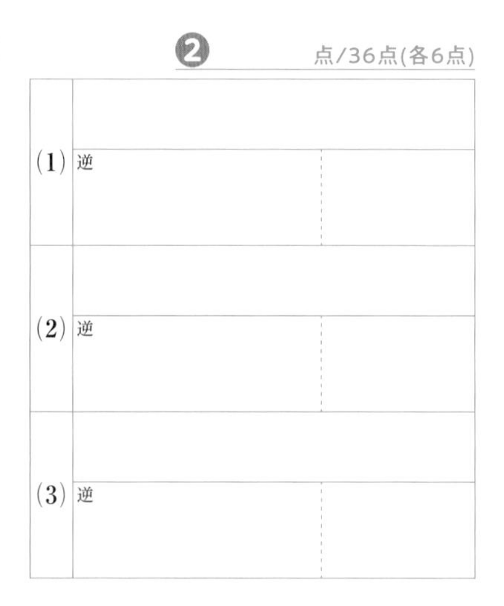

❸ 右の図は，AB ＝ AC の二等辺三角形で，∠B ＝ 2∠A です。∠ACB の二等分線が AB と交わる点を D とします。このとき，次の(1)，(2)に答えなさい。 知

(1)　∠ACD の大きさを求めなさい。

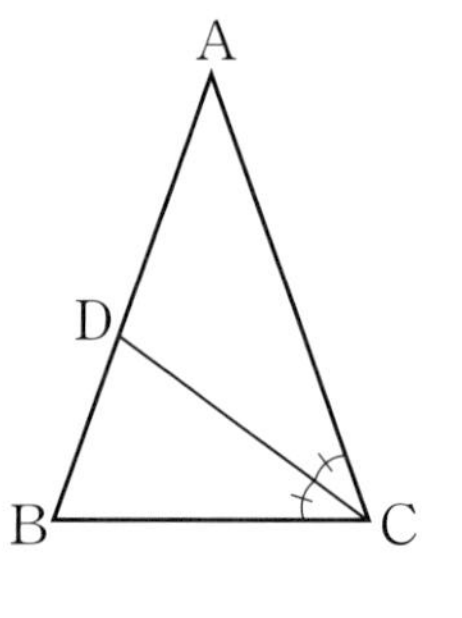

(2)　△CBD が二等辺三角形であることを証明しなさい。

❸　点/16点

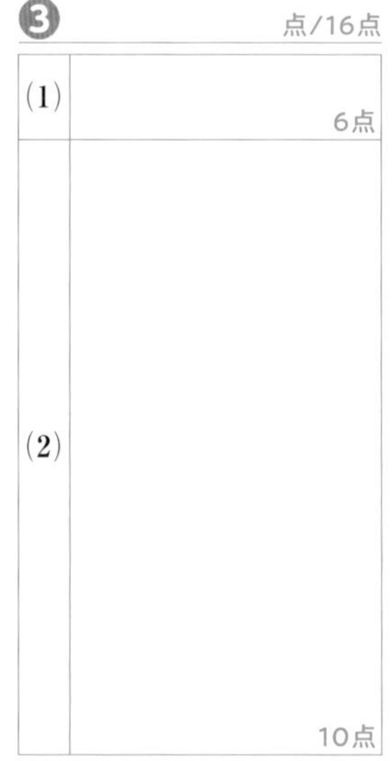

成績評価の観点　知…数量や図形などについての知識・技能　考…数学的な思考・判断・表現

4 次の△ABCは，AB＝18cm，AC＝19cmです。∠Bと∠Cのそれぞれの二等分線の交点をP，Pを通り辺BCに平行な直線ℓが，辺AB，ACと交わる点をそれぞれD，Eとします。これについて，次の(1)，(2)に答えなさい。考

(1) BD＝PDであることを証明しなさい。

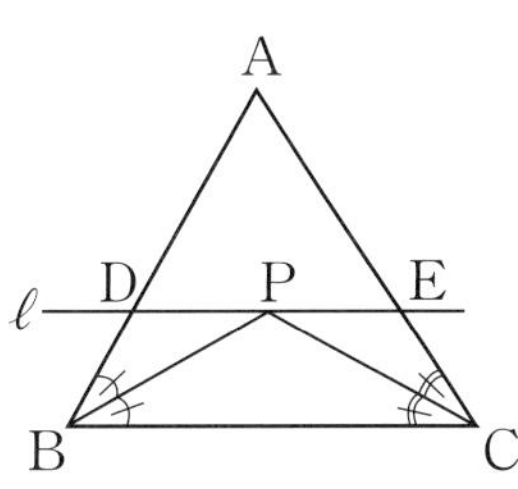

(2) △ADEの周の長さを求めなさい。

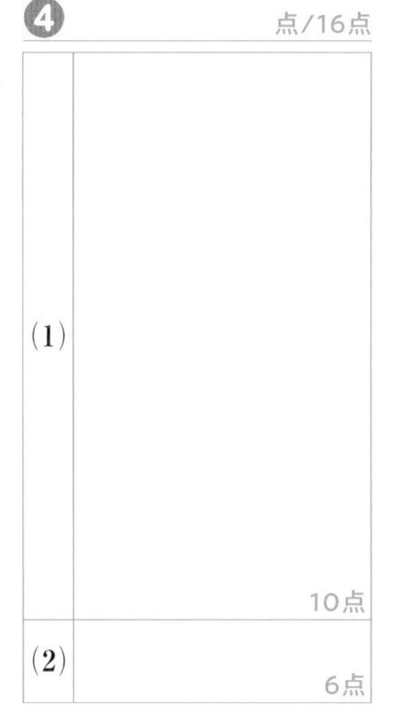

5 右の図で，平行四辺形ABCDの対角線BD上に，頂点A，Cから垂線をひき，交点をそれぞれE，Fとします。
このとき，次の(1)，(2)に答えなさい。考

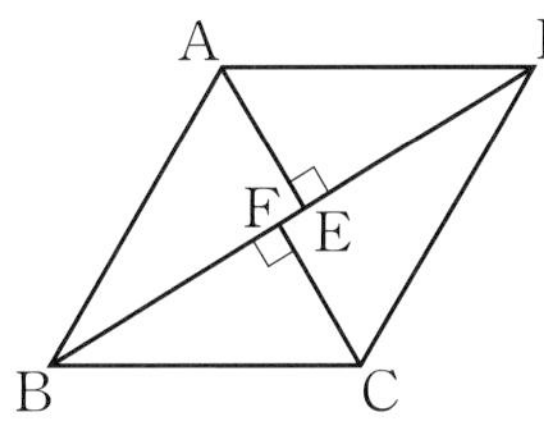

(1) AE＝CFであることを証明しなさい。

(2) ∠BCD＝130°，∠ABE＝30°のとき，∠DAEの大きさを求めなさい。

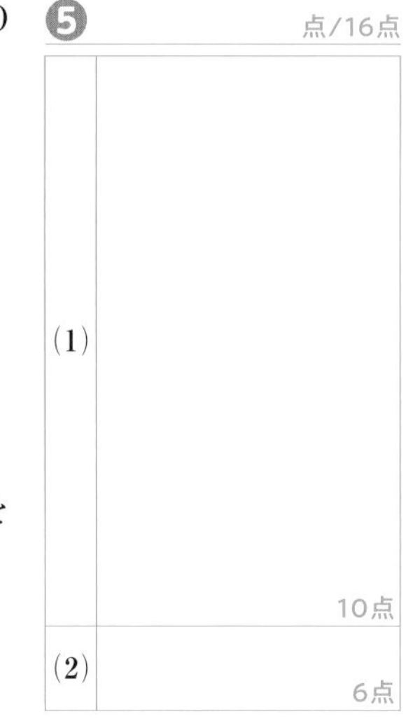

6 右の図の平行四辺形ABCDで，点Mは辺BCの中点であり，AMと対角線BDとの交点をPとします。AP：PM＝2：1，平行四辺形ABCDの面積を40cm^{2}とするとき，△APBの面積を求めなさい。

考

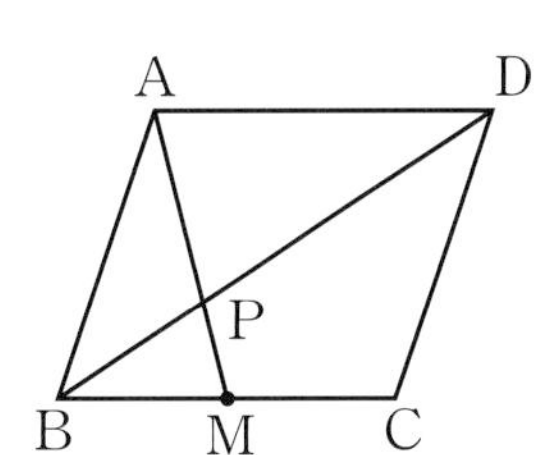

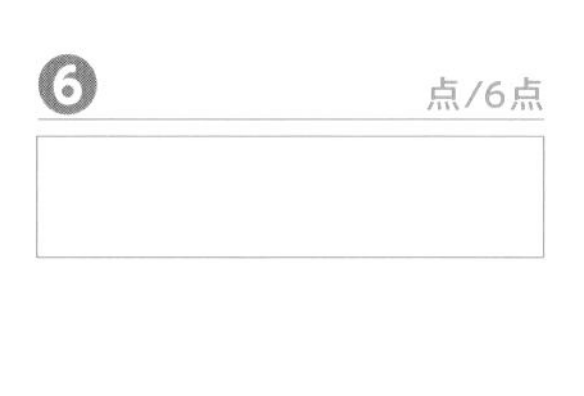

5章 教科書134～165ページ

知 /62点	考 /38点

解答▶▶ p.31

教科書のまとめ〈5章　三角形と四角形〉

●二等辺三角形の定義

2つの辺が等しい三角形を**二等辺三角形**という。

●二等辺三角形の性質

・2つの底角は等しい。

・頂角の二等分線は，底辺を垂直に二等分する。

●二等辺三角形であるための条件

2つの角が等しい三角形は二等辺三角形である。

●逆，反例

・仮定と結論が入れかわっている2つのことがらがあるとき，一方を他方の**逆**という。

・あることがらが成り立たないことを示す例を**反例**という。

(例) 「$x=1$ ならば $x^2=1$ である。」ということがらの逆は，

「$x^2=1$ ならば $x=1$ である。」

●正三角形の定義

3つの辺が等しい三角形を**正三角形**という。

●直角三角形の合同条件

2つの直角三角形は，次のどちらかが成り立つとき合同である。

1　斜辺(しゃへん)と他の1辺がそれぞれ等しい。

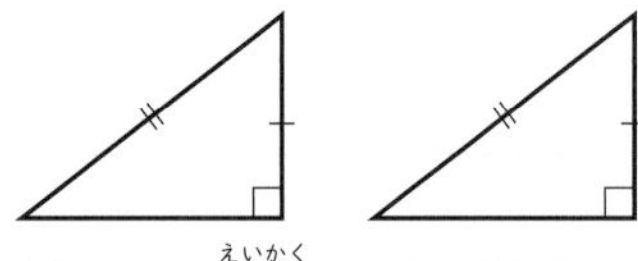

2　斜辺と1鋭角(えいかく)がそれぞれ等しい。

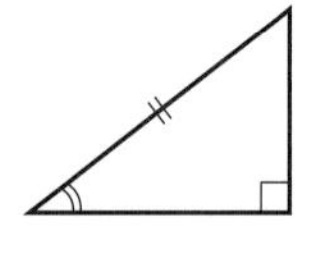

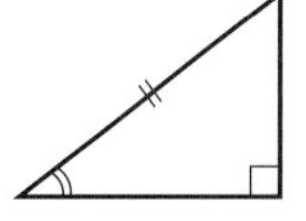

●平行四辺形の定義

2組の対辺がそれぞれ平行な四角形を**平行四辺形**という。

●平行四辺形の性質

1　2組の対辺はそれぞれ等しい。

2　2組の対角はそれぞれ等しい。

3　2つの対角線はそれぞれの中点で交わる。

●平行四辺形であるための条件

1　2組の対辺がそれぞれ等しい。

2　2組の対角がそれぞれ等しい。

3　2つの対角線がそれぞれの中点で交わる。

4　1組の対辺が平行で等しい。

●ひし形，長方形，正方形の定義

1　4つの辺が等しい四角形を**ひし形**という。

2　4つの角が等しい四角形を**長方形**という。

3　4つの辺が等しく，4つの角が等しい四角形を**正方形**という。

●ひし形，長方形，正方形の対角線の性質

1　ひし形の対角線は垂直に交わる。

2　長方形の対角線の長さは等しい。

3　正方形の対角線は，垂直に交わり，長さが等しい。

●平行線と面積

下の図で $\ell /\!/ m$ のとき，△ABC と△DBC は底辺 BC が共通で，高さが等しい。

したがって，△ABC＝△DBC

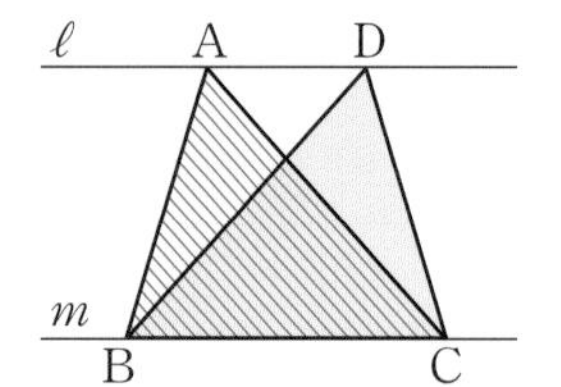

6章　データの比較と箱ひげ図
7章　確率

次の学習に入る前に取り組もう。

□**最小値，最大値，範囲**　← 中学1年

データの値(あたい)の中で，もっとも小さい値を最小値，
もっとも大きい値を最大値といいます。

範囲(はんい)＝最大値ー最小値

□**中央値**　← 小学6年

データを大きさの順に並べたとき，真ん中にある値を中央値といいます。
データの数が偶数(ぐうすう)の場合は，真ん中の2つの値の平均を中央値とします。

□**場合の数**　← 小学6年

図や表を使って，場合を順序よく整理して，落ちや重なりのないように調べます。

1 ある生徒の1日の読書の時間を10日間調べたところ，下のような結果になりました。　← 中学1年〈データの分析〉

1日の読書の時間(分)
30，30，20，45，30，90，60，30，60，40

(1)　最小値を求めなさい。

(2)　最大値を求めなさい。

(3)　範囲を求めなさい。

(4)　中央値を求めなさい。

ヒント
(4)データの数が偶数だから……

2 ぶどう，もも，りんご，みかんが1つずつあります。
この中から2つを選ぶとき，その選び方は何通りありますか。　← 小学6年〈場合の数〉

ヒント
図や表に整理して，すべての場合を書き出してみると……

解答▶▶ p.33

●四分位数と四分位範囲

教科書 p.170~171

例題 1 右のデータは，あるクラスの男子10人の握力を調べたものです。 ▶▶1

30	22	26	34	32
36	35	33	28	29

(kg)

(1) 四分位数を求めなさい。
(2) 四分位範囲を求めなさい。

考え方 (1) データを小さい順に並べて，データ全体を4等分する位置を考えます。
(2) (四分位範囲)＝(第3四分位数)－(第1四分位数)です。

答え (1) データを小さい順に並べると，

22 26 28 29 30 | 32 33 34 35 36

第2四分位数，すなわち，中央値は，$\frac{30+32}{2}$＝① (kg)

第1四分位数は，② kg ←22, 26, 28, 29, 30 の中央値

第3四分位数は，③ kg ←32, 33, 34, 35 36 の中央値

(2) ③ － ② ＝④ (kg)

プラスワン 四分位数の求め方

❶ 小さい順に並べたデータを半分に分ける。
❷ ❶で分けた小さいほうの半分のデータの中央値を第1四分位数，大きいほうの半分のデータの中央値を第3四分位数とする。

●データが偶数個　第2四分位数（中央値）
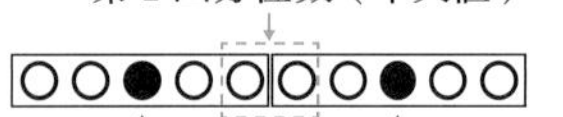
第1四分位数　第3四分位数

●データが奇数個　第2四分位数（中央値）
第1四分位数　第3四分位数

データの個数が偶数個のときは，データの中央の2つの値の合計を2でわった値を中央値とします。

●箱ひげ図

教科書 p.172~175

例題 2 例題1のデータの箱ひげ図は，右の図の㋐，㋑のどちらですか。 ▶▶2 3

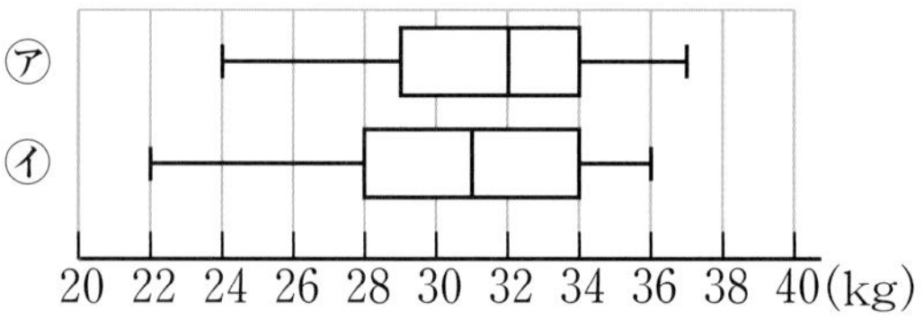

㋐　㋑

20 22 24 26 28 30 32 34 36 38 40 (kg)

考え方 ひげをふくめた全体の長さが範囲，箱の横の長さが四分位範囲を表しています。

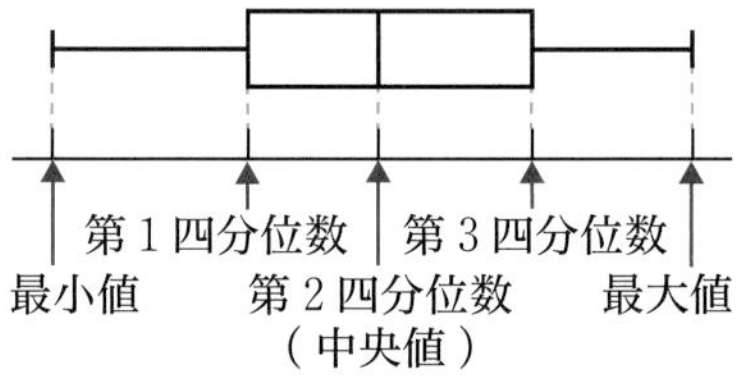

最小値　第1四分位数　第2四分位数（中央値）　第3四分位数　最大値

答え 最小値，四分位数，最大値をそれぞれ読み取る。

答

絶対理解 **1** 【四分位数と四分位範囲】次のデータは，ある学級のA班とB班の握力測定の記録を，小さい順に並べたものです。次の(1)～(3)に答えなさい。 教科書 p.171 例2，Q1

A班　9人(単位：kg)
23　27　31　32　36
37　41　45　48

B班　8人(単位：kg)
25　28　30　35
35　40　44　46

□(1)　A班の握力測定の記録について，四分位数を求めなさい。

□(2)　B班の握力測定の記録について，四分位数を求めなさい。

●キーポイント
データを，中央値を境に，前半部分と後半部分に分けます。3つの四分位数で，データを4等分しています。

□(3)　A班，B班の握力測定の記録について，四分位範囲をそれぞれ求めなさい。

よく出る **2** 【箱ひげ図】上の**1**のA班，B班の握力測定の記録について，箱ひげ図をそれぞれかきなさい。 教科書 p.172 活動1
□

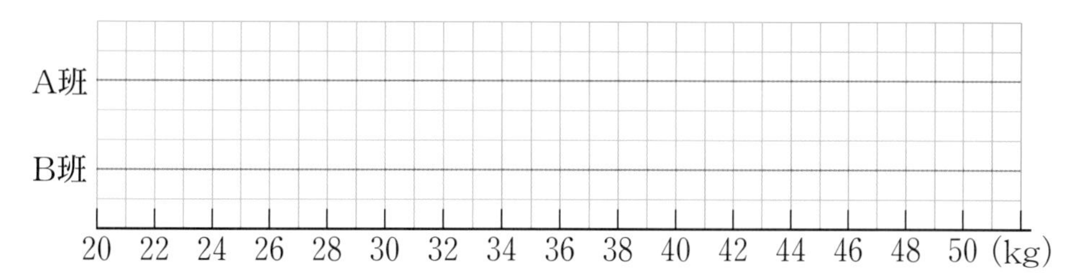

3 【箱ひげ図】右の図は，あるクラスの国語，数学，英語の小テストの得点について，箱ひげ図に表したものです。4点未満の生徒がいないのは，どの教科のテストですか。 教科書 p.174 活動3
□

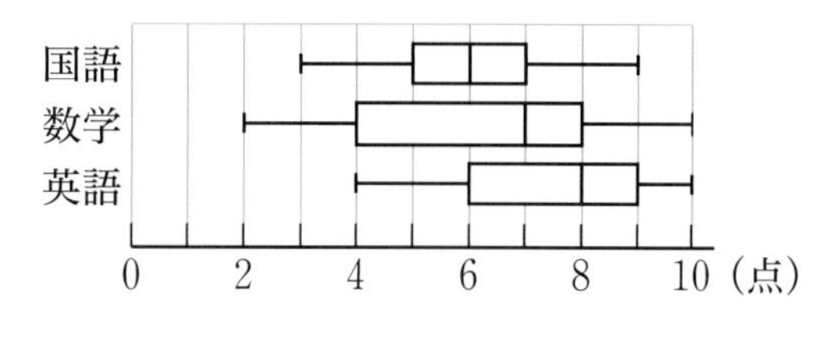

6章 教科書170～177ページ

例題の答え **1** ①31　②28　③34　④6　**2** ㋑

1 下のデータは，あるクラスの生徒 15 人の 1 か月間の読書時間を調べたものです。次の(1)～(5)に答えなさい。

13	9	8	17	16	10	15	17	14	11	9	8	15	18	13

(時間)

□(1)　最小値，最大値をそれぞれ求めなさい。

□(2)　(1)をもとに，データの範囲(はんい)を求めなさい。

□(3)　四分位数を求めなさい。

□(4)　四分位範囲を求めなさい。

□(5)　箱ひげ図をかきなさい。

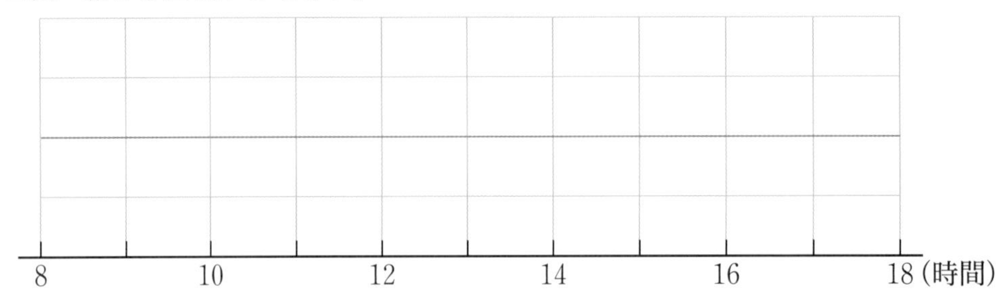

2 次の図は，ある中学校の生徒 120 人の反復横跳(と)びのデータを箱ひげ図に表したものです。
□ 下の㋐～㋒のうち，この図から読み取れることで正しいものをすべて選びなさい。

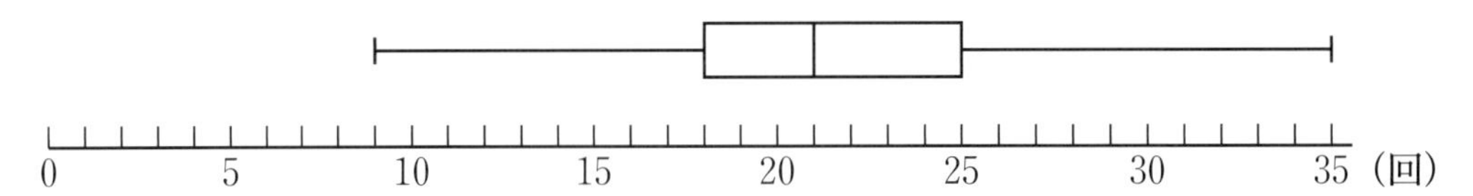

㋐　最も回数が少ない生徒は，18 回である。
㋑　21 回以上の生徒が 60 人以上いる。
㋒　平均値は 21 回である。

ヒント　**1** (4)(四分位範囲)＝(第3四分位数)－(第1四分位数)で求めます。
2 ひげをふくめた全体の長さが範囲，箱の横の長さが四分位範囲を表しています。

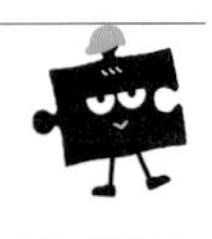

解答▶▶ p.33

6章 データの比較と箱ひげ図

時間15分　／100点　合格70点

❶ 下のデータは，A 地点にある自動販売機で売っている麦茶が，1 日に何本売れたかを 10 日間調べたときの本数です。下の表の㋐～㋔にあてはまる数を答えなさい。知

3	4	5	6	5	2	3	5	6	10

(本)

A 地点にある自動販売機での麦茶の売り上げ

	最小値	第 1 四分位数	第 2 四分位数	第 3 四分位数	最大値
A 地点	㋐	㋑	㋒	㋓	㋔

(本)

❷ 次の(1)～(3)のヒストグラムは，下の A～C の箱ひげ図のいずれかに対応しています。対応している箱ひげ図をそれぞれ選びなさい。考

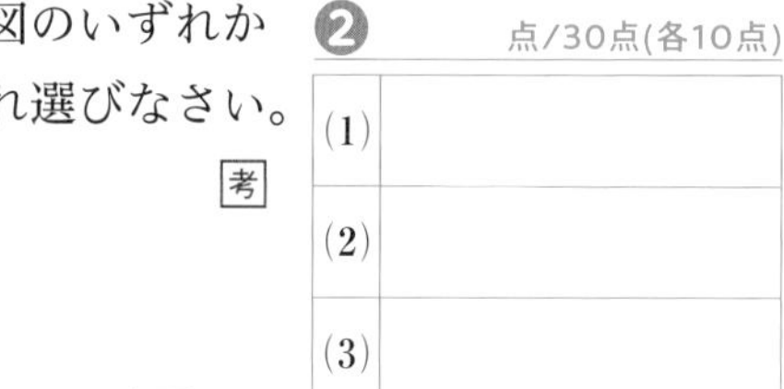

(1)

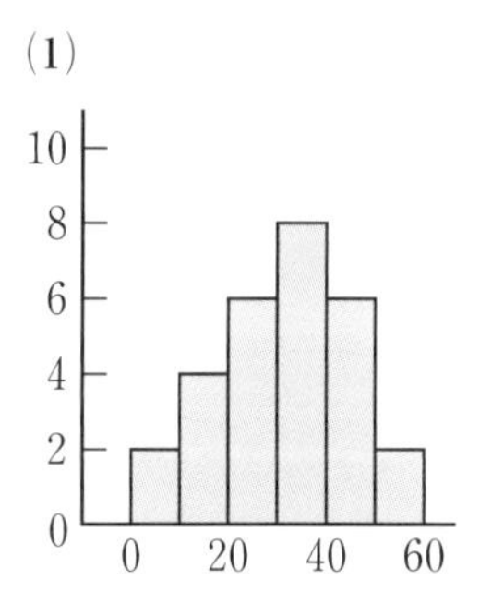

(2)

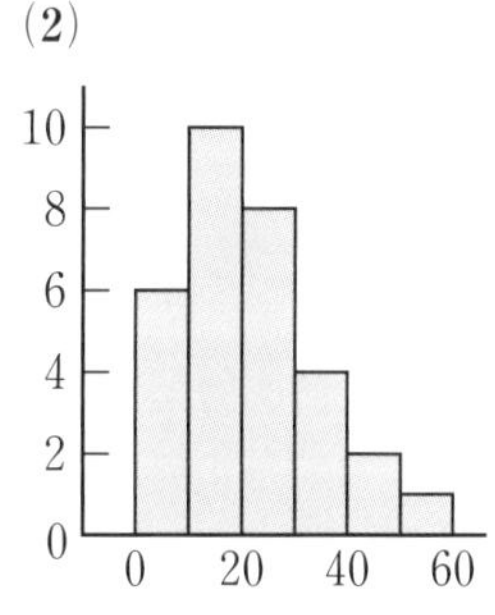

(3)

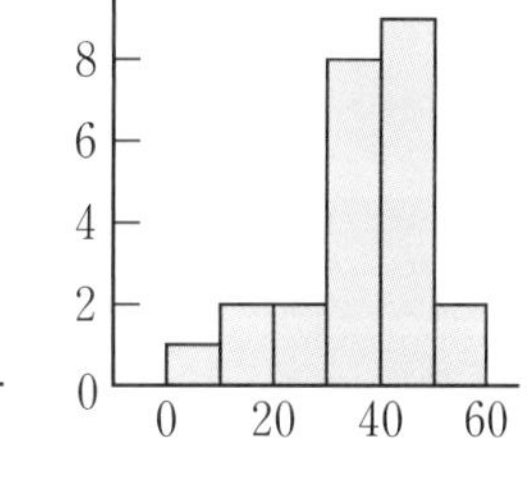

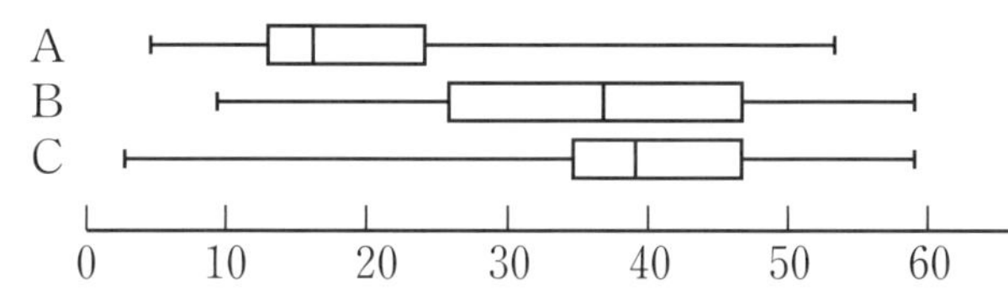

❸ 下の図は，A 組，B 組，C 組の生徒が受けた 50 点満点の単語テストの得点データを，箱ひげ図に表したものです。
次の(1)，(2)に答えなさい。 考

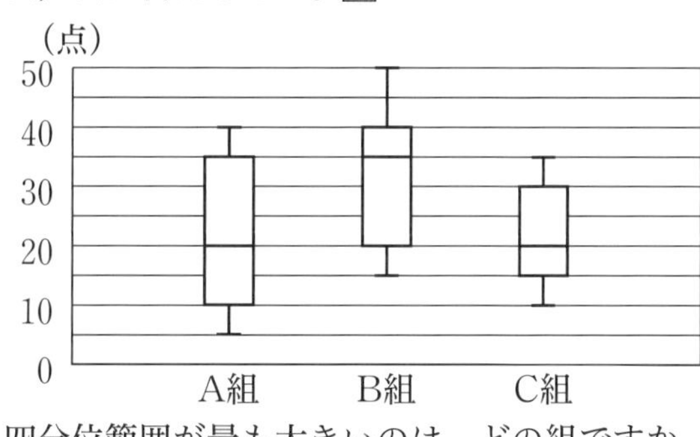

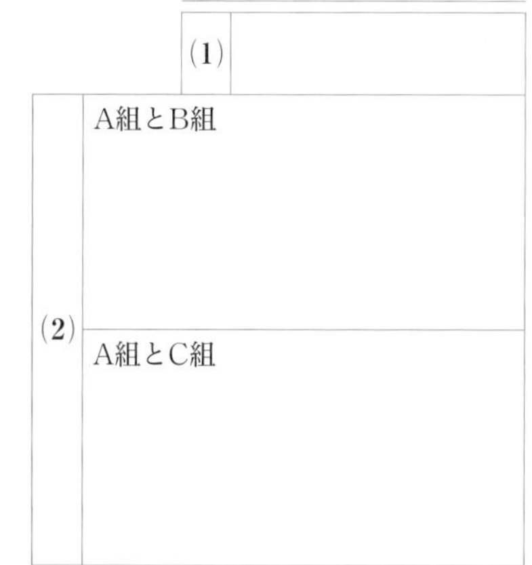

(1) 四分位範囲が最も大きいのは，どの組ですか。

(2) A 組の生徒の得点は，B 組，C 組の生徒の得点に比べてどのような傾向(けいこう)があるといえるか，説明しなさい。

知　/40点　考　/60点

6章
教科書168～179ページ

解答▶▶ p.34

ぴたトレ 1 要点チェック

7章 確率

1節 確率
① 確率とその求め方

●同様に確からしい

教科書 p.184～185

例題 1 1から6までの数が1つずつ書かれた6枚のカードをよくきって，その中から1枚引くとき，同様に確からしいといえるのは，次の㋐，㋑のことがらのうち，どちらですか。 ▸▸1

㋐ 1のカードであることと3の倍数のカードであること

㋑ 奇数（きすう）のカードであることと偶数（ぐうすう）のカードであること

考え方 ㋐ 3の倍数のカードは，3と6の2枚です。

㋑ 奇数のカードは，1，3，5の3枚，偶数のカードは2，4，6の3枚です。

答え □

プラスワン 同様に確からしい

正しくできているさいころでは，1から6までのどの目が出ることも同じ程度に期待できます。このようなとき，さいころの1から6までのどの目が出ることも同様に確からしいといいます。

●確率の求め方と確率の値の範囲

教科書 p.185～187

例題 2 玉が8個入っている袋（ふくろ）の中から玉を1個取り出すとき，次の確率をそれぞれ求めなさい。 ▸▸2

(1) 袋の中の玉が赤玉2個，青玉3個，白玉3個のとき，赤玉か青玉が出る確率

(2) 袋の中の玉が白玉8個のとき，白玉が出る確率

(3) 袋の中の玉が白玉8個のとき，赤玉が出る確率

考え方 起こり得る場合が全部でn通りあって，そのどれが起こることも同様に確からしいとします。そのうち，ことがらAの起こる場合がa通りあるとき，ことがらAの起こる確率pは，$p=\frac{a}{n}$となります。

答え 起こり得る場合は全部で8通りあり，そのどれが起こることも同様に確からしい。

(1) 赤玉か青玉が出る場合は ① □ 通りだから，求める確率は $\frac{①\square}{8}$

（赤玉と青玉は全部で5個）

(2) 白玉が出る場合は ② □ 通りだから，求める確率は $\frac{②\square}{8}=1$

(3) 赤玉が出る場合は ③ □ 通りだから，求める確率は $\frac{③\square}{8}=0$

あることがらの起こる確率pは，$0\leqq p\leqq 1$の範囲（はんい）にあります。

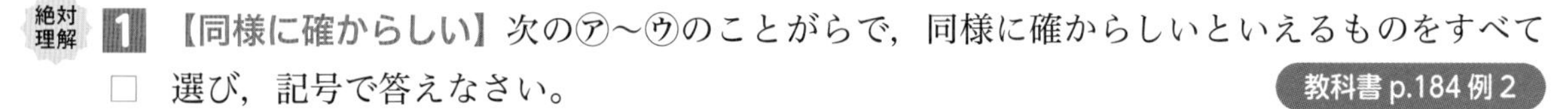

絶対理解 **1** **【同様に確からしい】** 次の㋐～㋒のことがらで，同様に確からしいといえるものをすべて
□ 選び，記号で答えなさい。

教科書 p.184 例 2

㋐　明日，雨が降ることと晴れること

㋑　1 枚の 100 円硬貨(こうか)を投げるとき，表が出ることと裏が出ること

㋒　赤，白，青の同じ大きさの 3 個の玉が入っている袋から 1 個の玉を取り出すとき，赤玉が出ることと白玉が出ること

よく出る **2** **【確率の求め方】** 次の確率を求めなさい。

教科書 p.186例4, Q3, p.187活動6, Q4

□(1)　ジョーカーを除いた 52 枚のトランプをよくきって，その中から 1 枚引くとき，スペードのカードを引く確率

●キーポイント
(1)　スペードのカードは13枚です。

□(2)　赤玉が 3 個，白玉が 4 個入っている袋の中から，玉を 1 個取り出すとき，それが白玉である確率

□(3)　1 から 8 までの数が 1 つずつ書かれた 8 個の玉を袋に入れ，よく混ぜて，その中から玉を 1 個取り出すとき，それが偶数の玉である確率

□(4)　1 から 5 までの数が 1 つずつ書かれた 5 枚のカードをよくきって，その中から 1 枚引くとき，それが 5 以下のカードである確率

例題の答え **1** ㋑　**2** ①5　②8　③0

7章 確率

1節 確率 ②／③ ／2節 確率の利用 ①／②

●確率の求め方の工夫

教科書 p.188〜191

□ **例題 1** 2個のさいころA，Bを同時に投げるとき，目の和が4である確率を求めなさい。 ▸▸1 2

考え方 起こり得る場合のすべてを，右のような表を使って整理します。

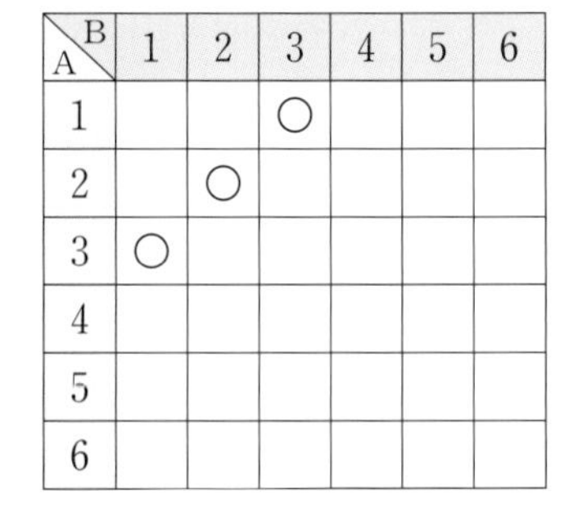

A＼B	1	2	3	4	5	6
1			○			
2		○				
3	○					
4						
5						
6						

答え 起こり得る場合は全部で ① 通りあり，そのどれが起こることも同様に確からしい。

このうち，目の和が4になるのは，

(1，3)，(2，2)，(3，1)

の ② 通りである。

したがって，求める確率は $\frac{②}{①}=\frac{1}{12}$

(1，3)はAの目が1，Bの目が3であることを表しています。

□ **例題 2** 3枚の100円硬貨(こうか)を同時に投げるとき，次の確率をそれぞれ求めなさい。 ▸▸3 4

(1) 3枚とも裏が出る確率

(2) 少なくとも1枚は表が出る確率

考え方 起こり得る場合のすべてを，樹形図(じゅけいず)を使って整理します。

(2) 「少なくとも1枚は表」とは，「3枚とも裏とならない」場合です。

答え 3枚の硬貨をそれぞれA，B，Cとして区別して考える。

表を㊉，裏を㋒と表して樹形図に整理すると，右のようになる。

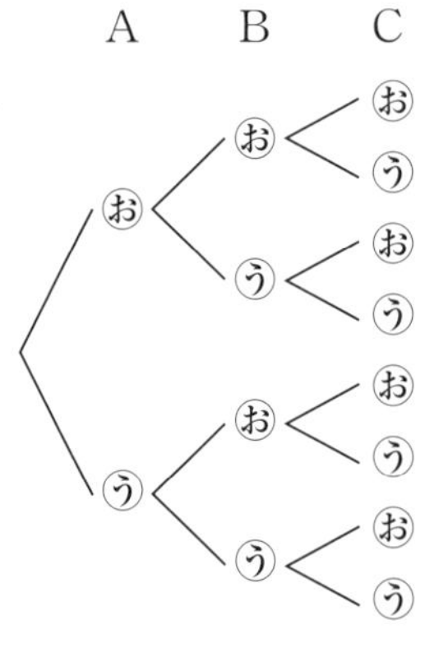

起こり得る場合は全部で ① 通りあり，そのどれが起こることも同様に確からしい。

(1) 3枚とも裏が出る場合は ② 通りだから，

その確率は

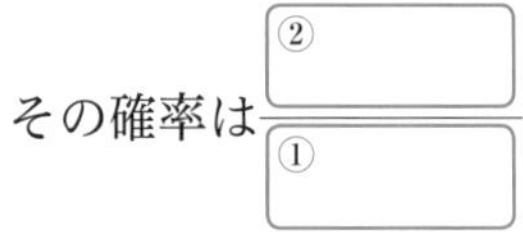

(2) 少なくとも1枚は表が出る確率は，

$1-\frac{1}{8}=$ ③

プラスワン Aの起こらない確率

(Aの起こらない確率) ＝ 1 − (Aの起こる確率)

1 **【確率の求め方の工夫】** 1，2，4，7の数が1つずつ書かれた4枚のカードがあります。このカードをよくきってから続けて2枚引き，引いた順に左から並べて2桁(けた)の整数をつくるとき，その整数が偶数(ぐうすう)になる確率を求めなさい。

教科書 p.188～189

絶対理解 **2** **【確率の求め方の工夫】** 2個のさいころA，Bを同時に投げるとき，次の確率を求めなさい。

教科書 p.191 Q1

□(1) 目の和が9である確率

□(2) 目の和が4以下である確率

よく出る **3** **【確率の求め方の工夫】** 5本のうち，当たりが2本入っているくじがあります。この中から同時に2本引くとき，次の(1)，(2)に答えなさい。

教科書 p.191 活動3

□(1) 2本ともはずれである確率を求めなさい。

□(2) 少なくとも1本は当たる確率を求めなさい。

●キーポイント
当たりくじ2本とはずれくじ3本をそれぞれ区別して，起こり得る場合のすべてを考えましょう。

4 **【確率の利用】** A，B，C，D，Eの5人の中から，くじ引きで2人の代表を選ぶとき，DとEが選ばれる確率を求めなさい。

教科書 p.195 活動1

●キーポイント
AとBが選ばれることと，BとAが選ばれることは同じです。

例題の答え **1** ①36　②3　**2** ①8　②1　③$\frac{7}{8}$

解答▶▶ p.35

1 次の㋐～㋔のことがらで，同様に確からしいといえるものを選び，記号で答えなさい。

□ ㋐ スリッパを投げるとき，スリッパが上向きになることと下向きになること

㋑ 数学のテストの結果が 50 点以上になることと 50 点未満になること

㋒ オリンピックの 100m 競走で，前回のオリンピックチャンピオンが優勝することと優勝しないこと

㋓ A さんと B さんがそれぞれ 1 回ずつさいころを投げたとき，A さんのほうが大きな目を出すことと B さんのほうが大きな目を出すこと

㋔ 宝くじを 10 枚買ったとき，10 枚のうちの 3 枚が当たっていることと 10 枚のうち 3 枚がはずれていること

2 ジョーカーを除いた 52 枚のトランプをよくきってから 1 枚引くとき，次の(1)～(3)に答えなさい。

□(1) 起こり得る場合は全部で何通りですか。

□(2) 絵札を引く場合は何通りですか。

□(3) 絵札を引く確率を求めなさい。

よく出る **3** 袋(ふくろ)の中に，同じ大きさの白玉 6 個と赤玉 4 個が入っています。この袋の中から 1 個の玉を取り出すとき，次の(1)～(4)に答えなさい。

□(1) どちらの色の玉を取り出すことも同様に確からしいといえますか。

□(2) 白玉を取り出す確率を求めなさい。

□(3) 赤玉を取り出す確率を求めなさい。

□(4) 白玉を取り出す確率と赤玉を取り出す確率の和を求めなさい。

ヒント
1 同様に確からしいとは同じ確率で起こることです。
3 (4)袋には白玉と赤玉の2種類しかないことに注意します。

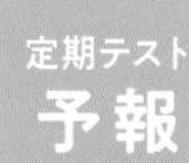

●確率の求め方をしっかり理解しておこう
確率を求めるには，すべての場合の数を数えもれや重複なく，きちんと数えられるようにしておくことが大切。また，A－BとB－Aを区別するかしないかも問題を解くときに重要だよ。

よく出る **4** **2個のさいころを同時に投げるとき，次の確率を求めなさい。**

□(1) 目の和が7である確率

□(2) 目の和が9以上である確率

□(3) 目の積が偶数(ぐうすう)である確率

□(4) 1つが5の倍数の目，もう1つが3の倍数の目である確率

□(5) 2個のさいころの目が同じである確率

5 **A，B，Cの3人でじゃんけんを1回するとき，次の確率を求めなさい。**

□(1) Aだけが勝つ確率

□(2) AとBが勝つ確率

□(3) あいこになる確率

□(4) Aが負ける確率

□(5) 3人のうち，だれか1人だけが勝つ確率

6 **5本のくじの中に，当たりが1本ふくまれている箱があります。Aさん，Bさんがこの順にくじを1本ずつ引きます。このとき，次の確率を求めなさい。**

□(1) 引いたくじを箱に戻(もど)すとき，Bさんの当たる確率

□(2) 引いたくじを箱に戻さないとき，Bさんの当たる確率

4 さいころを2個投げるとき，起こり得る場合の数は36通りです。
6 それぞれの組み合わせを具体的に書いていくとわかりやすいです。

解答▶▶ p.35

7章　確率

❶ 1個のさいころを投げるとき，次の確率を求めなさい。 知

(1)　5よりも小さい目が出る確率

(2)　3の倍数の目が出ない確率

❶　点/8点(各4点)

(1)	
(2)	

❷ 1から20までの数が1つずつ書かれた20枚のカードがあります。この中から1枚のカードを取り出すとき，次の確率を求めなさい。 知

(1)　カードの数が4の倍数である確率

(2)　カードの数が24の約数である確率

(3)　カードの数が，5より小さいか15より大きい確率

(4)　カードの数が3でわると2余る数である確率

(5)　カードの数が7の倍数か9の倍数である確率

❷　点/20点(各4点)

(1)	
(2)	
(3)	
(4)	
(5)	

❸ 3枚の硬貨(こうか)を同時に投げるとき，次の確率を求めなさい。 知

(1)　3枚とも表が出る確率

(2)　1枚だけ表が出る確率

(3)　1枚だけ裏が出る確率

(4)　少なくとも1枚は裏が出る確率

❸　点/20点(各5点)

(1)	
(2)	
(3)	
(4)	

　成績評価の観点　知…数量や図形などについての知識・技能　考…数学的な思考・判断・表現

4 袋の中に，1から5までの数が書かれたカードがそれぞれ1枚ずつ入っています。この袋から続けて2枚カードを取り出し，1枚目を十の位の数，2枚目を一の位の数として2桁の数をつくります。このとき，次の確率を求めなさい。知

(1) 42より大きい数になる確率

(2) 一の位の数が3である確率

(3) 1のカードがふくまれている確率

点UP (4) 2の倍数で3の倍数でない確率

5 A～Eの5人の中から，議員3人を選ぶとき，次の(1)～(4)に答えなさい。知

5 点/20点(各5点)

(1)	
(2)	
(3)	
(4)	

(1) 5人の中から3人を選ぶとき，選び方は何通りありますか。

(2) Aが3人の中の1人として選ばれる確率を求めなさい。

(3) 5人のうち3人が女子のとき，女子3人がそろって選ばれる確率を求めなさい。

(4) 男女の割合が(3)のとき，男子が1人だけ選ばれる確率を求めなさい。

6 赤玉が3個，白玉が2個入った袋から玉を取り出すとき，次の確率を求めなさい。考

6 点/12点(各6点)

(1)	
(2)	

(1) 玉を1個取り出し，もとに戻してから，また，玉を1個取り出すとき，異なる色の玉を取り出す確率

(2) 玉を1個取り出し，もとに戻さず，また，玉を1個取り出すとき，2個とも赤玉である確率

知 /88点	考 /12点

7章 教科書182～197ページ

教科書のまとめ 〈6章　データの比較と箱ひげ図〉〈7章　確率〉

●四分位数

・データを小さい順に並べたとき，データ全体を4等分する位置を考え，その位置にあるデータの値(あたい)を**四分位数**という。

・四分位数は3つあり，小さい順に，第1四分位数，第2四分位数，第3四分位数という。

・第2四分位数は中央値のことである。

●第1四分位数と第3四分位数の求め方

❶ 小さい順に並べたデータを半分に分ける。ただし，データの数が奇数(きすう)のときは，半分には分けられないので，中央値を除いてデータを2つに分ける。

❷ ❶で分けた小さいほうのデータの中央値を第1四分位数，大きいほうのデータの中央値を第3四分位数とする。

●四分位範囲

・(四分位範囲(はんい))
=(第3四分位数)−(第1四分位数)

・四分位範囲を使うと，データの値が中央値の近くに集中しているか，遠くに離(はな)れて散らばっているかを調べることができる。

・データの中に極端(きょくたん)にかけ離れた値があるとき，範囲はその影響(えいきょう)を大きく受けるが，四分位範囲はその影響をほとんど受けない。

●箱ひげ図

・最小値，最大値，四分位数を使ってかいた図を**箱ひげ図**という。

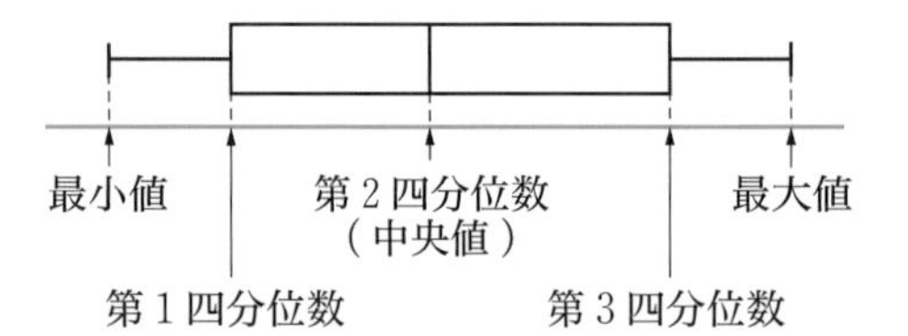

・箱ひげ図のかき方

❶ 第1四分位数を左端(はし)，第3四分位数を右端とする長方形(箱)をかく。

❷ 箱の中に第2四分位数(中央値)を示す縦線をひく。

❸ 最小値，最大値を示す縦線をひき，箱の左端から最小値まで，箱の右端から最大値まで，それぞれ線分(ひげ)をかく。

・ひげをふくめた全体の長さが範囲を表し，箱の横の長さが四分位範囲を表す。

●同様に確からしい

起こり得るすべての場合について，どの場合が起こることも同じ程度に期待することができるとき，そのどれが起こることも**同様に確からしい**という。

●確率の求め方

起こり得る場合が全部で n 通りあって，そのどれが起こることも同様に確からしいとする。そのうち，ことがらAの起こる場合が a 通りあるとき，ことがらAの起こる確率 p は，

$$p=\frac{a}{n}$$

(例) 箱の中に，白玉が2個，赤玉が3個入っている。この箱の中から玉を1個取り出すとき，それが白玉である確率は，$\frac{2}{5}$

●確率の値の範囲

あることがらの起こる確率を p とすると，p の値の範囲は，$0 \leqq p \leqq 1$

●あることがらの起こらない確率

あることがらAについて，次の関係が成り立つ。

(Aの起こらない確率)=1−(Aの起こる確率)

テスト前に役立つ!

定期テスト

予想問題

チェック!

- テスト本番を意識し，時間を計って解きましょう。

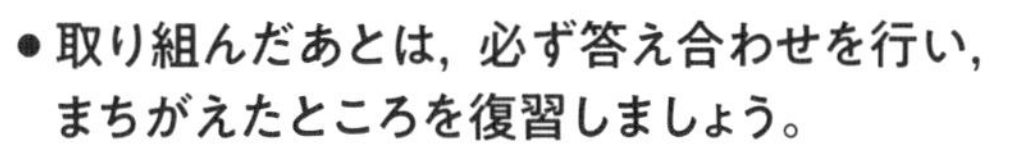

- 取り組んだあとは，必ず答え合わせを行い，
まちがえたところを復習しましょう。

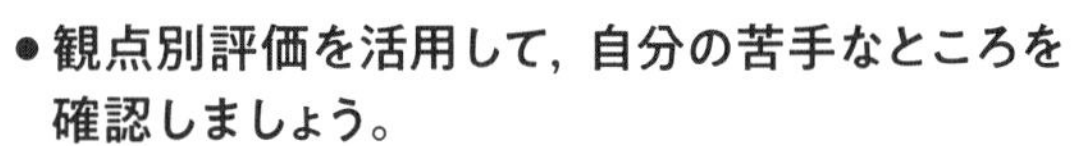

- 観点別評価を活用して，自分の苦手なところを
確認しましょう。

テスト前に解いて，
わからない問題や
まちがえた問題は，
もう一度確認して
おこう!

定期テスト
予想問題
1

1章　式と計算

時間30分　／100点　合格70点

❶ 次の計算をしなさい。知

教科書 p.16〜19

(1) $6x-5y+2x+4y$

(2) $5x^2-7x-4x+2x^2$

(3) $(3x+4y)+(3x-6y)$

(4) $(5a+3b)-(2a+4b)$

(5) $(0.2x+1.3y)-(0.8x-0.3y)$

(6) $\left(\frac{1}{4}x+2y\right)-\left(\frac{1}{2}x+3y\right)$

❶　点/18点(各3点)

(1)	
(2)	
(3)	
(4)	
(5)	
(6)	

❷ 次の計算をしなさい。知

教科書 p.20〜23

(1) $-27xy\times3x$

(2) $\frac{1}{6}x^2y\times(-12xy)$

(3) $16x^2y\div(-4xy)$

(4) $30xy^2\div\frac{3}{4}xy$

(5) $\frac{3}{4}x^3y\div\left(-\frac{2}{3}xy\right)\times9xy^2$

❷　点/15点(各3点)

(1)	
(2)	
(3)	
(4)	
(5)	

❸ 次の計算をしなさい。知

教科書 p.24〜25

(1) $-9(x-3y+6)$

(2) $(6x-3y)\div(-3)$

(3) $4(2x-3y)+5(x+3y)$

(4) $3(2a+b)-2(3a-5b)$

(5) $\frac{2}{3}(x+y)-\frac{1}{2}(x-y)$

(6) $\frac{x+2y}{4}-\frac{2x-y}{3}$

❸　点/18点(各3点)

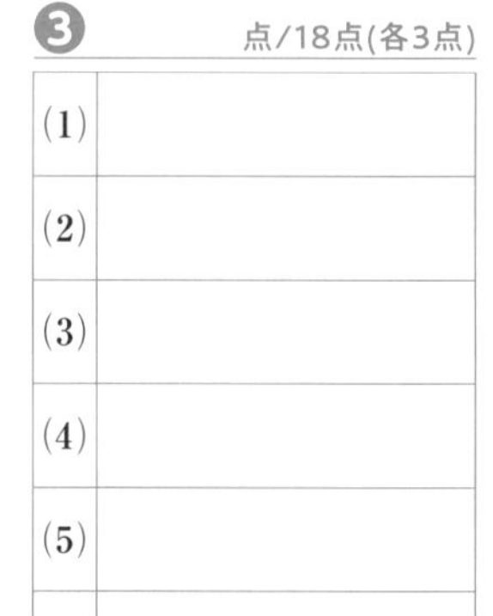

(1)	
(2)	
(3)	
(4)	
(5)	
(6)	

成績評価の観点　知…数量や図形などについての知識・技能　考…数学的な思考・判断・表現

❹ $x=-3$，$y=-4$のときの，次の式の値(あたい)を求めなさい。知

(1) $2(x+3y)-3(5x-7y)$　　(2) $12x^2y\div4x\times(-3y)$

教科書 p.26～27

❹ 点/8点(各4点)

(1)	
(2)	

❺ 次の式を，［　］内の文字について解きなさい。知

(1) $3x-4y=8$　$[y]$　　(2) $S=\frac{1}{3}\pi r^2h$　$[h]$

教科書 p.34～35

❺ 点/8点(各4点)

(1)	
(2)	

❻ 底面の半径がr cm，高さがh cmの円柱があります。この円柱の底面の半径を2倍にし，高さを半分にした円柱をつくるとき，体積はもとの円柱の何倍になるか求めなさい。考

教科書 p.29～30

❻ 点/5点

❼ 右の図のように，縦a m，横b mの長方形の土地に幅(はば)3 mの道をつけます。道を除いた土地の面積をS m²として，次の(1)，(2)に答えなさい。考

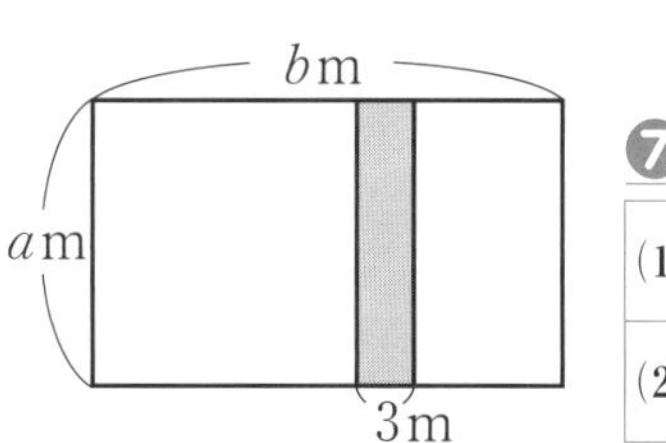

(1) Sをa，bを使って表しなさい。

(2) (1)の式をbについて解きなさい。

教科書 p.34～35

❼ 点/12点(各6点)

(1)	
(2)	

❽ 一の位の数が0でない2桁(けた)の自然数をAとし，Aの十の位の数と一の位の数を入れかえてできる2桁の自然数をBとするとき，次の(1)，(2)が成り立つことを，文字を使って説明しなさい。考

(1) $A+B$は11の倍数である。

(2) $A-B$は9の倍数である。

教科書 p.31～33

❽ 点/16点(各8点)

(1)

(2)

知 /67点　考 /33点

解答▶▶ p.38

定期テスト
予想問題
2

2章　連立方程式

1 次の連立方程式のうち，$\begin{cases} x=\dfrac{3}{2} \\ y=-2 \end{cases}$ が解になるのはどれですか。

教科書 p.43〜44

㋐〜㋒の記号で答えなさい。知

㋐ $\begin{cases} 3x+4y=11 \\ 2x+3y=9 \end{cases}$　㋑ $\begin{cases} 6x-5y=6 \\ 8x+3y=5 \end{cases}$　㋒ $\begin{cases} 4x-3y=12 \\ 5y-2x=-13 \end{cases}$

1 点/5点

2 次の連立方程式を解きなさい。知

教科書 p.45〜49

(1) $\begin{cases} 2x+3y=11 \\ x-3y=-8 \end{cases}$　(2) $\begin{cases} x+4y=18 \\ -x+6y=32 \end{cases}$

(3) $\begin{cases} 3x+y=46 \\ x+3y=42 \end{cases}$　(4) $\begin{cases} 3x+2y=8 \\ 5x-3y=7 \end{cases}$

(5) $\begin{cases} x-y=-5 \\ 5x+3y=7 \end{cases}$　(6) $\begin{cases} 2x-3y=2 \\ 8x+9y=1 \end{cases}$

2 点/30点(各5点)

(1)		(2)	
(3)		(4)	
(5)		(6)	

3 次の連立方程式を解きなさい。知

教科書 p.50〜51

(1) $\begin{cases} y=2x-4 \\ y=5x+2 \end{cases}$　(2) $\begin{cases} 3x-7y=14 \\ x=9y-2 \end{cases}$

3 点/10点(各5点)

(1)		(2)	

成績評価の観点　知…数量や図形などについての知識・技能　考…数学的な思考・判断・表現

❹ 次の連立方程式を解きなさい。 知

教科書 p.52～54

(1) $\begin{cases} 5x+4(x-y)=-8 \\ 2(x+y)=3x+y+2 \end{cases}$　　(2) $\begin{cases} 2x-3y=0 \\ \dfrac{x}{3}+\dfrac{y}{2}=2 \end{cases}$

(3) $2x+y+5=2y+x-8=-x-3y+1$

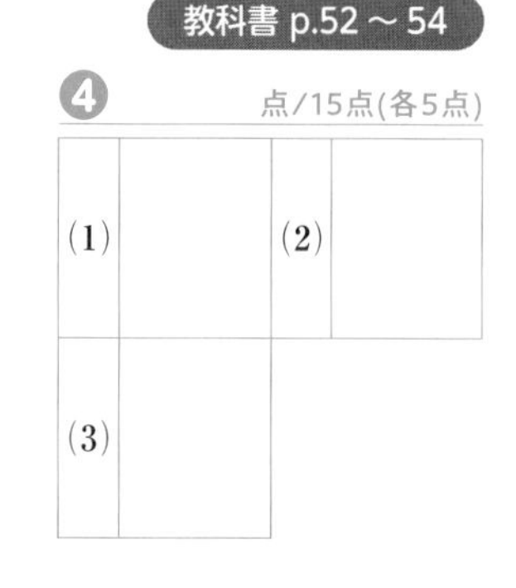

❺ 連立方程式 $\begin{cases} ax+by=12 \\ 4x-ay=-1 \end{cases}$ の解が $\begin{cases} x=2 \\ y=3 \end{cases}$ であるとき，a，b の値(あたい)を求めなさい。 考

教科書 p.43～44

5　点/8点

a	
b	

❻ 2桁(けた)の自然数があります。その2桁の数は，その数の一の位の数の9倍より4大きく，十の位の数と一の位の数を入れかえてできる数は，もとの数より9大きいです。もとの自然数の十の位の数をx，一の位の数をyとして，次の(1)，(2)に答えなさい。 考

教科書 p.56～57

6　点/14点(各7点)

(1)	
(2)	

(1) x，yを求める連立方程式をつくりなさい。

(2) (1)を解いて，もとの2桁の自然数を求めなさい。

❼ 学校から11km離(はな)れた公園に遠足に行きました。学校から途中(とちゅう)の休憩(きゅうけい)所までは時速5km，休憩所から公園までは時速3kmで歩いて，合計で3時間かかりました。学校から休憩所まで，休憩所から公園までは，それぞれ何kmあるかを答えなさい。 考

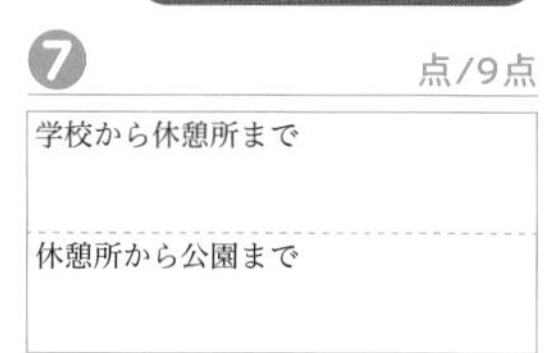

❽ 濃度(のうど)が4％の食塩水と濃度が10％の食塩水を混ぜて，濃度が7.6％の食塩水を作る予定でしたが，混ぜる重さを逆にしてしまいました。そこで，できあがった食塩水の水をすべて蒸発させると，食塩が32g出てきました。最初の予定では，濃度が4％の食塩水は何g混ぜる予定であったかを答えなさい。 考

教科書 p.60

8　点/9点

知	/60点	考	/40点

定期テスト
予想問題
3

3章　1次関数

時間30分　／100点　合格70点

1 次のxとyの関係のうち，yがxの1次関数であるものはどれですか。すべて選び，記号で答えなさい。知

教科書 p.68～69

㋐　20kmの道のりを，$x$km進んだときの残りの道のりが$y$km

㋑　1辺が$x$cmの立方体の表面積が$y\text{cm}^2$

㋒　40Lの水が入っている水槽（すいそう）から，毎分1.5Lずつ水を抜（ぬ）くとき，抜き始めてからx分後の水槽に残っている水がyL

㋓　面積が15cm^2の三角形の，底辺が$x$cm，高さが$y$cm

1	点/5点

2 次の(1)，(2)に答えなさい。知

教科書 p.71～72

(1)　1次関数$y=4x-6$で，xの値（あたい）が-1から3まで増加するときの変化の割合を求めなさい。

(2)　1次関数$y=3x+\frac{10}{3}$で，yの増加量が-15のときのxの増加量を求めなさい。

2	点/8点(各4点)
(1)	
(2)	

3 次の(1)～(3)のグラフをかきなさい。知

教科書 p.76～77，83～84

(1)　$y=3x-2$

(2)　$y=\frac{2}{3}x-3$

(3)　$x+2y-6=0$

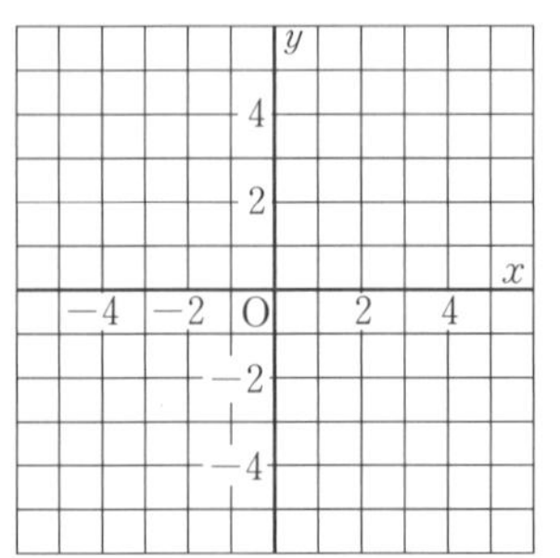

3	点/15点(各5点)
(1)	左の図にかき入れる。
(2)	左の図にかき入れる。
(3)	左の図にかき入れる。

4 次の(1)，(2)に答えなさい。知

教科書 p.79～80

(1)　切片が-2で，点$(4,\ 6)$を通る直線の式を求めなさい。

(2)　$x=-3$のとき$y=4$で，$x=3$のとき$y=-4$である1次関数の式を求めなさい。

4	点/10点(各5点)
(1)	
(2)	

成績評価の観点　知…数量や図形などについての知識・技能　考…数学的な思考・判断・表現

5 下の図の直線(1)～(4)の式を求めなさい。知

教科書 p.78，84～85

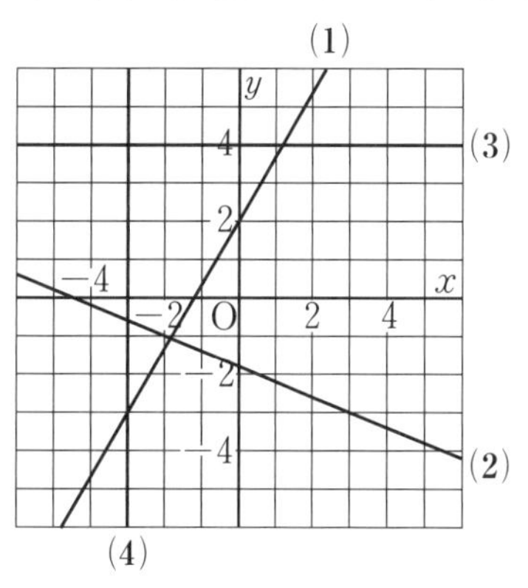

5 点/20点(各5点)

(1)	
(2)	
(3)	
(4)	

6 右の図の直線ℓは$y=-\frac{1}{2}x+2$，mは$y=\frac{4}{3}x-4$です。グラフの1目もりを1cmとして，次の(1)～(3)に答えなさい。考

教科書 p.86～87

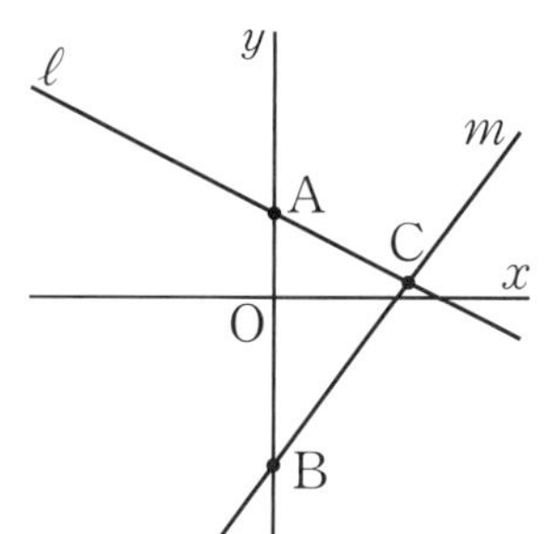

(1) 線分ABの長さを求めなさい。

(2) 点Cの座標を求めなさい。

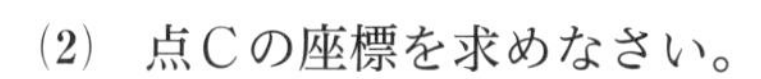

(3) △ABCの面積を求めなさい。

6 点/18点(各6点)

(1)	
(2)	
(3)	

7 右の図で，A(5, 0)，B(5, 4)，C(0, 4)で，点DはABの中点です。また，点Pは原点Oを出発し，OC，CB上を点Bまで動きます。点Pが動いた距離(きょり)をt，そのときの△ODPの面積をSとして，次の(1)～(3)に答えなさい。知

教科書 p.91

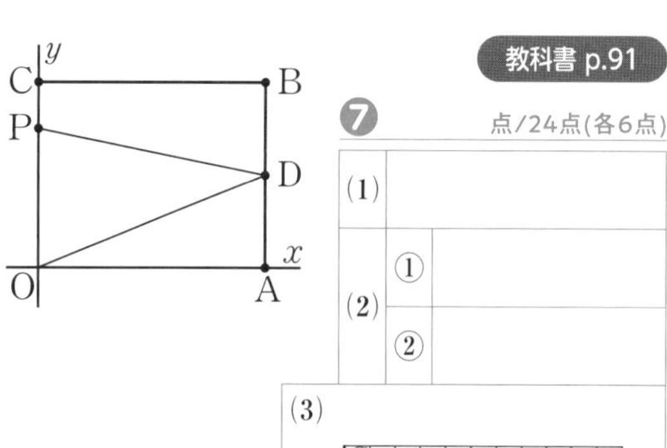

(1) $t=6$のときのSの値を求めなさい。

(2) tが次の範囲(はんい)のとき，Sをtの式で表しなさい。

① $0\leqq t\leqq 4$

② $4\leqq t\leqq 9$

(3) tを横軸(よこじく)に，Sを縦軸にとって，tとSの関係をグラフに表しなさい。

7 点/24点(各6点)

(1)		
(2)	①	
	②	

(3)

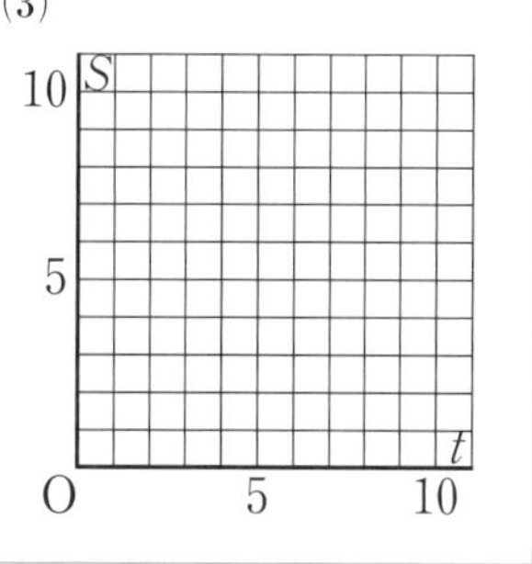

知 /82点	考 /18点

解答▶▶ p.42

定期テスト
予想問題
4

4章　平行と合同

❶ 次の図で，∠x，∠yの大きさを求めなさい。 知

教科書 p.102〜103

(1)　$\ell /\!/ m$

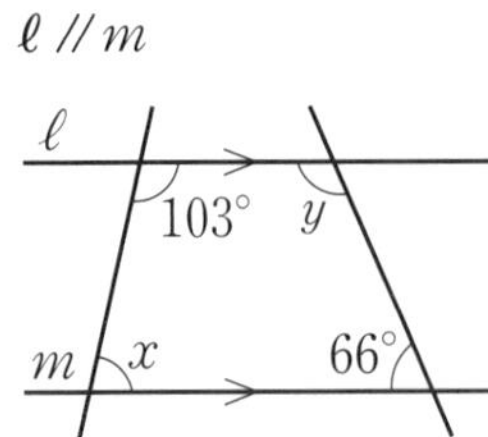

(2)

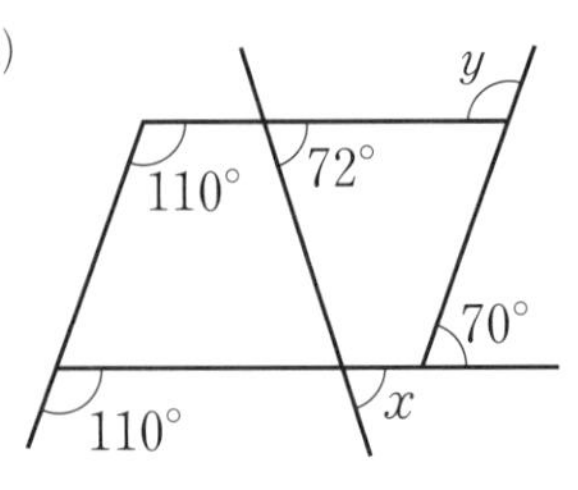

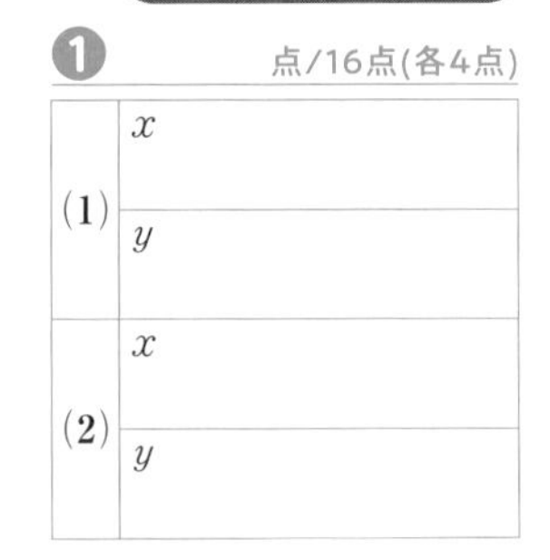

❶　点/16点(各4点)

(1)	x	
	y	
(2)	x	
	y	

❷ 次の図で，∠xの大きさを求めなさい。 知

教科書 p.104〜105

(1)

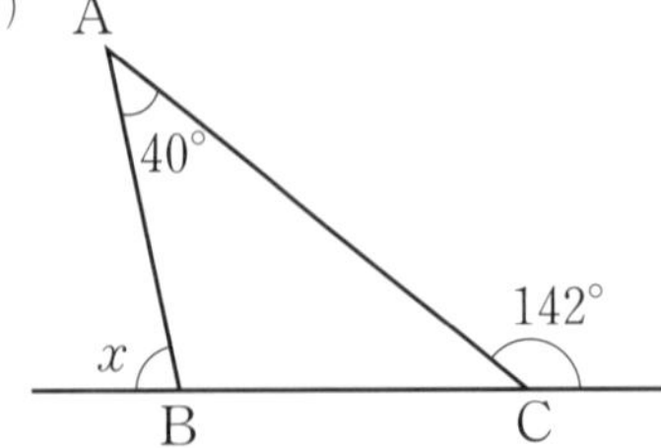

(2)

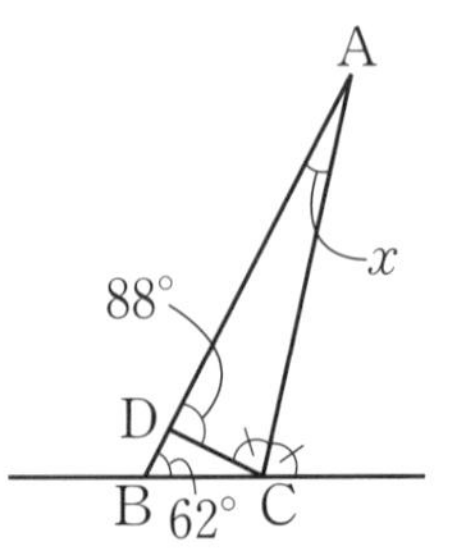

❷　点/10点(各5点)

(1)	
(2)	

❸ 次の図で，$\ell /\!/ m$のとき，∠xの大きさを求めなさい。 知

教科書 p.106〜109

(1)

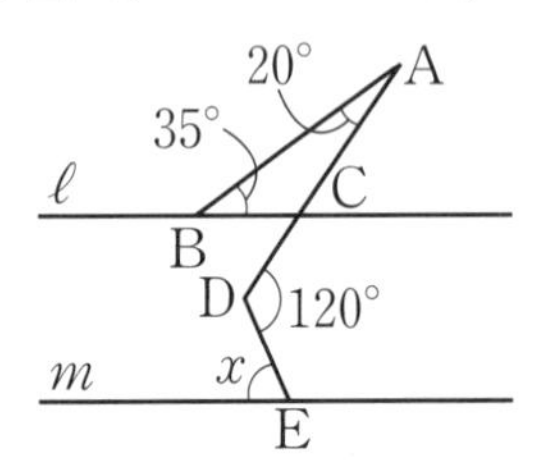

(2)　正五角形ABCDE

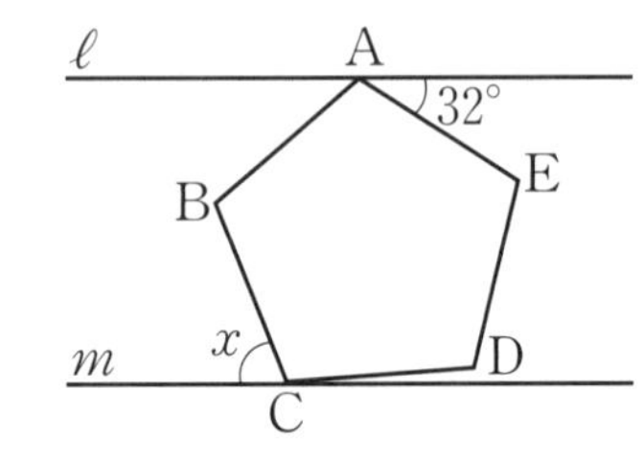

❸　点/10点(各5点)

(1)	
(2)	

❹ 次の(1)〜(4)に答えなさい。 知

教科書 p.108〜111

(1)　内角の和が2520°である多角形は，何角形ですか。

(2)　正十二角形の1つの外角は何度ですか。

(3)　1つの内角が160°である正多角形は，正何角形ですか。

(4)　1つの外角が18°である正多角形は，正何角形ですか。

❹　点/20点(各5点)

(1)	
(2)	
(3)	
(4)	

成績評価の観点　知…数量や図形などについての知識・技能　考…数学的な思考・判断・表現

5 **右の図で，AB＝AC，∠ABE＝∠ACDです。このとき，DB＝ECであることを証明します。次の⑴，⑵に答えなさい。** 考

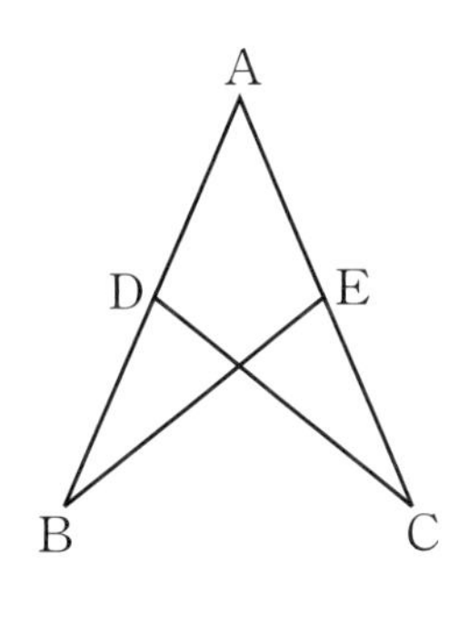

教科書 p.124～127

⑴ 仮定と結論を答えなさい。

⑵ このことを次のように証明しました。

□をうめなさい。

証明 △ABEと△ACDで，

仮定から，

AB＝［ ① ］……㋐

∠ABE＝［ ② ］……㋑

共通な角だから，

∠BAE＝［ ③ ］……㋒

㋐，㋑，㋒から，［ ④ ］がそれぞれ等しいので，

△ABE≡△ACD

対応する辺だから，

AE＝AD

また，DB＝AB－AD，

EC＝［ ⑤ ］－AE

これより，

DB＝EC

6 **右の図で，線分ABとCDはそれぞれ中点で交わり，その交点をOとします。AとC，BとDをそれぞれ結びます。このとき，△ACO≡△BDOであることを証明します。次の⑴，⑵に答えなさい。** 考

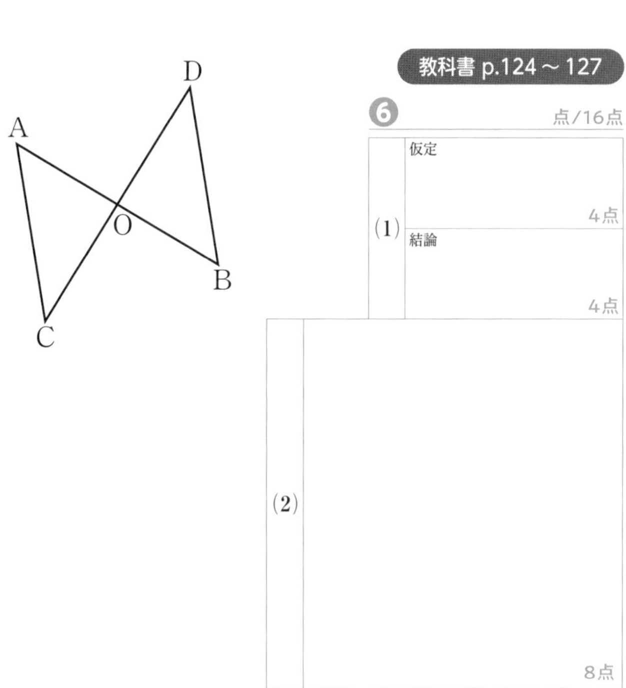

教科書 p.124～127

⑴ 仮定と結論を答えなさい。

⑵ このことを証明しなさい。

5章　三角形と四角形

❶ 次の図で，AB＝ACです。∠xの大きさを求めなさい。 知

教科書 p.137〜138

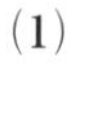

(1)

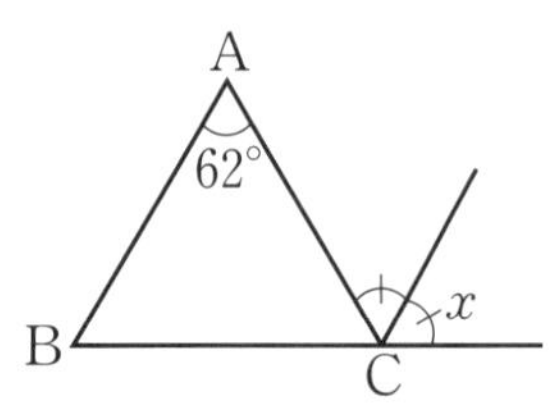

(2)　AB＝BD

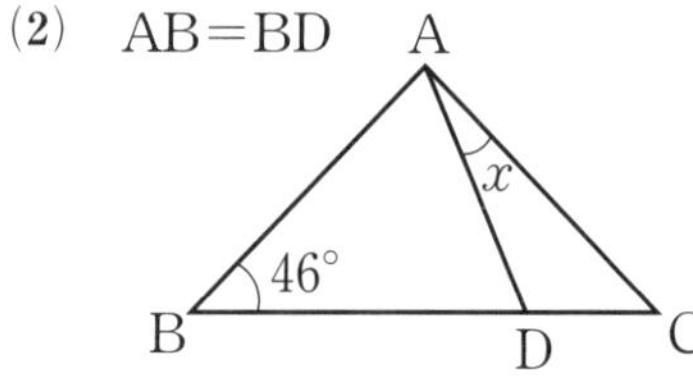

❶　点/14点(各7点)

(1)	
(2)	

❷ 次の(1)，(2)のことがらの逆を答えなさい。また，逆は成り立ちますか。 知

教科書 p.140

(1)　$x>0$，$y>0$ならば，$xy>0$

(2)　△ABC≡△DEFならば，3組の辺がそれぞれ等しい。

❷　点/16点(各8点)

❸ 次の図の四角形ABCDは平行四辺形です。∠xの大きさを求めなさい。 知

教科書 p.148〜150

(1)

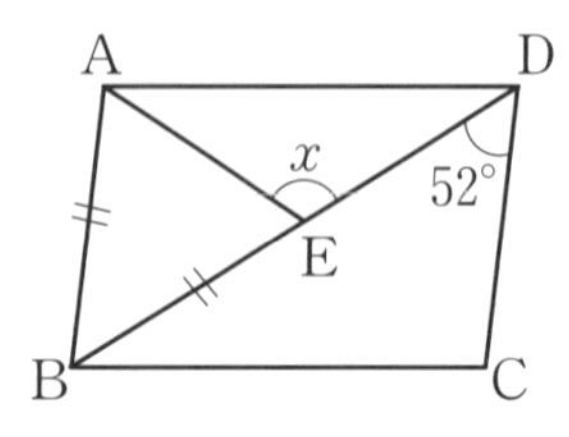

(2)

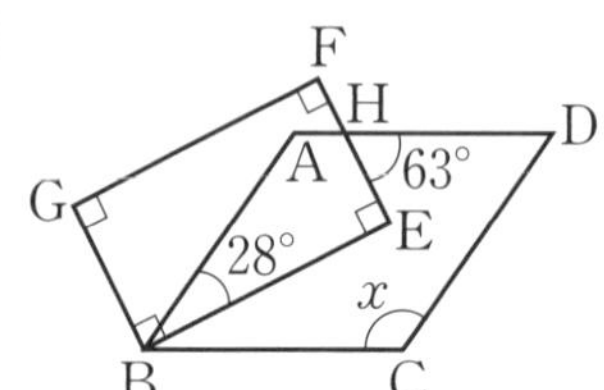

❸　点/14点(各7点)

(1)	
(2)	

❹ 右の図は，正方形ABCDの辺BC上に点E，辺DC上に点Fをとり，AE＝AFの二等辺三角形AEFをかいたものです。このとき，次の(1)，(2)に答えなさい。 知

教科書 p.142〜145

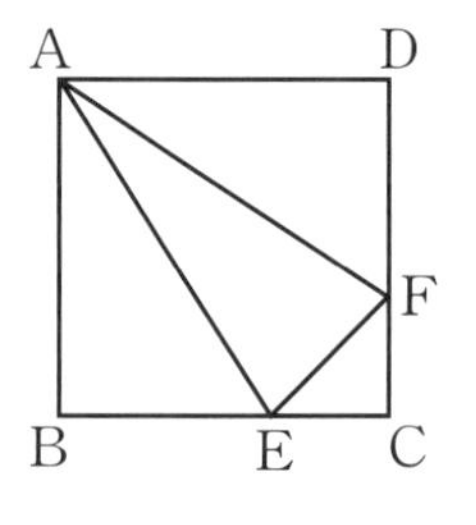

(1)　∠BAE＝∠DAFであることを証明しなさい。

(2)　∠AFE＝78°のとき，∠BAEの大きさを求めなさい。

❹　点/18点

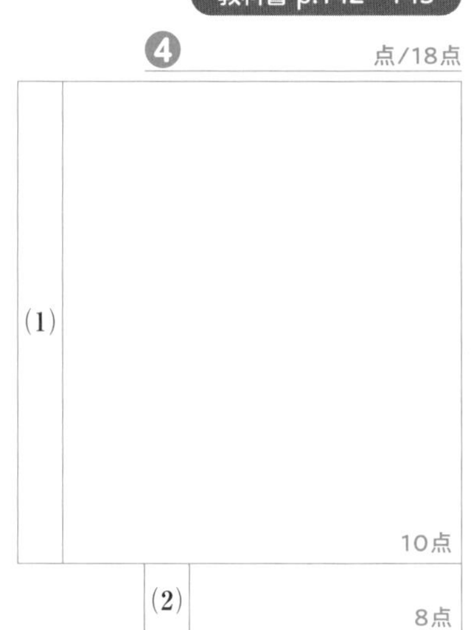

　成績評価の観点　知…数量や図形などについての知識・技能　考…数学的な思考・判断・表現

5 右の図の四角形ABCDは平行四辺形で，対角線ACを折り目として△ABCを折り，△AECに移した図です。これについて，次の(1)，(2)に答えなさい。考

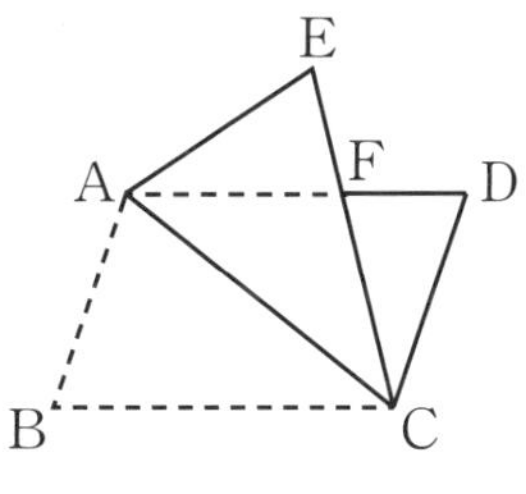

(1) DF＝EFであることを証明しなさい。

(2) ∠ACB＝38°のとき，∠AFCの大きさを求めなさい。

教科書 p.148〜151

5 点/18点

(1)	10点
(2)	8点

6 右の図の四角形ABCDは平行四辺形で，AP＝BQ＝CR＝DSです。このとき，四角形PQRSは平行四辺形であることを証明しなさい。考

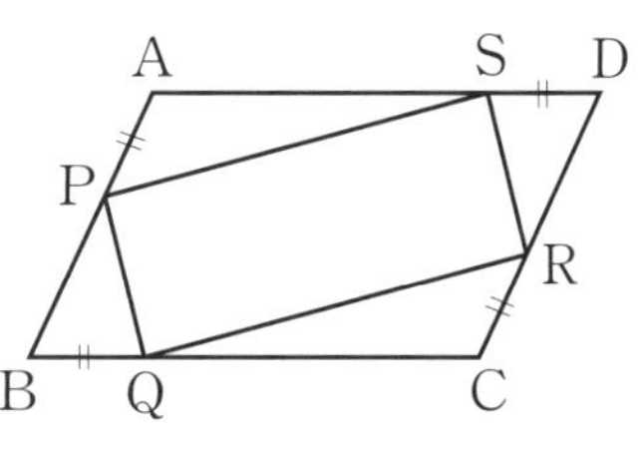

教科書 p.152〜155

6 点/10点

7 右の図の四角形ABCDは平行四辺形です。点Eは辺AD上，点Fは辺CD上にあり，AC//EFです。このとき，△ABEと面積が等しい三角形をすべて書きなさい。考

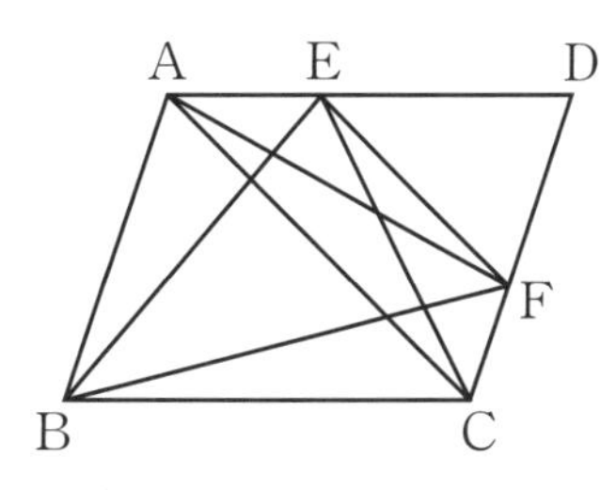

教科書 p.159〜160

7 点/10点

知 /62点	考 /38点

解答▸▸ p.45

定期テスト
予想問題
6

6章　データの比較と箱ひげ図

時間30分　／100点　合格70点

1 次の□にあてはまることばや数を書きなさい。知

教科書 p.170～171

(1) 四分位数のうち，第2四分位数は□ともいいます。

(2) (四分位範囲)＝(第 ① 四分位数)－(第 ② 四分位数)で求めます。

1 点/6点(各3点)

(1)		
(2)	①	
	②	

2 次のデータは，Aチームと Bチームが行ったゲームの得点の結果をまとめたものです。次の(1)～(4)に答えなさい。知

教科書 p.170～171

Aチーム　9人(点)

50	40	70	70	30
60	40	80	90	

Bチーム　10人(点)

10	30	60	50	60
20	50	40	80	10

(1) Aチーム，Bチームの最小値，最大値をそれぞれ求めなさい。

(2) Aチームの得点について，四分位数を求めなさい。

(3) Bチームの得点について，四分位数を求めなさい。

(4) Aチーム，Bチームの得点について，四分位範囲をそれぞれ求めなさい。

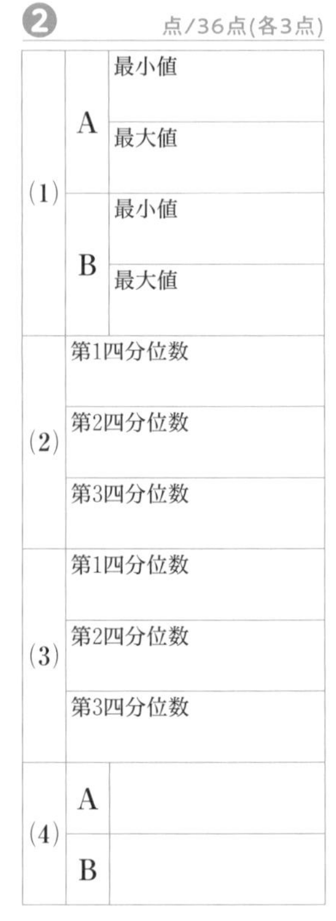

2 点/36点(各3点)

(1)	A	最小値	
		最大値	
	B	最小値	
		最大値	
(2)	第1四分位数		
	第2四分位数		
	第3四分位数		
(3)	第1四分位数		
	第2四分位数		
	第3四分位数		
(4)	A		
	B		

3 上の2のAチーム，Bチームの得点について，箱ひげ図をそれぞれかきなさい。知

教科書 p.172～173

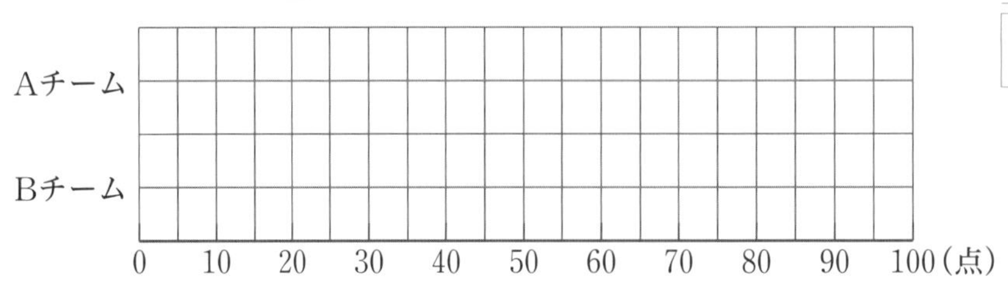

3 点/12点(各6点)

左の図にかき入れる。

成績評価の観点　知…数量や図形などについての知識・技能　考…数学的な思考・判断・表現

4 次の図は，あるクラスの生徒30人が1か月に読んだ小説の冊数のデータを，箱ひげ図に表したものです。図の(1)～(4)は何を表していますか。また，(1)～(4)が示している値(あたい)も答えなさい。知

教科書 p.172

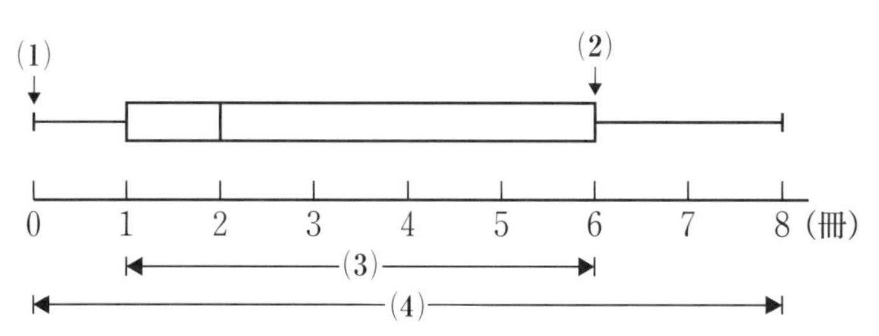

5 次のデータは，AグループとBグループについて，昨日テレビを何分間観たかを調べたものです。次の(1)，(2)に答えなさい。知

教科書 p.174～175

Aグループ：	54	81	85	84	93	44	68	34	94
Bグループ：	71	81	51	41	43	92	61	62	

(分)

(1) 2つのグループの四分位範囲をそれぞれ求めなさい。

(2) Aグループをヒストグラムに表したとき，最も適当なものを㋐～㋒のなかから選び，記号で答えなさい。

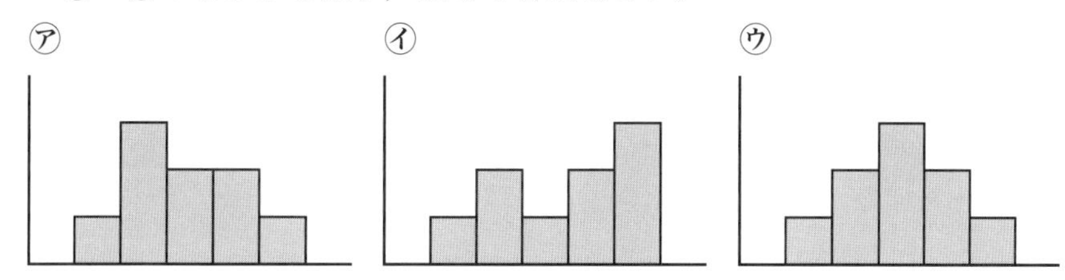

6 次の図は，A，B2つの都市の8月の1か月間で1日の最高気温を調べ，箱ひげ図に表したものです。分布のようすについてわかることを説明しなさい。考

教科書 p.176～177

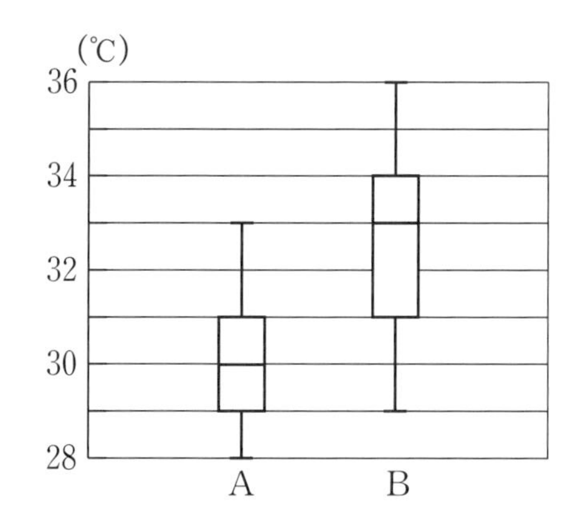

知 /90点	考 /10点

解答▶▶ p.46

定期テスト
予想問題
7

7章　確率

❶ 次の㋐，㋑で同様に確からしいといえるのはどちらですか。記号で答えなさい。知

㋐　硬貨(こうか)を落としたとき，表が出ることと裏が出ること

㋑　過去100試合で50勝50敗だった人が，初めて対戦する相手に次の試合で勝つことと負けること

教科書 p.184～185

❶　点/4点

❷ 箱の中に，赤，青，黄，白のボールが1個ずつ入っています。この箱の中からボールを1個取り出すとき，次の(1)～(4)に答えなさい。 知

(1)　ボールの取り出し方は，全部で何通りですか。

(2)　取り出したボールの色が，赤もしくは白である場合は何通りですか。

(3)　取り出したボールの色が，青以外である確率を求めなさい。

(4)　取り出したボールの色が，緑である確率を求めなさい。

教科書 p.185～187

❷　点/16点(各4点)

(1)	
(2)	
(3)	
(4)	

❸ 3枚の硬貨を同時に投げるとき，次の(1)～(3)に答えなさい。 知

(1)　3枚とも裏が出る確率を求めなさい。

(2)　2枚以上表が出る確率を求めなさい。

(3)　少なくとも1枚は表が出る確率を求めなさい。

教科書 p.188～191

❸　点/15点(各5点)

(1)	
(2)	
(3)	

❹ 2個のさいころを同時に投げるとき，次の確率を求めなさい。 知

(1)　目の和が5以下である確率

(2)　目の積が奇数(きすう)である確率

(3)　どちらの目も3の倍数である確率

(4)　1つが2の倍数の目，もう1つが3の倍数の目である確率

教科書 p.190～191

❹　点/20点(各5点)

(1)	
(2)	
(3)	
(4)	

5 男子3人，女子2人の中から3人の委員を選ぶとき，次の確率を求めなさい。知

教科書 p.195

(1) 3人とも男子が選ばれる確率

(2) 女子が1人選ばれる確率

(3) 少なくとも男子が2人選ばれる確率

5 点/15点(各5点)

(1)	
(2)	
(3)	

6 50円，10円，5円の硬貨が1枚ずつあります。この3枚の硬貨を同時に投げるとき，次の(1)，(2)に答えなさい。考

教科書 p.188～189

(1) 50円硬貨が表で，10円硬貨が裏である場合は何通りありますか。

(2) 表の出る硬貨の金額が15円以上になる確率を求めなさい。

6 点/10点(各5点)

(1)	
(2)	

7 色鉛筆(えんぴつ)が入ったA，B，Cの3つの箱があります。Aの箱には赤色と黄色が1本ずつの計2本，Bの箱には赤色と青色が1本ずつの計2本，Cの箱には赤色と黄色と青色が1本ずつの計3本が入っています。A，B，Cの箱の中からそれぞれ1本ずつ色鉛筆を取り出すとき，次の確率を求めなさい。考

教科書 p.191

(1) Bの箱から取り出した色が，赤色である確率

(2) 取り出した3本の色がすべて異なる確率

(3) 少なくとも1本は赤色がふくまれる確率

(4) 取り出した3本のうち，2本が同じ色である確率

7 点/20点(各5点)

(1)	
(2)	
(3)	
(4)	

知 /70点	考 /30点

教科書ぴったりトレーニング
〈大日本図書版・中学数学２年〉
この解答集は取り外してお使いください。

１章　式と計算

p.6～7　ぴたトレ0

1 (1) **$1000-100x$（円）** (2) **$5a+3b$（円）**

(3) **$\dfrac{x}{120}$分**

解き方
(3)時間＝道のり÷速さだから，
$x\div120=\dfrac{x}{120}$(分)

2 (1) **$3a+3$** (2) **$-\dfrac{5}{12}x$** (3) **$3a+8$**

(4) **$-5x-4$** (5) **$7x-8$** (6) **$-2x+6$**

解き方
(6) $(-3x-2)-(-x-8)$
$=-3x-2+x+8$
$=-3x+x-2+8$
$=-2x+6$

3 (1) **$48a$** (2) **$-6x$** (3) **$8x+14$**
(4) **$-9y+60$** (5) **$3a-2$** (6) **$20x-5$**
(7) **$6x+10$** (8) **$-4x+12$**

解き方
(6) $(-16x+4)\div\left(-\dfrac{4}{5}\right)$
$=(-16x+4)\times\left(-\dfrac{5}{4}\right)$
$=-16x\times\left(-\dfrac{5}{4}\right)+4\times\left(-\dfrac{5}{4}\right)$
$=20x-5$
(8) $(-10)\times\dfrac{2x-6}{5}$
$=-2\times(2x-6)$
$=-2\times2x-2\times(-6)$
$=-4x+12$

4 (1) **$7x+2$** (2) **$3y-27$** (3) **$7x-7$** (4) **$-4y-4$**

解き方
(2) $5(3y-6)-3(4y-1)$
$=15y-30-12y+3$
$=15y-12y-30+3$
$=3y-27$
(4) $-\dfrac{1}{3}(6y+3)-\dfrac{1}{4}(8y+12)$
$=-2y-1-2y-3$
$=-2y-2y-1-3$
$=-4y-4$

5 (1) **14** (2) **2** (3) **-20** (4) **-19**

解き方
負の数はかっこをつけて代入します。
(3) $-5x^2=-5\times(-2)^2=-5\times4=-20$
(4) $5x-3y=5\times(-2)-3\times3=-10-9=-19$

p.9　ぴたトレ1

1 **単項式…㋐，㋓　多項式…㋑，㋒**

解き方
単項式は項が1つだけの式を選びます。多項式は項が2つ以上の式を選びます。数も1つの項です。

2 (1) **$2x$，-3** (2) **$-3a$，$4b$，$-2c$**

(3) **x^2，$-5x$，7** (4) **$-\dfrac{1}{3}ab$，6**

解き方
単項式の和の形にします。
(1) $2x-3=2x+(-3)$
(2) $-3a+4b-2c=-3a+4b+(-2c)$
(3) $x^2-5x+7=x^2+(-5x)+7$
(4)数も項です。

3 (1) **1** (2) **3** (3) **2**

解き方
かけ合わされている文字の個数が次数になります。
(2) $3abc=3\times\underline{a\times b\times c}$
文字3個→次数は3

4 (1) **1** (2) **2** (3) **1** (4) **2**

解き方
次数が最も高い項の次数が答えになります。
(1)文字が2個ありますが，かけ合わされていないので，次数は1になります。

5 (1) **2次式** (2) **3次式** (3) **2次式** (4) **1次式**

解き方
次数が●の式を●次式といいます。
(2)次数が3なので，3次式です。
(3)次数が2なので，2次式です。

p.11　ぴたトレ1

1 (1) **$3a-b$** (2) **$-2x-y$**
(3) **$2x^2-9x$** (4) **$2a^2-a$**

解き方
同じ文字の項どうしをまとめます。
(1) $4a-3b-a+2b=4a-a-3b+2b$
$=(4-1)a+(-3+2)b$
$=3a-b$

(2) $3x+3y-5x-4y=3x-5x+3y-4y$
$=(3-5)x+(3-4)y$
$=-2x-y$
(3) $x^2-7x-2x+x^2=x^2+x^2-7x-2x$
$=(1+1)x^2+(-7-2)x$
$=2x^2-9x$
(4) $-3a^2+2a+5a^2-3a=-3a^2+5a^2+2a-3a$
$=(-3+5)a^2+(2-3)a$
$=2a^2-a$

2 (1) $\boldsymbol{7x-3y}$ (2) $\boldsymbol{-0.4a+10b}$
(3) $\boldsymbol{5x-5y}$ (4) $\boldsymbol{7x^2-5x+2}$
(5) $\boldsymbol{6a+2b}$ (6) $\boldsymbol{4x^2-x-5}$

解き方
かっこをはずしてから同類項をまとめます。
(1) $(2x+3y)+(5x-6y)=2x+3y+5x-6y$
$=2x+5x+3y-6y$
$=7x-3y$
(2) $(-0.7a+8b)+(0.3a+2b)$
$=-0.7a+8b+0.3a+2b$
$=-0.7a+0.3a+8b+2b$
$=-0.4a+10b$
(3) $(3x-2y-1)+(2x-3y+1)$
$=3x-2y-1+2x-3y+1$
$=3x+2x-2y-3y-1+1$
$=5x-5y$
(4) $(4x^2+x-3)+(-6x+3x^2+5)$
$=4x^2+x-3-6x+3x^2+5$
$=4x^2+3x^2+x-6x-3+5$
$=7x^2-5x+2$

(5)
$$\begin{array}{r} 4a-3b \\ +)\ 2a+5b \\ \hline 6a+2b \end{array}$$
(6)
$$\begin{array}{r} 3x^2+2x-7 \\ +)\ x^2-3x+2 \\ \hline 4x^2-x-5 \end{array}$$

3 (1) $\boldsymbol{x-2y}$ (2) $\boldsymbol{8a+4b}$
(3) $\boldsymbol{-2x-2y+4}$ (4) $\boldsymbol{3x^2-10x+8}$
(5) $\boldsymbol{-8a^2+2b}$ (6) $\boldsymbol{4x^2-2x}$

解き方
ひく式の各項の符号を変えて，項を加えます。
(1) $(3x-5y)-(2x-3y)=3x-5y-2x+3y$
$=3x-2x-5y+3y$
$=x-2y$
(2) $(6a+8b)-(-2a+4b)=6a+8b+2a-4b$
$=6a+2a+8b-4b$
$=8a+4b$
(3) $(3x+2y+1)-(5x-3+4y)$
$=3x+2y+1-5x+3-4y$
$=3x-5x+2y-4y+1+3$
$=-2x-2y+4$
(4) $(2x^2-3x+5)-(-3+7x-x^2)$
$=2x^2-3x+5+3-7x+x^2$
$=2x^2+x^2-3x-7x+5+3$
$=3x^2-10x+8$

(5)
$$\begin{array}{r} -5a^2+4b \\ -)\ 3a^2+2b \\ \hline -8a^2+2b \end{array}$$
(6)
$$\begin{array}{r} 3x^2-x+4 \\ -)\ -x^2+x+4 \\ \hline 4x^2-2x \end{array}$$

p.13 ぴたトレ1

1 (1) $\boldsymbol{12xy}$ (2) $\boldsymbol{6a^2}$ (3) $\boldsymbol{-3xy}$
(4) $\boldsymbol{-16ab^2}$ (5) $\boldsymbol{-4x^3}$ (6) $\boldsymbol{24a^3b}$

解き方
係数の積と文字の積をかけます。
(1) $4x\times3y=4\times3\times x\times y$
$=12xy$
(2) $(-2a)\times(-3a)=-2\times(-3)\times a\times a$
$=6a^2$
(3) $15y\times\left(-\frac{1}{5}x\right)=15\times\left(-\frac{1}{5}\right)\times y\times x$
$=-3xy$
(4) $(-8b^2)\times2a=-8\times2\times b^2\times a$
$=-16ab^2$
(5) $(-x)^2\times(-4x)=x^2\times(-4x)$
$=-4\times x^2\times x$
$=-4x^3$
(6) $6ab\times(-2a)^2=6ab\times(-2a)\times(-2a)$
$=6\times(-2)\times(-2)\times ab\times a\times a$
$=24a^3b$

2 (1) $\boldsymbol{5b}$ (2) $\boldsymbol{-2y^2}$
(3) $\boldsymbol{-12y}$ (4) $\boldsymbol{12a^2}$

解き方
分数の形にするか，乗法になおして計算します。
約分できるときは約分します。
(1) $(-15ab)\div(-3a)=\frac{15ab}{3a}$
$=5b$
(2) $(-6y^3)\div3y=-\frac{6\times y\times y\times y}{3\times y}$
$=-2y^2$
(3) $8xy\div\left(-\frac{2}{3}x\right)=8xy\times\left(-\frac{3}{2x}\right)$
$=-\frac{8\times x\times y\times3}{2\times x}$
$=-12y$
(4) $\frac{6}{5}a^2b\div\frac{1}{10}b=\frac{6}{5}a^2b\times\frac{10}{b}$
$=\frac{6\times a\times a\times b\times10}{5\times b}$
$=12a^2$

3 (1)$\boldsymbol{15a}$ (2)$\boldsymbol{2}$
(3)$\boldsymbol{-xy}$ (4)$\boldsymbol{-3b^3}$

解き方 除法を乗法になおして計算します。

(1)$5a^2b\div ab\times 3=5a^2b\times\frac{1}{ab}\times 3$
$=\frac{5a^2b\times 3}{ab}$
$=15a$

(2)$(-4x^2)\div(-2x)\div x=(-4x^2)\times\left(-\frac{1}{2x}\right)\times\frac{1}{x}$
$=\frac{4x^2}{2x\times x}=2$

(3)$3x^2y\times(-3y)\div 9xy=3x^2y\times(-3y)\times\frac{1}{9xy}$
$=-\frac{3x^2y\times 3y}{9xy}=-xy$

(4)$4ab^2\times 6b^2\div(-8ab)$
$=4ab^2\times 6b^2\times\left(-\frac{1}{8ab}\right)$
$=-\frac{4ab^2\times 6b^2}{8ab}$
$=-3b^3$

p.15 ぴたトレ 1

1 (1)$\boldsymbol{28a-4b}$ (2)$\boldsymbol{4x-6y}$
(3)$\boldsymbol{-4a+2b}$ (4)$\boldsymbol{-2x+y+3}$

解き方 分配法則を使って計算します。

(1)$4(7a-b)=4\times 7a+4\times(-b)$
$=28a-4b$

(2)$8\left(\frac{1}{2}x-\frac{3}{4}y\right)=8\times\frac{1}{2}x+8\times\left(-\frac{3}{4}y\right)$
$=4x-6y$

(3)$(-12a+6b)\div 3=\frac{-12a+6b}{3}$
$=-4a+2b$

(4)$(-18x+9y+27)\div 9=\frac{-18x+9y+27}{9}$
$=-2x+y+3$

2 (1)$\boldsymbol{5x-7y}$ (2)$\boldsymbol{-a-8b}$ (3)$\boldsymbol{-9x+14y-4}$

解き方 かっこをはずして項を並べかえてから，同類項をまとめます。

(1)$2(x+4y)+3(x-5y)$
$=2x+8y+3x-15y$
$=5x-7y$

(2)$3(3a-b)-5(2a+b)$
$=9a-3b-10a-5b$
$=-a-8b$

(3)$3(x+4y-2)-2(6x-y-1)$
$=3x+12y-6-12x+2y+2$
$=-9x+14y-4$

3 (1)$\boldsymbol{\frac{14x-15y}{12}}$ $\left(\text{または，}\boldsymbol{\frac{7}{6}x-\frac{5}{4}y}\right)$ (2)$\boldsymbol{\frac{2x+2y}{3}}$

解き方 通分するか，(分数)×(多項式)の形にします。

(1)$\frac{4x-3y}{6}+\frac{2x-3y}{4}$
$=\frac{2(4x-3y)+3(2x-3y)}{12}$
$=\frac{8x-6y+6x-9y}{12}$
$=\frac{14x-15y}{12}\left(=\frac{7}{6}x-\frac{5}{4}y\right)$

(2)$\frac{3x+y}{2}-\frac{5x-y}{6}$
$=\frac{3(3x+y)-(5x-y)}{6}$
$=\frac{9x+3y-5x+y}{6}$
$=\frac{4x+4y}{6}=\frac{2x+2y}{3}$

4 (1)$\boldsymbol{1}$ (2)$\boldsymbol{-\frac{8}{3}}$

解き方 式を簡単にしてから，数を代入します。

(1)$3(2x-3y)-2(4x-5y)$
$=6x-9y-8x+10y$
$=-2x+y$
$=-2\times(-2)-3$
$=4-3=1$

(2)$-4xy^2\div(-3y^2)$
$=\frac{-4xy^2}{-3y^2}=\frac{4}{3}x$
$=\frac{4}{3}\times(-2)=-\frac{8}{3}$

p.16～17 ぴたトレ 2

◆**1** (1)**項…$\boldsymbol{a^2}$，$\boldsymbol{-4ab}$，$\boldsymbol{\frac{b^2}{2}}$，7　定数項…7**

(2)**2**

解き方 (2)多項式の次数は，次数が最も高い項の次数になります。

◆**2** (1)$\boldsymbol{-4ab}$ (2)$\boldsymbol{4x^2}$ (3)$\boldsymbol{a+2b}$ (4)$\boldsymbol{14x^2-7x}$
(5)$\boldsymbol{11x+8y}$ (6)$\boldsymbol{-2m+6n}$ (7)$\boldsymbol{-x^2+6x-11}$
(8)$\boldsymbol{4x^2-3x-11}$ (9)$\boldsymbol{-2a+8b+7}$ (10)$\boldsymbol{2x^2-8xy}$
(11)$\boldsymbol{13x+9y}$ (12)$\boldsymbol{-3a+4b+10}$

解き方
(1)$6ab-10ab=(6-10)ab=-4ab$
(2)$-9x^2+15x^2-2x^2=(-9+15-2)x^2=4x^2$
(3)$4a+3b-3a-b=(4-3)a+(3-1)b=a+2b$
(4)$8x^2+5x-12x+6x^2=(8+6)x^2+(5-12)x$
$=14x^2-7x$

(5) $(7x-y)+(4x+9y)=7x-y+4x+9y$
$=11x+8y$

(6) $(m+2n)-(3m-4n)$
$=m+2n-3m+4n=-2m+6n$

(7) $(x^2+2x-6)+(-2x^2+4x-5)$
$=x^2+2x-6-2x^2+4x-5$
$=-x^2+6x-11$

(8) $(3x^2-x-6)-(5+2x-x^2)$
$=3x^2-x-6-5-2x+x^2$
$=4x^2-3x-11$

(9) $(2a+3b+4)-(4a-5b-3)$
$=2a+3b+4-4a+5b+3$
$=-2a+8b+7$

(10) $(4x^2-7xy+y^2)-(2x^2+xy+y^2)$
$=4x^2-7xy+y^2-2x^2-xy-y^2$
$=2x^2-8xy$

(11)
$$\begin{array}{rr} & 8x-\ 4y \\ +) & 5x+13y \\ \hline & 13x+\ 9y \end{array}$$

(12)
$$\begin{array}{rr} & a-2b+\ 7 \\ -) & 4a-6b-\ 3 \\ \hline & -3a+4b+10 \end{array}$$

3 **加えた式…$5x+y+6$**
ひいた式…$7x-9y+20$

解き方
加えたときは,
$(6x-4y+13)+(-x+5y-7)$
$=6x-4y+13-x+5y-7$
$=5x+y+6$
ひいたときは,
$(6x-4y+13)-(-x+5y-7)$
$=6x-4y+13+x-5y+7$
$=7x-9y+20$

4 (1) $\boldsymbol{-10a^2}$ (2) $\boldsymbol{-216x^3}$ (3) $\boldsymbol{-18x^3y^4}$
(4) $\boldsymbol{\frac{4}{5}a}$ (5) $\boldsymbol{7xz}$ (6) $\boldsymbol{-24ab^2}$

解き方
(2) $(-6x)^3=(-6x)\times(-6x)\times(-6x)$
$=-216x^3$

(3) $(-3xy)^2\times(-2xy^2)$
$=(-3xy)\times(-3xy)\times(-2xy^2)$
$=(-3)\times(-3)\times(-2)\times xy\times xy\times xy^2$
$=-18x^3y^4$

(4) $\frac{2}{3}a^2b\div\frac{5}{6}ab=\frac{2a^2b}{3}\times\frac{6}{5ab}$
$=\frac{2a^2b\times6}{3\times5ab}$
$=\frac{4}{5}a$

(5) $28x^3y^2z^3\div(-2xyz)^2=28x^3y^2z^3\div4x^2y^2z^2$
$=\frac{28x^3y^2z^3}{4x^2y^2z^2}=7xz$

(6) $a^2b\div\left(-\frac{1}{4}a\right)\times6b=a^2b\times\left(-\frac{4}{a}\right)\times6b$
$=-24ab^2$

5 (1) $\boldsymbol{8a+12b}$ (2) $\boldsymbol{-54x+42y}$
(3) $\boldsymbol{5a-6b}$ (4) $\boldsymbol{3x^2-2x+5}$

解き方
(1) $4(2a+3b)=4\times2a+4\times3b$
$=8a+12b$

(2) $-6(9x-7y)=(-6)\times9x+(-6)\times(-7y)$
$=-54x+42y$

(3) $(15a-18b)\div3=\frac{15a-18b}{3}$
$=5a-6b$

(4) $(-21x^2+14x-35)\div(-7)$
$=\frac{-21x^2+14x-35}{-7}$
$=\frac{-21x^2}{-7}+\frac{14x}{-7}-\frac{35}{-7}$
$=3x^2-2x+5$

6 (1) $\boldsymbol{2a+14b}$ (2) $\boldsymbol{17y}$ (3) $\boldsymbol{x-7y}$
(4) $\boldsymbol{\frac{x-y}{24}}$ **(または, $\boldsymbol{\frac{1}{24}x-\frac{1}{24}y}$)**

解き方
(1) $4(a+3b)-2(a-b)=4a+12b-2a+2b$
$=4a-2a+12b+2b$
$=2a+14b$

(2) $2(6x+y)+3(-4x+5y)$
$=12x+2y-12x+15y=17y$

(3) $\frac{1}{3}(18x-12y)-15\left(\frac{x}{3}+\frac{y}{5}\right)$
$=6x-4y-5x-3y=x-7y$

(4) $\frac{15x-7y}{8}-\frac{11x-5y}{6}$
$=\frac{3(15x-7y)-4(11x-5y)}{24}$
$=\frac{45x-21y-44x+20y}{24}=\frac{x-y}{24}$

7 (1) $\boldsymbol{27}$ (2) $\boldsymbol{-\frac{81}{16}}$

解き方
(1) $3(a-3b)-4(2a+b)$
$=3a-9b-8a-4b=-5a-13b$
$=-5\times5-13\times(-4)=-25+52=27$

(2) $6xy\times(-3xy)^2\div(-2y)^2$
$=6xy\times9x^2y^2\div4y^2$
$=\frac{6xy\times9x^2y^2}{4y^2}=\frac{27x^3y}{2}$
$=\frac{27}{2}\times\left(\frac{1}{2}\right)^3\times(-3)$
$=\frac{27}{2}\times\frac{1}{8}\times(-3)=-\frac{81}{16}$

理解のコツ

- 多項式の減法は，ひく式の符号を変えて加法の計算をします。
- 多項式と数との乗法でかっこをはずすときは，かっこの中の項すべてに数をかけます。
- 式に数を代入するときは，式をできるだけ簡単にしてから，数を代入します。

p.19 ぴたトレ1

1 (1)**AB…πx　BC…$2\pi x$**

(2)**ABの長さをxとすると，AB，BCをそれぞれ直径とする2つの半円の弧の長さの和は，**

$$\pi x \div 2 + 2\pi x \div 2 = \frac{1}{2}\pi x + \pi x = \frac{3}{2}\pi x$$

ACを直径とする半円の弧の長さは，

$$3\pi x \div 2 = \frac{3}{2}\pi x$$

したがって，AB，BCをそれぞれ直径とする2つの半円の弧の長さの和は，ACを直径とする半円の弧の長さと等しくなる。

解き方
(1)BC$=2x$より，BCを直径とする円の円周の長さは，$2x \times \pi = 2\pi x$
(2)AC$=3x$より，ACを直径とする円の円周の長さは，$3x \times \pi = 3\pi x$

2 **2桁の自然数の十の位の数をx，一の位の数をyとすると，もとの自然数は$10x+y$，入れかえてできる自然数は$10y+x$と表せる。もとの自然数と入れかえてできる数を2倍した数との和は，**

$$10x+y+2(10y+x) = 10x+y+20y+2x$$
$$=12x+21y$$
$$=3(4x+7y)$$

$4x+7y$は整数だから，$3(4x+7y)$は3の倍数である。したがって，2桁の自然数と，その自然数の十の位の数と一の位の数を入れかえてできる数を2倍した数との和は，3の倍数になる。

解き方
倍数というときには，0や負の数も考えます。3の倍数は，3×(整数)として表すことのできる数です。

3 (1)**$y=3x-4$**　(2)**$b=4n-a$**

(3)**$a=\frac{\ell-2b}{2}$（または，$a=\frac{\ell}{2}-b$）**

(4)**$x=\frac{3n-y}{2}$（または，$x=\frac{3}{2}n-\frac{1}{2}y$）**

解き方
解きたい文字をふくむ項を左辺に，それ以外の項を右辺に移項し，両辺を解きたい文字の係数でわります。

(1)$9x$を移項して，$-3y=-9x+12$
両辺を-3でわると，$y=3x-4$

(2)左辺と右辺を入れかえて，$a+b=4n$
aを移項して，$b=4n-a$

(3)次のように2通りのやり方があります。
①かっこをはずすと，$\ell=2a+2b$
左辺と右辺を入れかえて，$2b$を移項すると，
$2a=\ell-2b$
両辺を2でわって，$a=\frac{\ell-2b}{2}$
②左辺と右辺を入れかえて，両辺を2でわると，
$a+b=\frac{\ell}{2}$
bを移項して，$a=\frac{\ell}{2}-b$

(4)左辺と右辺を入れかえて，両辺に3をかけると，
$2x+y=3n$
yを移項して，両辺を2でわると，　$x=\frac{3n-y}{2}$

p.20～21 ぴたトレ2

◆1 (1)**$14ab$**　(2)**$\frac{28}{9}$倍**　(3)**$\frac{61}{2}ab$**

解き方
(1)$\triangle ABE = \frac{1}{2} \times 4a \times (3b+4b) = 14ab$
(2)$\triangle DEF = \frac{1}{2} \times 3a \times 3b = \frac{9}{2}ab$
よって，(1)より，
$14ab \div \frac{9}{2}ab = 14ab \times \frac{2}{9ab} = \frac{28}{9}$(倍)
(3)(長方形ABCDの面積)－(△ABEの面積)
－(△DEFの面積)
$=(3b+4b)\times(4a+3a)-14ab-\frac{9}{2}ab$
$=49ab-14ab-\frac{9}{2}ab$
$=\left(\frac{70}{2}-\frac{9}{2}\right)ab=\frac{61}{2}ab$

◆2 (1)**$A=100a+10b+c$**

(2)**$A=100a+10b+c$であり，Aの百の位の数と十の位の数を入れかえてできる数Bは，$B=100b+10a+c$となる。**

$$A-B=(100a+10b+c)-(100b+10a+c)$$
$$=100a+10b+c-100b-10a-c$$
$$=90a-90b=90(a-b)$$

ここで，$a-b$は整数だから，$90(a-b)$は90の倍数である。
したがって，$A-B$は90の倍数である。

解き方

(2)整数Bの百の位の数はb，十の位の数はa，一の位の数はcなので，
$B=100b+10a+c$

3 (1)$y=-\dfrac{2}{3}x$

(2)$y=\dfrac{5x-6}{2}$ $\left(\text{または，} y=\dfrac{5}{2}x-3\right)$

(3)$a=b+2c$　(4)$x=-\dfrac{2}{3}y+2$

解き方

解きたい文字をふくむ項を左辺に，それ以外の項を右辺に移項し，両辺を解きたい文字の係数でわります。

(1)$3y=-2x$より，両辺を3でわって，
$y=-\dfrac{2}{3}x$

(2)$-2y=-5x+6$より，両辺を-2でわって，
$y=\dfrac{5x-6}{2}$

(3)左辺と右辺を入れかえて，両辺に2をかけると，
$a-b=2c$
bを移項して，$a=b+2c$

(4)$\dfrac{y}{3}$を移項すると，$\dfrac{x}{2}=-\dfrac{y}{3}+1$より，両辺に2をかけて，$x=-\dfrac{2}{3}y+2$

4 (1)$100=ax+y$　(2)$a=\dfrac{100-y}{x}$　(3)6

解き方

(1)100を自然数xでわったときの商がa，余りがyなので，$100=ax+y$

(2)(1)の両辺を入れかえて，$ax+y=100$
yを移項して，両辺をxでわると，$a=\dfrac{100-y}{x}$

(3)$x=16$，$y=4$を(2)の式に代入すると，
$a=\dfrac{100-4}{16}=6$

5 (1)$2a^2+4ab$(cm²)　(2)$\dfrac{9}{2}a^2b$ cm³　(3)$\dfrac{9}{2}$倍

解き方

(1)$a^2\times2+ab\times4=2a^2+4ab$

(2)$3a\times3a\times\dfrac{1}{2}b=\dfrac{9}{2}a^2b$

(3)$\dfrac{9}{2}a^2b\div(a\times a\times b)=\dfrac{9a^2b}{2}\times\dfrac{1}{a^2b}=\dfrac{9}{2}$

理解のコツ

・単項式の計算では，乗法，除法は文字の種類と関係なくできますが，加法，減法は同類項どうししかできません。

・「～について解く」という問題では，解く文字の入った項を左辺に移項します。

p.22~23　ぴたトレ3

1 (1)㋑，㋒　(2)x，$-6x^2$，3　(3)-4

解き方

(3)定数項とは，文字がふくまれていない項です。

2 (1)$7a+b$　(2)$-4x^2+2x$

(3)$10x-5y$　(4)$3a-14b$

(5)$2x^3y$　(6)$-\dfrac{2}{3}m$　(7)$-16a^2$　(8)$\dfrac{2}{9}y$

解き方

(1)$3a-b+4a+2b$
$=3a+4a-b+2b$
$=(3+4)a+(-1+2)b$
$=7a+b$

(2)$-3x^2+7x-5x-x^2$
$=-3x^2-x^2+7x-5x$
$=(-3-1)x^2+(7-5)x$
$=-4x^2+2x$

(3)$(9x+2y)+(x-7y)$
$=9x+x+2y-7y$
$=(9+1)x+(2-7)y$
$=10x-5y$

(4)$(2a-11b)-(-a+3b)$
$=2a-11b+a-3b=3a-14b$

(5)$\left(-\dfrac{1}{3}x\right)^2\times18xy$
$=\dfrac{1}{9}x^2\times18xy=\dfrac{x^2\times18xy}{9}=2x^3y$

(6)$\dfrac{4}{9}m^3\div\left(-\dfrac{2}{3}m^2\right)=\dfrac{4}{9}m^3\times\left(-\dfrac{3}{2m^2}\right)$
$=-\dfrac{4m^3\times3}{9\times2m^2}=-\dfrac{2}{3}m$

(7)$(-2a)^3\div3a^2\times6a=-8a^3\div3a^2\times6a$
$=-\dfrac{8a^3\times6a}{3a^2}=-16a^2$

(8)$3y\times\left(-\dfrac{2}{3}y\right)^2\div6y^2$
$=3y\times\dfrac{4}{9}y^2\times\dfrac{1}{6y^2}=\dfrac{3y\times4y^2\times1}{9\times6y^2}=\dfrac{2}{9}y$

3 (1)$-12x+15y$　(2)$-3ab-2a$

(3)$6a+30b$　(4)$-x$

(5)$\dfrac{-9x+y}{6}$ $\left(\text{または，}-\dfrac{3}{2}x+\dfrac{1}{6}y\right)$

解き方

(1)$-3(4x-5y)$
$=(-3)\times4x+(-3)\times(-5y)=-12x+15y$

(2)$(12ab+8a)\div(-4)$
$=\dfrac{12ab}{-4}+\dfrac{8a}{-4}=-3ab-2a$

(3)$8(3a+2b)-2(9a-7b)$
$=24a+16b-18a+14b=6a+30b$

(4) $-0.2(7x-4y)+4(0.1x-0.2y)$
$=-1.4x+0.8y+0.4x-0.8y=-x$
(5) $\frac{3x-y}{2}-\frac{3x-2y}{3}-2x$
$=\frac{3(3x-y)}{6}-\frac{2(3x-2y)}{6}-\frac{12x}{6}$
$=\frac{9x-3y-6x+4y-12x}{6}=\frac{-9x+y}{6}$

❹ **(1) −1　(2) 4**

解き方
(1) $5(2x-y)-2(3x-4y)$
$=10x-5y-6x+8y=4x+3y$
$=4\times\frac{1}{4}+3\times\left(-\frac{2}{3}\right)=1-2=-1$
(2) $\left(\frac{1}{2}ab\right)^2\div\left(-\frac{3}{8}ab\right)=\frac{a^2b^2}{4}\times\left(-\frac{8}{3ab}\right)$
$=-\frac{2}{3}ab=-\frac{2}{3}\times(-1)\times6=4$

❺ **(1) $y=\frac{8x-6}{9}$ $\left(\text{または，}y=\frac{8}{9}x-\frac{2}{3}\right)$**
(2) $a=\frac{y}{2}-x$ $\left(\text{または，}a=\frac{y-2x}{2}\right)$

解き方
方程式と同じように，移項と等式の性質を使って変形します。
(1) $8x-9y=6$
$8x$を移項して，$-9y=-8x+6$
両辺を-9でわって，$y=\frac{8x-6}{9}$
(2) $y=2(x+a)$
両辺を入れかえて，$2(x+a)=y$
両辺を2でわって，$x+a=\frac{y}{2}$
xを移項して，$a=\frac{y}{2}-x$
別解　$y=2(x+a)$
かっこをはずして，$y=2x+2a$
両辺を入れかえて，$2x+2a=y$
$2x$を移項して，$2a=y-2x$
両辺を2でわって，$a=\frac{y-2x}{2}$

❻ **連続する3つの自然数をn，$n+1$，$n+2$と表す。ただし，nは自然数とする。**
連続する3つの自然数の平均は，
$$\frac{n+(n+1)+(n+2)}{3}=\frac{3n+3}{3}=n+1$$
$n+1$は，連続する3つの自然数の真ん中の数である。
したがって，連続する3つの自然数の平均は，真ん中の数に等しくなる。

解き方
連続する3つの自然数は，1ずつ大きくなるので，いちばん小さい自然数をnとすると，残りの2つの自然数は$n+1$，$(n+1)+1=n+2$と表せます。

❼ **もとの円錐の底面の円の半径をr，高さをhとすると，**
もとの円錐の体積Vは，
$$V=\frac{1}{3}\times\pi\times r^2\times h=\frac{1}{3}\pi r^2h$$
ここで，底面の円の半径の2倍は$2r$，高さの3倍は$3h$より，この円錐の体積V'は，
$$V'=\frac{1}{3}\times\pi\times(2r)^2\times3h=4\pi r^2h$$
$$4\pi r^2h\div\frac{1}{3}\pi r^2h=12$$
したがって，体積はもとの円錐の12倍になる。

解き方
円錐の体積を求める公式にあてはめます。半径rの2倍は$2r$，高さhの3倍は$3h$となります。

2章　連立方程式

p.25　ぴたトレ0

1 (1) $x=-15$　(2) $x=5$　(3) $x=14$
(4) $x=4$　(5) $x=-5$　(6) $x=2$

解き方
(4)両辺に10をかけると，
$7x-26=-4x+18$
$11x=44$，$x=4$
(6)両辺に分母の最小公倍数20をかけて分母をはらうと，
$\frac{x+3}{5}\times 20=\frac{3x-2}{4}\times 20$
$(x+3)\times 4=(3x-2)\times 5$
$4x+12=15x-10$
$-11x=-22$，$x=2$

2 9人

解き方
色紙の枚数を，2通りの配り方で，それぞれ式に表します。
生徒の人数をx人とすると，
$4x+15=6x-3$
$4x-6x=-3-15$
$-2x=-18$
$x=9$
これは，問題の答えとしてよいです。

3 プリン　8個，シュークリーム　4個

解き方
プリンをx個とするとシュークリームの個数は$12-x$(個)となります。
代金について式をつくると，
$120x+150(12-x)+100=1660$
$120x+1800-150x+100=1660$
$120x-150x=1660-1800-100$
$-30x=-240$
$x=8$
これは，問題の答えとしてよいです。
シュークリームは　$12-8=4$(個)

p.27　ぴたトレ1

1 (1)①

x	-2	-1	0	1	2
y	-7	-3	1	5	9

②

x	-2	-1	0	1	2
y	$\frac{13}{2}$	6	$\frac{11}{2}$	5	$\frac{9}{2}$

(2) $\begin{cases} x=1 \\ y=5 \end{cases}$

解き方
(1)①の式をyについて解くと，$y=4x+1$
②の式をyについて解くと，$y=\frac{11-x}{2}$
それぞれの式にxの値を代入して，yの値を求めます。
(2)(1)の表から，①，②を両方とも成り立たせるx，yの値の組を求めます。

2 ㋐

解き方
x，yの値の組を，連立方程式に代入して調べます。
㋐　$x+y=4+2=6$
$x+2y=4+2\times 2=8$
㋑　$x+y=4+(-2)=2$
$x+2y=4+2\times(-2)=0$
㋒　$x+y=-4+2=-2$
$x+2y=-4+2\times 2=0$
㋓　$x+y=-4+(-2)=-6$
$x+2y=-4+2\times(-2)=-8$

3 (1) $\begin{cases} x=2 \\ y=4 \end{cases}$　(2) $\begin{cases} x=2 \\ y=-3 \end{cases}$
(3) $\begin{cases} x=-8 \\ y=-1 \end{cases}$　(4) $\begin{cases} x=-1 \\ y=-\frac{2}{3} \end{cases}$

解き方
(1) $\begin{cases} x+y=6 & \cdots ① \\ x-y=-2 & \cdots ② \end{cases}$
① $x+y=6$
② $+)\ x-y=-2$
$2x=4$
$x=2$
$x=2$を①に代入すると，
$2+y=6$，$y=4$
(2) $\begin{cases} x-2y=8 & \cdots ① \\ x+2y=-4 & \cdots ② \end{cases}$
① $x-2y=8$
② $-)\ x+2y=-4$
$-4y=12$
$y=-3$
$y=-3$を①に代入すると，
$x-2\times(-3)=8$，$x+6=8$，$x=2$
(3) $\begin{cases} -x+4y=4 & \cdots ① \\ x-3y=-5 & \cdots ② \end{cases}$
① $-x+4y=4$
② $+)\ x-3y=-5$
$y=-1$
$y=-1$を②に代入すると，
$x-3\times(-1)=-5$，$x+3=-5$，$x=-8$

(4) $\begin{cases} 5x-3y=-3 & \cdots① \\ 8x-3y=-6 & \cdots② \end{cases}$

① $5x-3y=-3$
② $-)\ 8x-3y=-6$
$-3x=3$
$x=-1$
$x=-1$を①に代入すると,
$5\times(-1)-3y=-3,\ -3y=2,\ y=-\frac{2}{3}$

p.29 ぴたトレ1

1 (1) $\begin{cases} x=0 \\ y=2 \end{cases}$ (2) $\begin{cases} x=-2 \\ y=4 \end{cases}$ (3) $\begin{cases} x=2 \\ y=1 \end{cases}$ (4) $\begin{cases} x=1 \\ y=-2 \end{cases}$

解き方

(1) $\begin{cases} x+2y=4 & \cdots① \\ 4x+3y=6 & \cdots② \end{cases}$

①×4 $4x+8y=16$
② $-)\ 4x+3y=6$
$5y=10$
$y=2$
$y=2$を①に代入すると,
$x+2\times2=4,\ x=0$

(2) $\begin{cases} 2x+3y=8 & \cdots① \\ x+y=2 & \cdots② \end{cases}$

① $2x+3y=8$
②×2 $-)\ 2x+2y=4$
$y=4$
$y=4$を②に代入すると,
$x+4=2,\ x=-2$

(3) $\begin{cases} 2x+y=5 & \cdots① \\ x-4y=-2 & \cdots② \end{cases}$

① $2x+y=5$
②×2 $-)\ 2x-8y=-4$
$9y=9$
$y=1$
$y=1$を②に代入すると,
$x-4\times1=-2,\ x=2$

(4) $\begin{cases} 2x-y=4 & \cdots① \\ 5x+4y=-3 & \cdots② \end{cases}$

①×4 $8x-4y=16$
② $+)\ 5x+4y=-3$
$13x=13$
$x=1$
$x=1$を①に代入すると,
$2\times1-y=4,\ -y=2,\ y=-2$

2 (1) $\begin{cases} x=3 \\ y=2 \end{cases}$ (2) $\begin{cases} x=2 \\ y=1 \end{cases}$ (3) $\begin{cases} x=5 \\ y=-7 \end{cases}$ (4) $\begin{cases} x=1 \\ y=-1 \end{cases}$

解き方

(1) $\begin{cases} -2x+3y=0 & \cdots① \\ 3x-2y=5 & \cdots② \end{cases}$

①×3 $-6x+9y=0$
②×2 $+)\ 6x-4y=10$
$5y=10$
$y=2$
$y=2$を①に代入すると,
$-2x+3\times2=0,\ -2x=-6,\ x=3$

(2) $\begin{cases} 3x+4y=10 & \cdots① \\ 5x-3y=7 & \cdots② \end{cases}$

①×3 $9x+12y=30$
②×4 $+)\ 20x-12y=28$
$29x=58$
$x=2$
$x=2$を①に代入すると,
$3\times2+4y=10,\ 4y=4,\ y=1$

(3) $\begin{cases} 3x+2y=1 & \cdots① \\ 4x+5y=-15 & \cdots② \end{cases}$

①×5 $15x+10y=5$
②×2 $-)\ 8x+10y=-30$
$7x=35$
$x=5$
$x=5$を①に代入すると,
$3\times5+2y=1,\ 2y=-14,\ y=-7$

(4) $\begin{cases} 2x-6y=8 & \cdots① \\ 3x+4y=-1 & \cdots② \end{cases}$

①×3 $6x-18y=24$
②×2 $-)\ 6x+8y=-2$
$-26y=26$
$y=-1$
$y=-1$を②に代入すると,
$3x+4\times(-1)=-1,\ 3x=3,\ x=1$

3 (1) $\begin{cases} x=-8 \\ y=4 \end{cases}$ (2) $\begin{cases} x=1 \\ y=2 \end{cases}$ (3) $\begin{cases} x=1 \\ y=-4 \end{cases}$ (4) $\begin{cases} x=-4 \\ y=-5 \end{cases}$

解き方

(1) $\begin{cases} 3x-2y=-32 & \cdots① \\ x=-2y & \cdots② \end{cases}$

②を①に代入すると,
$3\times(-2y)-2y=-32,\ \ -8y=-32,\ y=4$
$y=4$を②に代入すると,
$x=-2\times4,\ x=-8$

(2) $\begin{cases} x=2y-3 & \cdots① \\ 8x+y=10 & \cdots② \end{cases}$

①を②に代入すると，

$8(2y-3)+y=10$，$17y=34$，$y=2$

$y=2$を①に代入すると，

$x=2\times2-3$，$x=1$

(3) $\begin{cases} y=3x-7 & \cdots① \\ 3x-2y=11 & \cdots② \end{cases}$

①を②に代入すると，

$3x-2(3x-7)=11$，$-3x=-3$，$x=1$

$x=1$を①に代入すると，

$y=3\times1-7$，$y=-4$

(4) $\begin{cases} y=5x+15 & \cdots① \\ y=-3x-17 & \cdots② \end{cases}$

①を②に代入すると，

$5x+15=-3x-17$，$8x=-32$，$x=-4$

$x=-4$を①に代入すると，

$y=5\times(-4)+15$，$y=-5$

p.31

ぴたトレ1

1 (1) $\begin{cases} \boldsymbol{x=4} \\ \boldsymbol{y=2} \end{cases}$　(2) $\begin{cases} \boldsymbol{x=3} \\ \boldsymbol{y=5} \end{cases}$

解き方

(1) $2(x-y)-y=2$を整理すると，

$2x-3y=2$だから，

$\begin{cases} 2x+y=10 & \cdots① \\ 2x-3y=2 & \cdots② \end{cases}$

$$\begin{array}{lr} ① & 2x+y=10 \\ ② & -)\,2x-3y=2 \\ \hline & 4y=8,\ y=2 \end{array}$$

$y=2$を①に代入すると，

$2x+2=10$，$2x=8$，$x=4$

(2) $5x+3(x-2y)=-6$を整理すると，

$8x-6y=-6$だから，

$\begin{cases} 8x-6y=-6 & \cdots① \\ -4x+y=-7 & \cdots② \end{cases}$

$$\begin{array}{lr} ① & 8x-6y=-6 \\ ②\times2 & +)\,-8x+2y=-14 \\ \hline & -4y=-20,\ y=5 \end{array}$$

$y=5$を②に代入すると，

$-4x+5=-7$，$-4x=-12$，$x=3$

2 (1) $\begin{cases} \boldsymbol{x=3} \\ \boldsymbol{y=-1} \end{cases}$　(2) $\begin{cases} \boldsymbol{x=5} \\ \boldsymbol{y=-3} \end{cases}$

解き方　係数に小数があるときは，両辺に10や100などをかけて，係数を整数にしてから解きます。

(1) $0.2x+0.1y=0.5$の両辺に10をかけて，

$2x+y=5$だから，

$\begin{cases} 2x+y=5 & \cdots① \\ 3x+4y=5 & \cdots② \end{cases}$

$$\begin{array}{lr} ①\times4 & 8x+4y=20 \\ ② & -)\,3x+4y=5 \\ \hline & 5x\qquad=15,\ x=3 \end{array}$$

$x=3$を①に代入すると，

$2\times3+y=5$，$y=-1$

(2) $-0.01x+0.02y=-0.11$の両辺に100をかけて，

$-x+2y=-11$だから，

$\begin{cases} 4x+y=17 & \cdots① \\ -x+2y=-11 & \cdots② \end{cases}$

$$\begin{array}{lr} ①\times2 & 8x+2y=34 \\ ② & -)\,\ x+2y=-11 \\ \hline & 9x\qquad=45,\ x=5 \end{array}$$

$x=5$を①に代入すると，

$4\times5+y=17$，$y=-3$

3 (1) $\begin{cases} \boldsymbol{x=8} \\ \boldsymbol{y=5} \end{cases}$　(2) $\begin{cases} \boldsymbol{x=4} \\ \boldsymbol{y=3} \end{cases}$

解き方　係数に分数があるときは，両辺に分母の最小公倍数をかけて，係数を整数にしてから解きます。

(1) $-\frac{1}{4}x+\frac{4}{5}y=2$の両辺に20をかけて，

$-5x+16y=40$だから，

$\begin{cases} 2x-3y=1 & \cdots① \\ -5x+16y=40 & \cdots② \end{cases}$

$$\begin{array}{lr} ①\times5 & 10x-15y=5 \\ ②\times2 & +)\,-10x+32y=80 \\ \hline & 17y=85,\ y=5 \end{array}$$

$y=5$を①に代入すると，

$2x-3\times5=1$，$2x=16$，$x=8$

(2) $\frac{x}{2}+\frac{y}{3}=3$の両辺に6をかけて，

$3x+2y=18$だから，

$\begin{cases} 3x+2y=18 & \cdots① \\ 3x-y=9 & \cdots② \end{cases}$

①－②より，$3y=9$，$y=3$

$y=3$を②に代入すると，

$3x-3=9$，$3x=12$，$x=4$

4 $\begin{cases} \boldsymbol{x=-2} \\ \boldsymbol{y=1} \end{cases}$

解き方 $\begin{cases} 2x-y=-5y & \cdots① \\ -x+3y-10=-5y & \cdots② \end{cases}$

①より，$2x=-4y$，$x=-2y$…③

②より，$-x+8y=10$…④

③を④に代入すると，$2y+8y=10$，$y=1$

$y=1$を③に代入すると，$x=-2$

p.32～33 ぴたトレ2

1 (1) $(1,\ 4)$，$(2,\ 1)$　(2) $(2,\ 1)$　(3) $\begin{cases} x=2 \\ y=1 \end{cases}$

解き方 (1) $3x+y=7$を，$y=7-3x$と変形し，xに1，2，3，…をそれぞれ代入し，yが自然数になるものを選びます。

2 (1) $\begin{cases} x=3 \\ y=2 \end{cases}$　(2) $\begin{cases} x=-2 \\ y=1 \end{cases}$

解き方 (1) $\begin{cases} 2x-y=4 & \cdots① \\ x-2y=-1 & \cdots② \end{cases}$

①－②×2より，$3y=6$，$y=2$

これを②に代入すると，$x-4=-1$，$x=3$

(2) $\begin{cases} 2x-3y=-7 & \cdots① \\ 3x+5y=-1 & \cdots② \end{cases}$

①×3－②×2より，$-19y=-19$，$y=1$

これを①に代入すると，$2x-3=-7$，$x=-2$

3 (1) $\begin{cases} x=-1 \\ y=2 \end{cases}$　(2) $\begin{cases} x=-1 \\ y=2 \end{cases}$

解き方 (1) $\begin{cases} x=3-2y & \cdots① \\ 2x-y=-4 & \cdots② \end{cases}$　①を②に代入すると，

$2(3-2y)-y=-4$，$-5y=-10$，$y=2$

これを①に代入すると，$x=3-4$，$x=-1$

(2) $\begin{cases} 5x+2y=-1 & \cdots① \\ y=3x+5 & \cdots② \end{cases}$　②を①に代入すると，

$5x+2(3x+5)=-1$，$11x=-11$，$x=-1$

これを②に代入すると，$y=-3+5$，$y=2$

4 (1) $\begin{cases} x=1 \\ y=6 \end{cases}$　(2) $\begin{cases} x=1 \\ y=-1 \end{cases}$　(3) $\begin{cases} m=\dfrac{1}{2} \\ n=-1 \end{cases}$

解き方 (1) $2x+(x-y)=-3$を整理すると，

$3x-y=-3$だから，$\begin{cases} 3x-y=-3 & \cdots① \\ 2x+y=8 & \cdots② \end{cases}$

①＋②より，$5x=5$，$x=1$

これを②に代入すると，$2+y=8$，$y=6$

(2) $3x+y-2=0$より，$3x+y=2$…①

$3(x-4)-5(y-1)=x$を整理すると，

$2x-5y=7$…②

①×5＋②より，$17x=17$，$x=1$

これを①に代入すると，$3+y=2$，$y=-1$

(3) $4(m+n)=n-1$を整理すると，

$4m+3n=-1$…①

$2m=5n+6$より，$2m-5n=6$…②

①－②×2より，$13n=-13$，$n=-1$

これを②に代入すると，$2m+5=6$，$m=\dfrac{1}{2}$

5 (1) $\begin{cases} x=1 \\ y=6 \end{cases}$　(2) $\begin{cases} x=3 \\ y=-2 \end{cases}$

解き方 (1) $0.3x-0.1y=-0.3$の両辺を10倍して，

$3x-y=-3$…①　$0.2x+0.1y=0.8$の両辺を10倍して，$2x+y=8$…②

①＋②より，$5x=5$，$x=1$

これを②に代入すると，$2+y=8$，$y=6$

(2) $x-0.25y=3.5$の両辺を4倍して，

$4x-y=14$…①　$1.3x+y=1.9$の両辺を10倍して，$13x+10y=19$…②

①×10＋②より，$53x=159$，$x=3$

これを①に代入すると，$12-y=14$，$y=-2$

6 (1) $\begin{cases} x=6 \\ y=2 \end{cases}$　(2) $\begin{cases} x=2 \\ y=1 \end{cases}$　(3) $\begin{cases} x=\dfrac{3}{2} \\ y=0 \end{cases}$

解き方 (1) $\dfrac{4}{3}x+\dfrac{1}{2}y=9$の両辺に6をかけて，

$8x+3y=54$だから，

$\begin{cases} 4x-5y=14 & \cdots① \\ 8x+3y=54 & \cdots② \end{cases}$

①×2－②より，$-13y=-26$，$y=2$

これを①に代入すると，$4x-10=14$，$x=6$

(2) $x+\dfrac{y}{3}=\dfrac{7}{3}$の両辺を3をかけて，$3x+y=7$だから，

$\begin{cases} 3x+y=7 & \cdots① \\ -2x+5y=1 & \cdots② \end{cases}$

①×5－②より，$17x=34$，$x=2$

これを①に代入すると，$6+y=7$，$y=1$

(3) $\dfrac{x-4}{5}=\dfrac{y-1}{2}$の両辺に10をかけて，

$2(x-4)=5(y-1)$，$2x-5y=3$…①

$4-\dfrac{3y-4}{8}=3x$の両辺に8をかけて，

$32-(3y-4)=24x$，$24x+3y=36$

さらに，両辺を3でわって，$8x+y=12$…②

①×4－②より，$-21y=0$，$y=0$

これを①に代入すると，$2x-0=3$，$x=\dfrac{3}{2}$

7 (1) $\begin{cases} x=3 \\ y=-1 \end{cases}$　(2) $\begin{cases} x=18 \\ y=24 \end{cases}$

解き方

(1) $0.1x=-0.3y$ の両辺に10をかけて，
$x=-3y$…①
$\frac{1}{10}x+\frac{1}{20}y=\frac{1}{4}$ の両辺に20をかけて，
$2x+y=5$…②
①を②に代入すると，$-6y+y=5$，$y=-1$
これを①に代入すると，$x=3$

(2) $0.75x-0.5(y+1)=1$ の両辺に4をかけて，
$3x-2(y+1)=4$
これを整理して，$3x-2y=6$…①
$\frac{1}{3}(x+1)+\frac{1}{4}(-y-1)=\frac{1}{12}$ の両辺に12をかけて，$4(x+1)+3(-y-1)=1$
これを整理して，$4x-3y=0$…②
①×3−②×2より，$x=18$
これを②に代入すると，$72-3y=0$，$y=24$

(1) $\begin{cases} x=3 \\ y=5 \end{cases}$　(2) $\begin{cases} x=4 \\ y=-1 \end{cases}$

解き方

(1) $\begin{cases} \frac{x+y}{2}=4 & \cdots① \\ 3x-y=4 & \cdots② \end{cases}$
①の両辺に2をかけて，$x+y=8$…③
③+②より，$4x=12$，$x=3$
これを③に代入すると，$3+y=8$，$y=5$

(2) $\begin{cases} 2x+3y=2y+7 & \cdots① \\ 4x+11y=2y+7 & \cdots② \end{cases}$
①より，$2x+y=7$　…③
②より，$4x+9y=7$　…④
③×2−④より，$-7y=7$，$y=-1$
これを③に代入すると，$2x-1=7$，$x=4$

理解のコツ

・連立方程式だけでなく，方程式では，解を求めたらその解をもとの式にあてはめて確かめる習慣をつけておこう。
・かっこと小数や分数をふくむ式は，まず，小数や分数を整数にしてから，かっこをはずします。

p.35　ぴたトレ1

1 **大人1人　200円，中学生1人　100円**

解き方

大人1人の入園料をx円，中学生1人の入園料をy円とすると，
$\begin{cases} 3x+4y=1000 & \cdots① \\ 2x+3y=700 & \cdots② \end{cases}$
①×2より，$6x+8y=2000$　…③
②×3より，$6x+9y=2100$　…④
④−③より，$y=100$
これを②に代入すると，$2x+300=700$，$x=200$
これは問題の答えとしてよいです。

2 (1)

	高速道路	一般道路	合計
道のり(km)	x	y	80
速さ(km/h)	80	30	
時間(時間)	$\frac{x}{80}$	$\frac{y}{30}$	$\frac{4}{3}$

(2) **高速道路　64km，一般道路　16km**

解き方

(2) 高速道路を走った道のりを$x$km，一般道路を走った道のりを$y$kmとして，道のりと時間の関係から連立方程式をつくります。
道のりの関係から，$x+y=80$…①
かかった時間の関係から，$\frac{x}{80}+\frac{y}{30}=\frac{4}{3}$…②
②×240より，$3x+8y=320$…③
①×3−③より，$-5y=-80$，$y=16$
これを①に代入すると，$x+16=80$，$x=64$
これは問題の答えとしてよいです。

3 **今年の電車代　420円，今年のバス代　280円**

解き方

3年前の電車代をx円，3年前のバス代をy円とすると，
3年前の電車代とバス代　$x+y=550$…①
今年の電車代とバス代
$\frac{120}{100}x+\frac{140}{100}y=700$ より，$6x+7y=3500$…②
①×6−②より，$-y=-200$，$y=200$
これを①に代入すると，$x+200=550$，$x=350$
今年の電車代は，$350\times\frac{120}{100}=420$(円)
今年のバス代は，$200\times\frac{140}{100}=280$(円)
これは問題の答えとしてよいです。

p.36〜37　ぴたトレ2

1 **りんご1個　100円，なし1個　150円**

解き方

りんご1個の値段をx円，なし1個の値段をy円とすると，$\begin{cases} 4x+3y=850 & \cdots① \\ 3x=2y & \cdots② \end{cases}$
①×2より，$8x+6y=1700$…③
②×3より，$9x=6y$…④
④を③に代入すると，$8x+9x=1700$，
$17x=1700$，$x=100$
これを②に代入すると，$300=2y$，$2y=300$，
$y=150$
これは問題の答えとしてよいです。

2 **45**

解き方

もとの自然数の十の位の数をx，一の位の数をyとすると，もとの自然数は$10x+y$，位を入れかえた数は$10y+x$となります。

これより，まず，$10y+x=10x+y+9$…①
また，各位の数の和は$x+y$であるから，
$5(x+y)=10x+y$…②
①を整理すると，
$x-10x+10y-y=9$,
$-9x+9y=9$，$-x+y=1$…③
②を整理すると，$5x+5y=10x+y$,
$5x-10x=y-5y$，$-5x=-4y$，$5x=4y$…④
③×4より，$-4x+4y=4$　この式に，
④を代入すると，$-4x+5x=4$，$x=4$
これを③に代入すると，$-4+y=1$，$y=5$
これは問題の答えとしてよいです。

3 **男子　6人，女子　5人**

解き方
男子の人数をx人，女子の人数をy人とします。まず，男子に3本，女子に2本ずつ配ると2本余ることから，
$3x+2y+2=30$…①
次に，男子に2本，女子に3本ずつ配ると3本余ることから，
$2x+3y+3=30$…②
①を整理して2倍すると，$6x+4y=56$…③
②を整理して3倍すると，$6x+9y=81$…④
④－③より，$5y=25$，$y=5$
これを①に代入すると，$3x+10+2=30$，$x=6$
これは問題の答えとしてよいです。

4 $x=4$，$y=6$

解き方
まず，人数について，
$4+16+x+2+2+5+y+7+4=50$
すなわち，$x+y=10$…①
また，A組の総得点は，
$1\times0+2\times4+3\times16+4\times x+5\times2$
$=4x+66$(点)
B組の総得点は，
$1\times2+2\times5+3\times y+4\times7+5\times4$
$=3y+60$(点)
これより，2クラスの合計得点は，
$(4x+66)+(3y+60)$
$=4x+3y+126$(点)となります。
これは，50人の総得点だから，平均点について，
$4x+3y+126=3.2\times50$…②
②を整理すると，
$4x+3y+126=160$，$4x+3y=34$…③
①×3－③より，$-x=-4$，$x=4$
これを①に代入すると，$4+y=10$，$y=6$
これは問題の答えとしてよいです。

5 **AB間　10km，BC間　15km**

解き方
AB間の道のりを$x$km，BC間の道のりを$y$kmとします。まず，AC間の道のりについて，
$x+y=25$…①
次に，かかった時間について，$\frac{x}{4}+\frac{y}{6}=5$…②
②を12倍すると，$3x+2y=60$…③
となるから，
①×2－③より，$-x=-10$，$x=10$
これを①に代入すると，$10+y=25$，$y=15$
これは問題の答えとしてよいです。

6 **兄　分速180m，弟　分速60m**

解き方
兄の速さを分速xm，弟の速さを分速ymとすると，反対方向に進むとき，
$2x+2y=480$…①
また，同じ方向に進むとき，$4x-4y=480$…②
①は，$x+y=240$，②は，$x-y=120$
となるから，①＋②より，$2x=360$，$x=180$
これを①に代入すると，$y=60$
これは問題の答えとしてよいです。

7 **食塩水A　500g，食塩水B　300g**

解き方
食塩水Aをxg，食塩水Bをyg混ぜたとすると，食塩水全体の重さについて，
$x+y+100=900$…①
また，ふくまれる食塩の重さについて，
$\frac{3}{100}x+\frac{7}{100}y=900\times\frac{4}{100}$…②
①を整理すると，$x+y=800$…③
②を整理すると，$3x+7y=3600$…④
③×3－④より，$-4y=-1200$，$y=300$
これを③に代入すると，$x=500$
これは問題の答えとしてよいです。

8 **今年の男子の生徒数　432人，**
今年の女子の生徒数　282人

解き方
昨年の男子の生徒数をx人，女子の生徒数をy人とすると，昨年の全体の人数より，
$x+y=700$　また，今年の全体の人数より，
$\frac{108}{100}x+\frac{94}{100}y=700+14$　これらを解くと，
$x=400$，$y=300$となりますが，これは昨年の人数ですから，増減を計算して今年の人数にします。
今年の男子は，$400\times\frac{108}{100}=432$(人)
今年の女子は，$300\times\frac{94}{100}=282$(人)で，
これは問題の答えとしてよいです。

下の式は，$0.08x-0.06y=14$ とつくることもでき，計算はこちらの方が楽になります。ただし，式の意味がとらえにくいので，注意が必要です。

9 **品物A　3000円，品物B　5000円**

解き方

Aの値段を x 円，Bの値段を y 円とすると，

$$\begin{cases} x:y=3:5 & \cdots① \\ \frac{9}{10}x+\frac{8}{10}y=6700 & \cdots② \end{cases}$$

①の式は，$5x=3y$ より，$5x-3y=0$…③

②の式は，両辺を10倍して，$9x+8y=67000$…④

③×9　　$45x-27y=0$

④×5　$-)\ 45x+40y=335000$

$-67y=-335000$

$y=5000$

これを③に代入すると，$x=3000$

これは問題の答えとしてよいです。

理解のコツ

・問題文をよく読み，求める値を x，y として，連立方程式をつくります。

・求めた x，y がそのまま答えになるとは限りません。問題文の題意を満たす値を求めること。

p.38~39　ぴたトレ 3

1 **(1，4)，(2，2)**

解き方

$2x+y=6$ より，$y=-2x+6$ と変形し，$x=1$，2，3，…をそれぞれ代入します。

2 **㋑**

解き方

$x=-2$，$y=-1$ をそれぞれの式に代入します。

㋑では，上の式が，$4\times(-2)-5\times(-1)=-3$，

下の式が，$3\times(-2)-4\times(-1)=-2$

と成り立つから，解になります。

3 (1) $\begin{cases} \boldsymbol{x=4} \\ \boldsymbol{y=-2} \end{cases}$　(2) $\begin{cases} \boldsymbol{a=5} \\ \boldsymbol{b=-3} \end{cases}$

(3) $\begin{cases} \boldsymbol{x=4} \\ \boldsymbol{y=-2} \end{cases}$　(4) $\begin{cases} \boldsymbol{x=-2} \\ \boldsymbol{y=-3} \end{cases}$

解き方

(1) $\begin{cases} 3x+y=10 & \cdots① \\ x-2y=8 & \cdots② \end{cases}$

①×2　　$6x+2y=20$

②　$+)\ x-2y=8$

$7x\quad=28$，$x=4$

$x=4$ を②に代入すると，$4-2y=8$，$y=-2$

(2) $\begin{cases} 3a+2b=9 & \cdots① \\ 4a+3b=11 & \cdots② \end{cases}$

①×3　　$9a+6b=27$

②×2　$-)\ 8a+6b=22$

$a\quad=5$

$a=5$ を①に代入すると，

$15+2b=9$，$2b=-6$，$b=-3$

(3) $\begin{cases} x=-4-4y & \cdots① \\ 2x+3y=2 & \cdots② \end{cases}$

①を②に代入すると，

$2(-4-4y)+3y=2$，$y=-2$

$y=-2$ を①に代入すると，$x=-4+8$，$x=4$

(4) $\begin{cases} 5x-2y=-4 & \cdots① \\ 2y=3x & \cdots② \end{cases}$

②を①に代入すると，

$5x-3x=-4$，$x=-2$

$x=-2$ を②に代入すると，$2y=-6$，$y=-3$

4 (1) $\begin{cases} \boldsymbol{m=1} \\ \boldsymbol{n=2} \end{cases}$　(2) $\begin{cases} \boldsymbol{x=22} \\ \boldsymbol{y=18} \end{cases}$

(3) $\begin{cases} \boldsymbol{x=1} \\ \boldsymbol{y=2} \end{cases}$　(4) $\begin{cases} \boldsymbol{x=7} \\ \boldsymbol{y=2} \end{cases}$

解き方

(1)上の式，下の式を整理すると，

$$\begin{cases} 3m+4n=11 & \cdots① \\ 2m+3n=8 & \cdots② \end{cases}$$

①×3　　$9m+12n=33$

②×4　$-)\ 8m+12n=32$

$m\quad=1$

$m=1$ を①に代入すると，$3+4n=11$，$n=2$

(2)$50x+70y=2360$ の両辺を10でわって，

$5x+7y=236$ だから，

$$\begin{cases} x+y=40 & \cdots① \\ 5x+7y=236 & \cdots② \end{cases}$$

①×5－②より，$-2y=-36$，$y=18$

$y=18$ を①に代入すると，$x+18=40$，$x=22$

(3)$4x+y=x-y+7$ を整理すると，$3x+2y=7$…①

$-3y=2-8x$ を整理すると，$8x-3y=2$…②

①×3＋②×2より，$25x=25$，$x=1$

$x=1$ を①に代入すると，$3+2y=7$，$y=2$

(4)$2x-y=x+5$ を整理すると，$x-y=5$…①

$2x+4y=20+y$ を整理すると，$2x+3y=20$…②

①×2－②より，$-5y=-10$，$y=2$

$y=2$ を①に代入すると，$x-2=5$，$x=7$

5 (1) $\begin{cases} \boldsymbol{x=-6} \\ \boldsymbol{y=8} \end{cases}$　(2) $\begin{cases} \boldsymbol{x=-1} \\ \boldsymbol{y=2} \end{cases}$

(3) $\begin{cases} \boldsymbol{a=6} \\ \boldsymbol{b=-1} \end{cases}$　(4) $\begin{cases} \boldsymbol{a=-4} \\ \boldsymbol{b=9} \end{cases}$

解き方

(1)下の式を整理すると，$2x+4y=20$，$x+2y=10$

だから，$\begin{cases} 3x+2y=-2 & \cdots① \\ x+2y=10 & \cdots② \end{cases}$

①－②より，$2x=-12$，$x=-6$

$x=-6$を②に代入すると，

$-6+2y=10$，$2y=16$，$y=8$

(2)$0.7x-0.3y=-1.3$の両辺に10をかけて，

$7x-3y=-13$…①

$0.2x+0.5y=0.8$の両辺に10をかけて，

$2x+5y=8$…②

①×2－②×7より，$-41y=-82$，$y=2$

$y=2$を②に代入すると，

$2x+10=8$，$2x=-2$，$x=-1$

(3)$\frac{2}{3}a-\frac{1}{4}b=\frac{17}{4}$の両辺に12をかけて，

$8a-3b=51$だから，

$\begin{cases} 4a-b=25 & \cdots① \\ 8a-3b=51 & \cdots② \end{cases}$

①×2－②より，$b=-1$

$b=-1$を①に代入すると，

$4a+1=25$，$4a=24$，$a=6$

(4)$\begin{cases} \frac{a}{2}+\frac{b}{3}=1 & \cdots① \\ 2a+b=1 & \cdots② \end{cases}$

①×6－②×2より，$-a=4$，$a=-4$

$a=-4$を②に代入すると，$-8+b=1$，$b=9$

6 $a=1$，$b=0$

解き方

$\begin{cases} a-bx=y \\ ay-b=x+2 \end{cases}$ に$x=-1$，$y=1$を

代入して，$\begin{cases} a+b=1 & \cdots① \\ a-b=1 & \cdots② \end{cases}$

①＋②より，$2a=2$，$a=1$

$a=1$を①に代入すると，$1+b=1$，$b=0$

7 **10円玉　362枚，5円玉　218枚**

解き方

枚数と合計金額についての方程式をつくります。

10円玉をx枚，5円玉をy枚とすると，

$\begin{cases} x+y=580 & \cdots① \\ 10x+5y=4710 & \cdots② \end{cases}$

①×5より，$5x+5y=2900$…③

$$\begin{array}{lrl} ② & 10x+5y & =4710 \\ ③ & -)\ 5x+5y & =2900 \\ \hline & 5x & =1810,\ x=362 \end{array}$$

$x=362$を①に代入すると，$362+y=580$，$y=218$

これは問題の答えとしてよいです。

8 **列車の長さ　160m，速さ　分速1200m**

解き方

列車が鉄橋を渡り終わったときに進んだ長さは，

(鉄橋の長さ)＋(列車の長さ)です。

列車の長さをxm，速さを分速ymとすると，

$\begin{cases} x+840=\frac{50}{60}y & \cdots① \\ x+2240=2y & \cdots② \end{cases}$

①×6より，$6x+5040=5y$…③

②より，$x=2y-2240$…④

④を③に代入すると，

$6(2y-2240)+5040=5y$，

$12y-13440+5040=5y$，

$7y=8400$，$y=1200$

$y=1200$を④に代入すると，

$x=2400-2240$，$x=160$

これは問題の答えとしてよいです。

3章 1次関数

p.41 ぴたトレ0

❶ (1) $y=4x$ (2) $y=120-x$ (3) $y=\frac{30}{x}$

比例するもの…(1)

反比例するもの…(3)

解き方 比例定数をaとすると，比例の関係は$y=ax$の形，反比例の関係は$y=\frac{a}{x}$の形で表されます。上の答えの表し方以外でも，意味があっていれば正解です。

❷

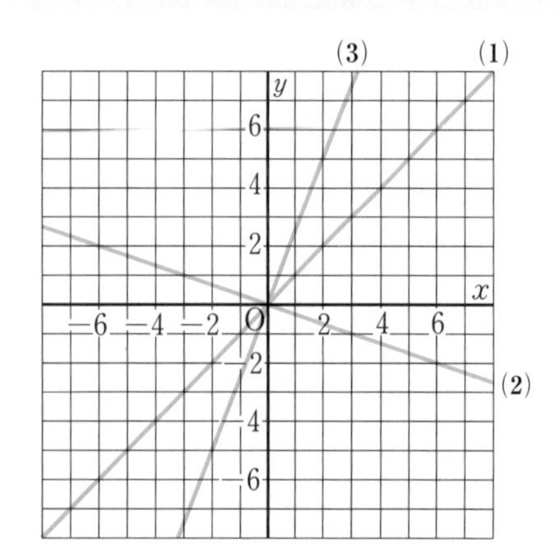

解き方 原点以外のもう1つの点は，x座標，y座標がともに整数となる点をとります。

(2)$x=3$のとき$y=-1$だから，原点と点$(3,\ -1)$の2点を結びます。

(3)$x=2$のとき$y=5$だから，原点と点$(2,\ 5)$の2点を結びます。

p.43 ぴたトレ1

1 (1)$y=30x$　1次関数であるといえる

(2)$y=x^2$　1次関数であるといえない

(3)$y=5x+20$　1次関数であるといえる

解き方 1次関数$y=ax+b$で，$b=0$のときは$y=ax$となり，yはxに比例するので，比例は1次関数の特別な場合になります。

(1)道のり＝速さ×時間

(2)正方形の面積＝1辺×1辺

(3)台形の面積＝(上底＋下底)×高さ÷2

$y=\frac{1}{2}(4+x)\times10=5(4+x)=20+5x$

2 (1)①$\frac{3}{2}$　②$\frac{3}{2}$

(2)①$\frac{3}{2}$　②6

解き方 $(\text{変化の割合})=\frac{(y\text{の増加量})}{(x\text{の増加量})}$

$(y\text{の増加量})=(\text{変化の割合})\times(x\text{の増加量})$

(1)①$\frac{13-4}{8-2}=\frac{9}{6}=\frac{3}{2}$

②$\frac{10-(-5)}{6-(-4)}=\frac{15}{10}=\frac{3}{2}$

(2)①$\frac{3}{2}\times1=\frac{3}{2}$

②$\frac{3}{2}\times4=6$

3 -6

解き方 1次関数$y=ax+b$では，その変化の割合は一定であり，aに等しいです。

$-2\times(4-1)=-6$

p.45 ぴたトレ1

1

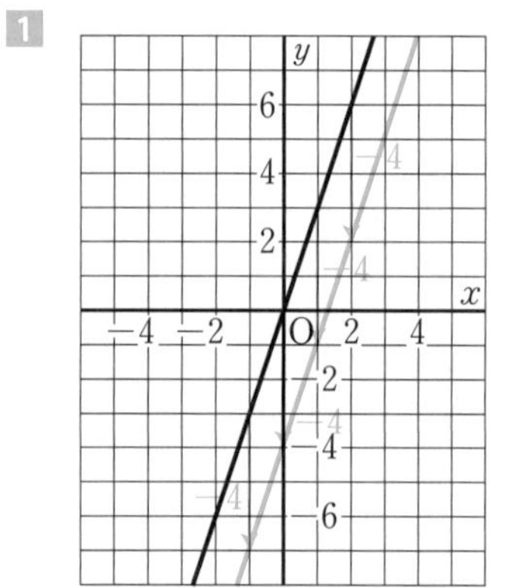

y軸の正の向きに-4だけ平行移動させたもの

解き方 1次関数$y=ax+b$のグラフは，$y=ax$のグラフを，y軸の正の向きにbだけ平行移動させたものです。

2 (1)-3　(2)1

解き方 $y=ax+b$のグラフは直線で，bはその直線とy軸との交点$(0,\ b)$のy座標です。bを，このグラフの切片といいます。

3 (1)4　(2)-1

解き方 1次関数$y=ax+b$のグラフは直線であり，aはその直線の傾きぐあいを表しています。aを，このグラフの傾きといいます。

(2)$y=-1\times x+5$と考えます。

4 (1)$y=-3x+4$　(2)$y=\frac{3}{4}x$

解き方 傾きがa，切片がbの直線の式は，$y=ax+b$と表されます。$a>0$のときは右上がり，$a<0$のときは右下がりの直線になります。

(2) $y=ax+b$に$a=\frac{3}{4}$，$b=0$を代入すると，

$y=\frac{3}{4}x+0$　つまり，$y=\frac{3}{4}x$となります。

p.47 ぴたトレ1

1 (1)① -2　② -3

(2)

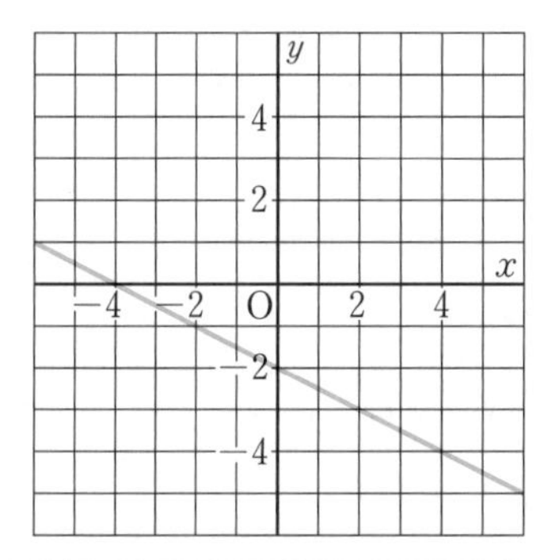

解き方 1次関数$y=ax+b$のグラフは，切片bの点と，その点から傾きaの分だけ進んだ点とを結ぶ直線になります。

2

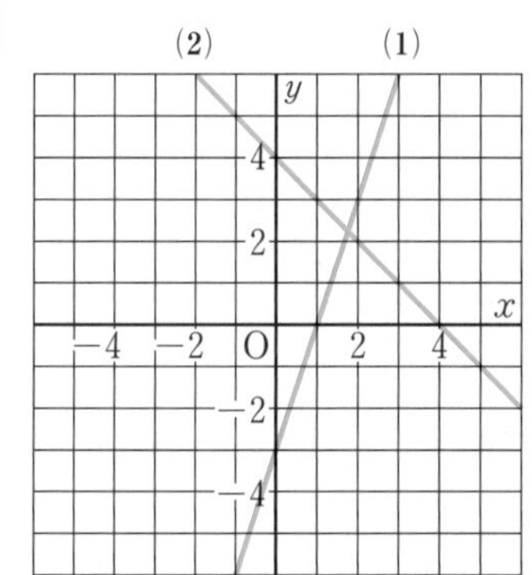

解き方 1次関数のグラフのかき方

①傾きと切片に着目してかく。

②そのグラフ上にあるとわかっている適当な2点をとってかく。

(1)切片が-3で点$(0,\ -3)$を通り，この点から傾き3の分だけ進んだ点$(1,\ 0)$を通る直線をひきます。

3

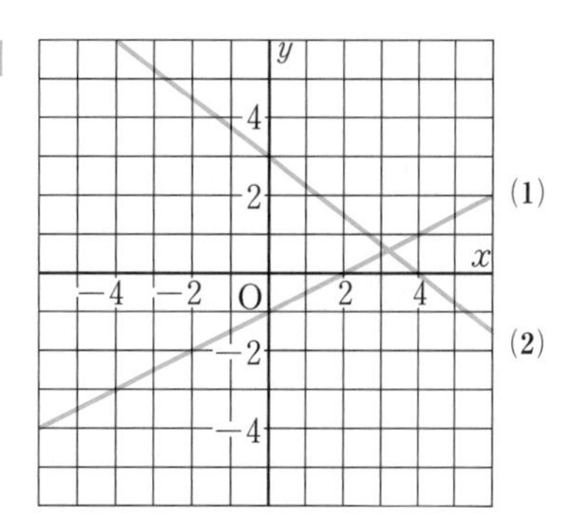

解き方 1次関数のグラフは，傾きの符号が＋ならば右上がり，－ならば右下がりになります。切片に着目してかきます。

(1)切片が-1なので，点$(0,\ -1)$を通ります。傾きは$\frac{1}{2}$なので，点$(0,\ -1)$から右に2，上に1進んだ点$(2,\ 0)$を通ります。

p.49 ぴたトレ1

1 ① $\boldsymbol{y=2x-2}$　② $\boldsymbol{y=-x+2}$

③ $\boldsymbol{y=-\frac{3}{4}x-3}$　④ $\boldsymbol{y=\frac{1}{4}x+3}$

解き方 ①グラフより，$(0,\ -2)$を通るので切片は-2です。その点から右に1，上に2進んでいるので，傾きは2とわかります。よって，$y=2x-2$

③グラフより，$(0,\ -3)$を通るので切片は-3です。その点から右に4，下に3進んでいるので，傾きは$-\frac{3}{4}$とわかります。よって，$y=-\frac{3}{4}x-3$

2 $\boldsymbol{y=-2x+3}$

解き方 求める式を$y=ax+b$と置くと，変化の割合はaに等しいから，$y=-2x+b$と置けます。これに，$x=-1$，$y=5$を代入して，$5=-2\times(-1)+b$，$b=3$

3 (1) $\boldsymbol{y=3x+5}$　(2) $\boldsymbol{y=-x+9}$　(3) $\boldsymbol{y=2x-3}$

解き方 (1)求める直線は傾きが3より，$y=3x+b$と置けます。これに，$x=-1$，$y=2$を代入して，$2=3\times(-1)+b$，$b=5$

(2) xの値が1増加するとyの値が1減少するので，変化の割合は$\frac{-1}{1}=-1$です。これより，$y=-x+b$と置けます。これに，$x=2$，$y=7$を代入して，$7=-2+b$，$b=9$

(3)直線$y=2x+1$に平行な直線の傾きは2なので，$y=2x+b$と置けます。これに，$x=4$，$y=5$を代入して，$5=2\times4+b$，$b=-3$

4 (1)$\boldsymbol{y=x+3}$ (2)$\boldsymbol{y=-\frac{4}{3}x+\frac{5}{3}}$

解き方

(1)直線が通る2点の座標から，直線の傾きは

$\frac{6-4}{3-1}=1$

求める式を$y=x+b$とすると，この直線は点(1，4)を通るから，$4=1+b$，$b=3$

(2)直線が通る2点の座標から，直線の傾きは

$\frac{-5-3}{5-(-1)}=-\frac{4}{3}$

求める式を$y=-\frac{4}{3}x+b$とすると，この直線は点(−1，3)を通るから，$3=\frac{4}{3}+b$，$b=\frac{5}{3}$

p.50～51 ぴたトレ2

1 (1)$\boldsymbol{y=10x^2}$：× (2)$\boldsymbol{y=100x+50}$：○

(3)$\boldsymbol{y=-8x+150}$：○

解き方

(1)直方体の体積＝底面積×高さ

(3)切り取った長さは$8x$cmなので，残りは，$150-8x$(cm)です。

2 (1)$\boldsymbol{x=5}$ (2)$\boldsymbol{-4}$ (3)$\boldsymbol{-12}$ (4)$\boldsymbol{m=1}$

(5)**y軸の正の向きに9だけ平行移動させたもの**

解き方

(1)$y=-12$を式に代入すると，

$-12=-4x+8$，$4x=20$，$x=5$

(2)$y=ax+b$の変化の割合はaです。

(3)(yの増加量)＝(変化の割合)×(xの増加量)なので，$-4\times3=-12$となります。

(4)点(m，4)より，$x=m$，$y=4$なので，これを式に代入して，$4=-4m+8$，$m=1$

(5)それぞれのグラフの切片は，8，−1なので，

$8-(-1)=9$

3 (1)**左から，0，2，8　式：$\boldsymbol{y=2x+6}$**

(2)**左から，9，4，−1　式：$\boldsymbol{y=-x+6}$**

(3)**左から，$\boldsymbol{-\frac{7}{2}}$，$\boldsymbol{\frac{3}{2}}$，$\boldsymbol{\frac{13}{2}}$　式：$\boldsymbol{y=\frac{5}{4}x+\frac{3}{2}}$**

解き方

(1)xが−1から0まで増加するとき，yが4から6まで増加するので，変化の割合は，

$\frac{6-4}{0-(-1)}=2$

よって，xの値が1ずつ増加するときのyの増加量は2です。

また，求める式は，$y=2x+b$と置けるから，

$x=0$，$y=6$を代入して，$b=6$

よって，$y=2x+6$

(2)xが−8から12まで増加するとき，yが14から−6まで増加するので，変化の割合は，

$\frac{-6-14}{12-(-8)}=-1$

よって，xの値が1ずつ増加するときのyの増加量は−1です。

また，求める式は，$y=-x+b$と置けるから，

$x=-8$，$y=14$を代入して，$14=-(-8)+b$，

$b=6$

よって，$y=-x+6$

(3)xが−2から2まで増加するとき，yが−1から4まで増加するので，変化の割合は，

$\frac{4-(-1)}{2-(-2)}=\frac{5}{4}$

よって，xの値が1ずつ増加するときのyの増加量は$\frac{5}{4}$です。

また，求める式は，$y=\frac{5}{4}x+b$と置けるから，

$x=2$，$y=4$を代入して，

$4=\frac{5}{4}\times2+b$，$b=\frac{3}{2}$

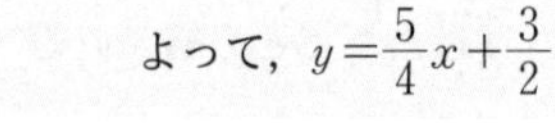

よって，$y=\frac{5}{4}x+\frac{3}{2}$

4

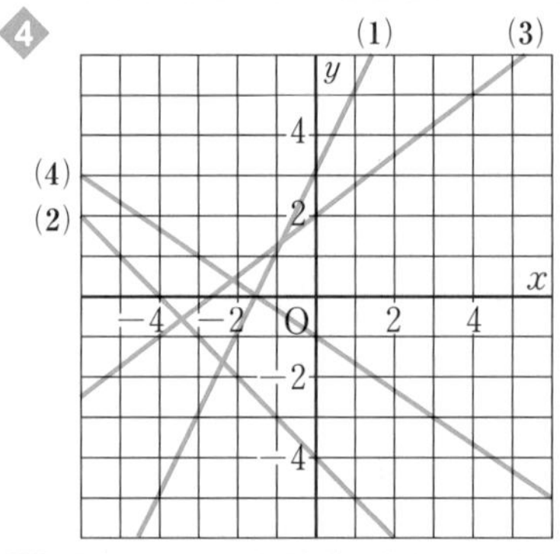

解き方

(1)切片が3なので点(0，3)を通ります。傾きが2なので，点(0，3)から右に1，上に2進んだ点(1，5)を通ります。

(2)(0，−4)，(1，−5)を通る直線をひきます。傾きが負の数なので，右下がりの直線になります。

(3)(0，2)，(4，5)を通る直線をひきます。

(4)(0，−1)，(3，−3)を通る直線をひきます。

5 (1)$\boldsymbol{y=x+3}$ (2)$\boldsymbol{y=-\frac{4}{3}x+1}$

(3)$\boldsymbol{y=-\frac{1}{3}x-3}$ (4)$\boldsymbol{y=\frac{2}{3}x-\frac{1}{3}}$

解き方

(1)(0，3)を通るので，切片は3，その点から右に1，上に1進んでいるので，傾きは1とわかります。

(2)(0，1)を通るので，切片は1，その点から右に3，下に4進んでいるので，傾きは$-\frac{4}{3}$とわかります。

(3) (0, -3) を通るので，切片は-3，その点から右に3，下に1進んでいるので，傾きは$-\frac{1}{3}$とわかります。

(4)切片はグラフから読み取れないので，bと置きます。傾きは，2点(2, 1)，(5, 3)から，

$\frac{3-1}{5-2}=\frac{2}{3}$となります。よって，求める式は，

$y=\frac{2}{3}x+b$と置けます。これに，$x=2$，$y=1$

を代入して，$1=\frac{2}{3}\times 2+b$，$b=-\frac{1}{3}$

よって，$y=\frac{2}{3}x-\frac{1}{3}$

6 (1)$\boldsymbol{y=-5x+9}$ (2)$\boldsymbol{y=\frac{5}{4}x-\frac{7}{4}}$

(3)$\boldsymbol{y=x-6}$ (4)$\boldsymbol{y=-x+\frac{5}{4}}$

解き方

(1)求める式は，$y=-5x+b$と置けます。これに$x=3$，$y=-6$を代入します。

(2)直線が通る2点の座標から，直線の傾きは，

$\frac{2-(-3)}{3-(-1)}=\frac{5}{4}$

求める式を$y=\frac{5}{4}x+b$とすると，この直線は

点(3, 2)を通るから，$2=\frac{15}{4}+b$，$b=-\frac{7}{4}$

(3)求める式を$y=ax+b$と置くと，

$x=4$，$y=-2$を代入して，$-2=4a+b$

$x=-3$，$y=-9$を代入して，$-9=-3a+b$

これらを連立させて解くと，

$a=1$，$b=-6$

(4)傾きが-1より，求める式は$y=-x+b$と置けます。これに$x=\frac{1}{2}$，$y=\frac{3}{4}$を代入して，

$\frac{3}{4}=-\frac{1}{2}+b$，$b=\frac{5}{4}$

理解のコツ

・$y=ax+b$のaとbの意味を理解し，グラフと関連づけて覚えておくことが大切です。たとえば，傾きaはxの値が1増加したときのyの増加量で，これを変化の割合といいます。また，bはy軸で交わる点となり，切片といいます。

p.53 ぴたトレ1

1

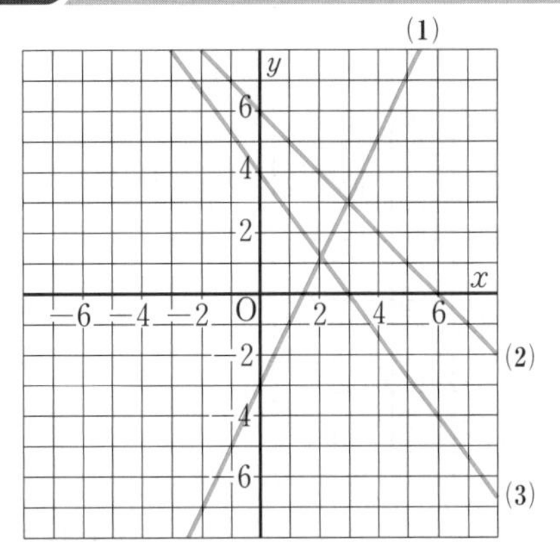

解き方

yについて解いた式の形にしてから，グラフをかきます。

(1)$-2x+y=-3$より，$y=2x-3$

傾きが2，切片が-3の直線をひきます。

(2)$x+y=6$より，$y=-x+6$

傾きが-1，切片が6の直線をひきます。

(3)$4x+3y=12$をyについて解くと，$y=-\frac{4}{3}x+4$

傾きが$-\frac{4}{3}$，切片が4の直線をひきます。

2

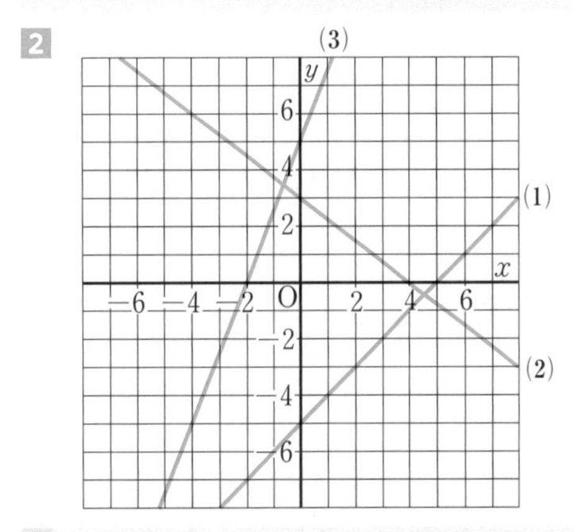

解き方

$x=0$のときのyの値，$y=0$のときのxの値をそれぞれ求め，その2点を通る直線をひきます。

(1)$x=0$のとき$y=-5$，$y=0$のとき$x=5$より，2点(0, -5)，(5, 0)を通る直線をひきます。

(2)$x=0$のとき$y=3$，$y=0$のとき$x=4$より，2点(0, 3)，(4, 0)を通る直線をひきます。

(3)$x=0$のとき$y=5$，$y=0$のとき$x=-2$より，2点(0, 5)，(-2, 0)を通る直線をひきます。

3

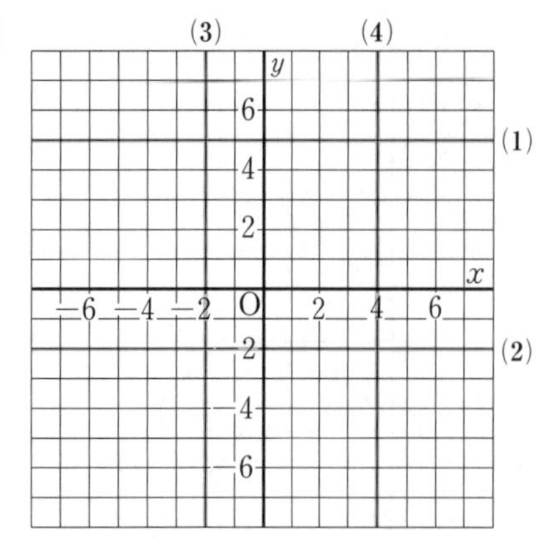

解き方

$y=k$ のグラフは，点 $(0,\ k)$ を通り，x 軸に平行，$x=h$ のグラフは，点 $(h,\ 0)$ を通り，y 軸に平行な直線になります。

(1)点 $(0,\ 5)$ を通り，x 軸に平行な直線です。

(2) $3y+6=0$，$3y=-6$，$y=-2$ より，点 $(0,\ -2)$ を通り，x 軸に平行な直線です。

(3)点 $(-2,\ 0)$ を通り，y 軸に平行な直線です。

(4) $-2x+8=0$，$-2x=-8$，$x=4$ より，点 $(4,\ 0)$ を通り，y 軸に平行な直線です。

p.55 ぴたトレ1

1 (1) $\begin{cases} \boldsymbol{x=2} \\ \boldsymbol{y=2} \end{cases}$

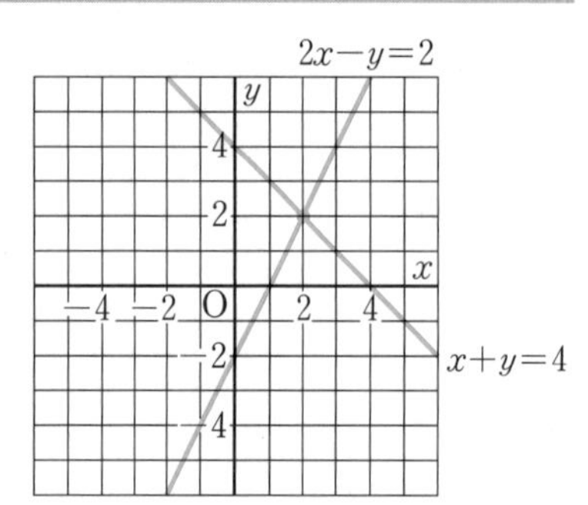

(2) $\begin{cases} \boldsymbol{x=2} \\ \boldsymbol{y=-1} \end{cases}$

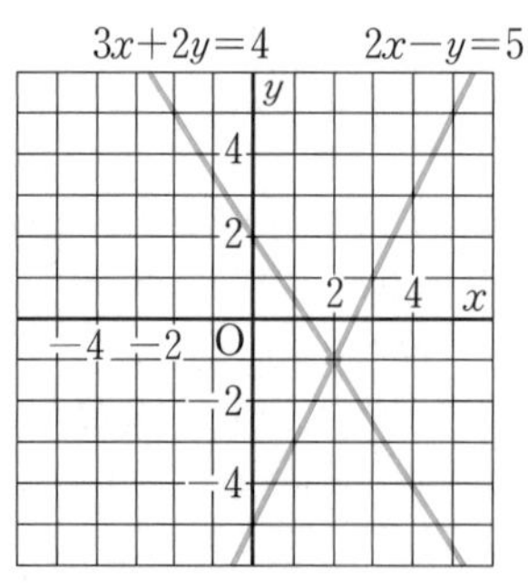

解き方

y について解き，$y=ax+b$ の形にします。

(1) $x+y=4$ より，$y=-x+4$

$2x-y=2$ より，$y=2x-2$

それぞれの方程式のグラフをかいて，その交点の座標を読み取ります。

(2) $2x-y=5$ より，$y=2x-5$

$3x+2y=4$ より，$2y=-3x+4$，$y=-\frac{3}{2}x+2$

2 (1)① $\boldsymbol{y=-\frac{3}{2}x+4}$　② $\boldsymbol{y=x+1}$

(2) $\mathbf{P}\left(\boldsymbol{\frac{6}{5},\ \frac{11}{5}}\right)$

解き方

(1)①直線 ℓ は，グラフより，$(0,\ 4)$ を通るので，切片は4です。その点から右に2，下に3進んだ $(2,\ 1)$ を通っているので，傾きは $-\frac{3}{2}$ とわかります。

よって，$y=-\frac{3}{2}x+4$

②直線 m は，グラフより，$(0,\ 1)$ を通るので，切片は1です。その点から右に1，上に1進んだ $(1,\ 2)$ を通っているので，傾きは1です。

よって，$y=x+1$

(2)直線 ℓ と m の式を組にした連立方程式として解きます。

$\begin{cases} y=-\frac{3}{2}x+4 & \cdots① \\ y=x+1 & \cdots② \end{cases}$

①×2　$2y=-3x+8$　…③

②を③に代入すると，$2(x+1)=-3x+8$，

$2x+2=-3x+8$，$5x=6$，$x=\frac{6}{5}$

$x=\frac{6}{5}$ を②に代入すると，$y=\frac{6}{5}+1=\frac{11}{5}$

p.57 ぴたトレ1

1 (1) $\boldsymbol{y=-2x+10}$　(2) $\boldsymbol{0 \leqq x \leqq 5,\ 0 \leqq y \leqq 10}$

(3)**2cm**

解き方

(1)底辺を BC＝4cm とすると，高さは BP＝$5-x$ (cm) となります。よって，△PBC の面積は，

$y=\frac{1}{2}\times 4\times(5-x)$，$y=-2x+10$

(2) AP は，最も長くて $x=5$ のときで，最も短くて P が A に重なる $x=0$ のときです。

よって，$x=0$ を $y=-2x+10$ に代入して，$y=10$，$x=5$ を代入して，$y=0$

これより，$0 \leqq y \leqq 10$

(3) $y=-2x+10$ に $y=6$ を代入します。

$6=-2x+10$，$2x=4$，$x=2$

2 (1) $\boldsymbol{y=\frac{2}{15}x-8}$　(2) $\boldsymbol{105 \leqq x \leqq 150,\ 6 \leqq y \leqq 12}$

(3)**1時30分**

解き方

(1)休憩後は，45分間に6kmの道のりを進んだので，傾きは$\frac{6}{45}=\frac{2}{15}$となります。よって，式を$y=\frac{2}{15}x+b$と置き，$x=150$，$y=12$を代入して，$12=\frac{2}{15}\times150+b$，

$b=-8$

よって，$y=\frac{2}{15}x-8$

(2)グラフから，1時45分に休憩を終えて2時30分にQ町に到着したことがわかります。よって，xの変域は，出発した1時間45分後の105分から2時間30分後の150分です。同様に，yの変域は6kmから12kmになります。

(3)Bさんは一定の速さでP町からQ町まで進んでいるから，グラフは直線となります。12時30分を表す点(30，0)と，AさんがQ町に着いた時刻を表す点(150，12)を結んでグラフをかきこむと，Aさんが出発して90分後の1時30分を表す点で2人のグラフが交わります。

p.58～59 ぴたトレ2

1 (1)$\boldsymbol{x=-5}$ (2)$\boldsymbol{y=-2x+8}$ (3)**4**

(4)**(4，0)** (5)$\boldsymbol{\left(\frac{5}{3},\ \frac{14}{3}\right)}$

解き方

(1)$-2-x-3=0$，$x=-5$

(2)$\frac{1}{2}x+\frac{1}{4}y-2=0$を$y$について解くと，

$\frac{1}{4}y=-\frac{1}{2}x+2$，$y=-2x+8$

(3)㋐は$y=x+3$だから，

(yの増加量)＝(変化の割合)×(xの増加量)より，

yの増加量は，$1\times4=4$

(4)y座標は0であるから，㋑の式に$y=0$を代入して，xの値を求めます。

(5)㋐と㋑の式を連立させて解きます。

2 (1)$\boldsymbol{y=\frac{2}{3}x-\frac{10}{3}}$ (2)$\boldsymbol{y=-\frac{2}{3}x+\frac{1}{3}}$

(3)$\boldsymbol{x=-3}$ (4)$\boldsymbol{y=5}$

解き方

(1)2点(2，−2)，(5，0)を通るから，傾き$\frac{2}{3}$の直線です。よって，$y=\frac{2}{3}x+b$と置いて，$x=5$，$y=0$を代入してbの値を求めます。

(3)y軸に平行な直線は，$x=h$で表されます。

(4)x軸に平行な直線は，$y=k$で表されます。

3

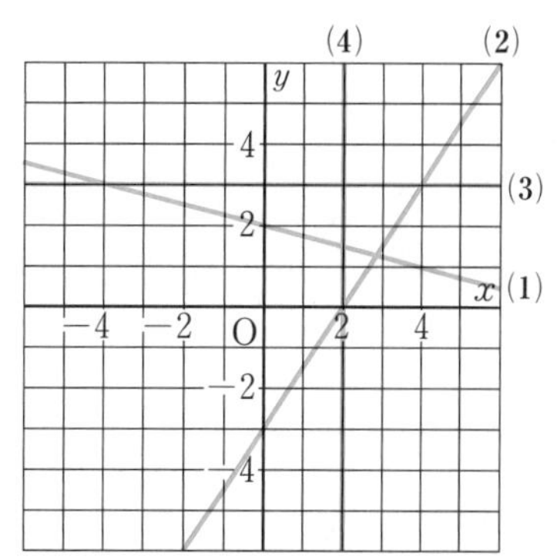

解き方

yについて解いた式の形にしてから，グラフをかきます。

(1)$x+4y=8$をyについて解くと，$y=-\frac{1}{4}x+2$

傾きが$-\frac{1}{4}$，切片が2の直線をひきます。

(2)$3x-2y=6$をyについて解くと，$y=\frac{3}{2}x-3$

傾きが$\frac{3}{2}$，切片が−3の直線です。

(3)$5y-15=0$，$5y=15$，$y=3$より，点(0，3)を通り，x軸に平行な直線です。

(4)$-4x+8=0$，$-4x=-8$，$x=2$より，点(2，0)を通り，y軸に平行な直線です。

4 (1)$\boldsymbol{a=-4}$ (2)$\boldsymbol{a=2,\ b=3}$

解き方

(1)$\begin{cases}2x-3y=5\\y=x-3\end{cases}$ を解くと，$\begin{cases}x=4\\y=1\end{cases}$

これを，$3x+ay=8$に代入して，aの値を求めます。

(2)交点の座標が(2，3)だから，$x=2$，$y=3$を両方の式に代入し，a，bについての連立方程式を解きます。

5 (1)$\boldsymbol{y=110}$ (2)**5秒後** (3)**7秒後**

解き方

(1)PC＝$20-2x$(cm)と表されるから，台形APCDの面積$y$cm^{2}は，

$y=\frac{1}{2}\times\{8+(20-2x)\}\times10=-10x+140$

となります。この式に$x=3$を代入すると，

$y=-10\times3+140=110$

(2)$y=-10x+140$の式に，$y=90$を代入してxの値を求めます。

(3)台形ABCDの面積は，

$\frac{1}{2}\times(8+20)\times10=140$(cm^2)

よって，$y=-10x+140$の式に，

$y=140\times\frac{1}{2}=70$を代入して，$x$の値を求めればよいです。

6 (1)時速80km (2)$\frac{40}{3}$km (3)95分後

解き方
(1)特急列車の運行のようすを表すグラフは，(20，0)と(50，40)を通っていることが読み取れるから，50−20＝30(分)で40−0＝40(km)進む速さとわかります。すなわち，時速にすれば80kmです。
(2)普通列車がB駅に着いたのは，特急列車がA駅を出発してから，40−20＝20(分後)です。特急列車は時速80kmで進むから，20分では，
$80\times\frac{20}{60}=\frac{80}{3}$(km)進みます。
よって，A駅の40km先のB駅から見れば，
$40-\frac{80}{3}=\frac{40}{3}$(km)手前にいることになります。
(3)2つの列車の距離が最も開いたのは，グラフから特急列車がD駅に着いたときであることが読み取れます。特急列車がD駅へ着くのは，
$100\div80=\frac{5}{4}$(時間)後です。
$\frac{5}{4}$時間＝75分だから，普通列車がA駅を出発した時刻を基準にとれば，20＋75＝95(分)後となります。

理解のコツ
・式のつくり方がわからないときは，xに具体的な数値を代入し，x，yの関係を表す表をつくってみると，わかりやすくなります。

p.60～61 ぴたトレ3

1 (1)$a=-13$，$b=7$ (2)$y=2x-5$

解き方
(1)xが2から4まで2増加するとき，yは−1から3まで4増加しています。よって，変化の割合が$\frac{4}{2}=2$なので，xが−4から2まで6増加するとき，yは6×2＝12増加します。
よって，$a=-1-12=-13$となります。
また，yが3から9まで6増加するとき，xは6÷2＝3増加するので，$b=4+3=7$となります。

2 (1)㋐，㋑，㋓ (2)㋓ (3)㋓

解き方
㋐～㋓のそれぞれの式を整理すると，
㋐ $y=-2x+4$
㋑ $y=-\frac{1}{3}x$
㋒ $y=\frac{5}{x}$
㋓ $y=\frac{1}{5}x$
(1)1次関数は，$y=ax+b$の形で表されます。㋑，㋓は，$b=0$のときの式です。
(2)(3)傾きが正の直線の式を選べばよいです。

3 (1)$y=-\frac{5}{2}x+17$ (2)$y=\frac{2}{3}x+7$
(3)$y=\frac{1}{3}x+\frac{4}{3}$ (4)$y=-3x+2$

解き方
(1)変化の割合は$-\frac{5}{2}$
(2)平行だから，傾きは$\frac{2}{3}$
(3)傾きは，$\frac{3-1}{5-(-1)}=\frac{1}{3}$
(4)傾きは−3，切片は2

4

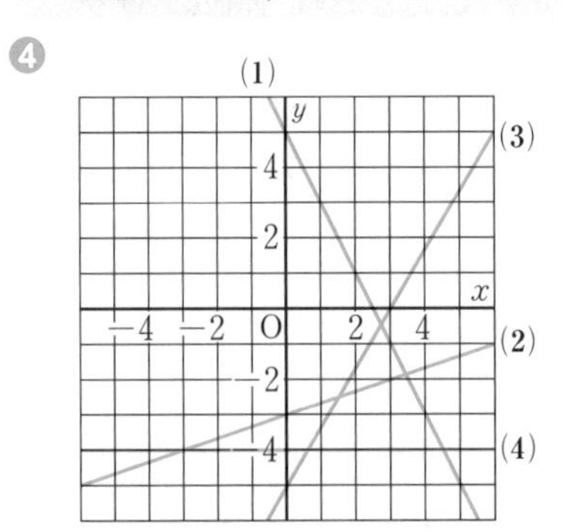

解き方
$y=$～の式に変形してから，グラフの傾きや切片を求めます。
(1)$y=-2x+5$と変形できるので，傾きが−2，切片が5のグラフをかきます。
(2)$y=\frac{1}{3}x-3$だから，傾き$\frac{1}{3}$，切片−3です。
(3)$y=\frac{5}{3}x-5$だから，傾き$\frac{5}{3}$，切片−5です。
(4)$y=k$のグラフは，x軸に平行です。

5 (1)(4，0) (2)$y=x-1$

解き方
(1)x軸との交点は，$y=0$を式に代入して求めます。
(2)2直線の交点は，直線mから，$y=-2\times3+8$，$y=2$より，B(3，2)
直線ℓの切片は−1だから，(0，−1)とB(3，2)より，傾きは1と求められます。

6 (1)$\frac{9}{2}$cm^2
(2)$y=\frac{3}{2}x$
(3)$y=6$
(4)右の図

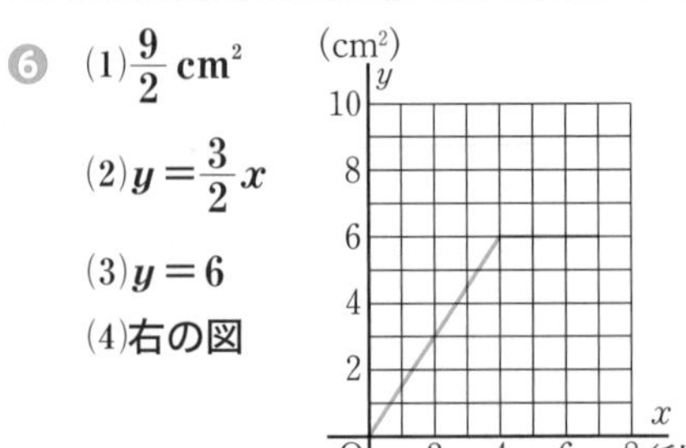

解き方

(2) x秒後の△APDは，底辺3cm，高さ$x$cmの三角形より，$y=\frac{1}{2}\times3\times x$

よって，$y=\frac{3}{2}x$

(3)点Pが辺BC上にあるとき，△APDの面積は一定で，$\frac{1}{2}\times3\times4=6$(cm²)

(4) $0\leqq x\leqq4$で，$y=\frac{3}{2}x$のグラフ，

$4\leqq x\leqq7$で，$y=6$のグラフをかきます。

4章　平行と合同

p.63　ぴたトレ0

❶ (1)**頂点Aと頂点G，頂点Bと頂点H，**
頂点Cと頂点E，頂点Dと頂点F

(2)**辺ABと辺GH，辺BCと辺HE，**
辺CDと辺EF，辺DAと辺FG

(3)**∠Aと∠G，∠Bと∠H，∠Cと∠E，**
∠Dと∠F

解き方　四角形GHEFは四角形ABCDが180°回転移動した形です。

❷ (1)**DE=3cm，EF=4cm，FD=2cm**

(2)**∠D=105°，∠F=47°**

解き方　合同な図形では，対応する辺の長さは等しく，対応する角の大きさも等しくなっています。

∠B=∠Eなので，頂点Bと頂点Eが対応しているとわかります。このことから，対応している辺や角を見つけます。

(1)辺ABと辺DE，辺BCと辺EF，辺CAと辺FDが対応しています。

(2)∠Aと∠D，∠Cと∠Fが対応しています。

❸ (1)**∠x=30°**　(2)**∠y=125°**

解き方　(1)三角形の3つの角の和は180°だから，

∠x=180°−(85°+65°)=30°

(2)2つの角の和は，

50°+75°=125°

だから，残りの角の大きさは，

180°−125°=55°

1直線の角の大きさは180°なので，

∠y=180°−55°=125°

p.65　ぴたトレ1

1　**∠a=70°，∠b=45°，∠c=65°**

解き方　∠aの対頂角は70°より，∠a=70°

∠cの対頂角は65°より，∠c=65°

∠bの対頂角は，180°−(70°+65°)=45°

2　**∠x=65°，∠y=110°**

解き方　錯角は等しいので，∠x=65°

同位角は等しいので，∠y=110°

3　**∠x=40°**

解き方　∠x=180°−140°=40°

4 (1)$\ell /\!/ p$ (2)$\angle a = \angle d$

解き方
(1)錯角が96°で等しいから，$\ell /\!/ p$
(2)$\ell /\!/ p$より，同位角は等しいから，$\angle a = \angle d$

p.67 ぴたトレ1

1 (1)**55°** (2)**130°** (3)**80°** (4)**60°**

解き方
(1)三角形の内角の和は180°です。
180°−(80°+45°)=55°
(2)三角形の1つの外角は，それととなり合わない2つの内角の和に等しくなります。
55°+75°=130°
(3)線分を延長したり，補助線をひくことによって，角の大きさを求めます。
30°+50°=80°
(4)100°−(180°−140°)=60°

2 (1)**十四角形** (2)**正六角形**

解き方
(1)n角形とすると，180°×$(n-2)$=2160°，
$n-2=12$より，$n=14$
(2)多角形の外角の和は360°だから，
360°÷60°=6で，正六角形です。

3 (1)**116°** (2)**63°** (3)**145°** (4)**35°**

解き方
(1)360°−(121°+123°)=116°
(2)180°−85°=95°
360°−(70°+95°+40°+92°)=63°
(3)30°+75°+40°=145°
(4)180°−(40°+30°+33°+42°)=35°

p.68～69 ぴたトレ2

1 (1)**86°** (2)**56°**

解き方
(1)86°の角の対頂角です。
(2)$\angle b$=180°−(86°+20°+18°)=56°

2 (1)**73°** (2)**87°** (3)**111°**

解き方
(1)平行線の錯角だから，$\angle x$=73°
(2)$\angle x$=180°−(48°+45°)=87°
(3)$\angle x$=180°−69°=111°

3 (1)**68°** (2)**15°** (3)**60°**
(4)**25°** (5)**20°** (6)**43°**

解き方
(1)∠ABD=180°−(87°+53°)=40°より，
∠DBC=180°−(100°+40°)=40°
$\angle x$=108°−40°=68°
(2)∠CAB+∠CBA=∠CDE+∠CEDだから，
50°+25°=60°+$\angle x$より，$\angle x$=15°
(3)△ABCの内角の和より，
∠BAC=180°−(90°+60°)=30°
△ADFの外角より，
$\angle x$=90°−30°=60°
(4)∠ADC=∠DAB+∠ABC+∠BCDより，
$\angle x$=128°−(67°+36°)=25°
(5)四角形CDEFの内角の和より，
∠CFE=360°−(60°+120°+50°)=130°
対頂角より，∠AFB=∠CFE=130°だから，
△AFBの内角の和から，
$\angle x$=180°−(30°+130°)=20°
(6)△ABCの内角の和より，
∠ACB=180°−(66°+32°)=82°
対頂角より，∠FCD=∠ACB=82°
△CDFの外角より，
∠CFE=82°+41°=123°だから，
△EFGの外角より，
$\angle x$=123°−80°=43°

4 (1)**136°** (2)**145°** (3)**45°**

解き方
(1)92°−48°=44°
$\angle x$=180°−44°=136°
(2)錯角より，∠BAC=60°
∠ACB=180°−95°=85°
△ABCの外角より，$\angle x$=60°+85°=145°
(3)△ABCの外角より，
∠BCD=20°+25°=45°
錯角より，$\angle x$=45°

5 (1)**162°** (2)**正十五角形** (3)**22.5°**
(4)**正十二角形**

解き方
(1)正二十角形の内角の和は，
180°×(20−2)=3240°
1つの内角の大きさは，3240°÷20=162°
(2)1つの外角は，180°−156°=24°だから，
360°÷24°=15 よって，正十五角形
(3)外角の和は360°より，
360°÷16=22.5°
(4)外角の和は360°より，
360°÷30°=12 よって，正十二角形

6 (1)**40°** (2)**70°** (3)**∠BPC=$\frac{1}{2}a$**

解き方
(1)∠ABC=$2b$，∠ACD=$2c$とします。
∠BPC=∠PCD−∠PBC=$c-b$
また，∠A=∠ACD−∠ABCより，
80°=$2c-2b$ よって，$c-b$=40°，
∠BPC=40°

(2)(1)より，∠A＝∠ACD－∠ABC

$=2c-2b$

$=2(c-b)$

＝2∠BPC

よって，∠A＝2×35°＝70°

(3)(2)より，∠A＝2∠BPCだから，

$\angle BPC=\frac{1}{2}\angle A=\frac{1}{2}a$

理解のコツ

・この章の基本事項である「三角形の内角の和は180°」，「n角形の内角の和は180°×$(n-2)$」であることを覚えておくことが大切です。

p.71 ぴたトレ1

1 **(1)辺AD：辺EH，∠C：∠G**

(2)辺AB：6cm，辺FG：8cm

(3)∠B：70°，∠H：120°

解き方 合同な図形では，対応する辺の長さ，対応する角の大きさは，それぞれ等しくなります。

(1)頂点A，B，C，Dが頂点E，F，G，Hにこの順序で対応しているから，対応するようにとればよいです。

(2)辺ABに対応する辺は辺EFだから，AB＝6cm
辺FGに対応する辺は辺BCだから，FG＝8cm

(3)∠Bに対応する角は∠Fだから，∠B＝70°
∠Hに対応する角は∠Dだから，∠H＝120°

2 **△DEF≡△RPQ：1組の辺とその両端の角が（△RQP）それぞれ等しい。**

△GHI≡△JLK：3組の辺がそれぞれ等しい。

解き方 △RPQで，∠R＝180°－(70°＋70°)＝40°です。
∠D＝∠R＝40°，∠F＝∠Q＝70°，
DF＝RQ＝4cmで，△DEF≡△RPQ
GH＝JL＝3cm，HI＝LK＝5cm，IG＝KJ＝4cmで，
△GHI≡△JLK

3 **(1)△ABC≡△DBC：2組の辺とその間の角がそれぞれ等しい。**

(2)△ABC≡△DCB：1組の辺とその両端の角がそれぞれ等しい。

解き方 (1)BCは共通，AC＝DC，∠ACB＝∠DCB
したがって，2組の辺とその間の角がそれぞれ等しくなります。

(2)BCは共通，∠ABC＝∠DCB　また，△ABCと△DCBで，∠ABC＝∠DCBかつ∠BAC＝∠CDBだから，残りの角が∠ACB＝∠DBCとなるので，1組の辺とその両端の角がそれぞれ等しくなります。

p.73 ぴたトレ1

1 **(1)仮定：AO＝DO，BO＝CO**
結論：∠BAO＝∠CDO

(2)△ABOと△DCOで，
仮定から，　AO＝DO　…①
BO＝CO　…②
対頂角だから，∠AOB＝∠DOC　…③
①，②，③から，2組の辺とその間の角がそれぞれ等しいので，△ABO≡△DCO
合同な三角形の対応する角だから，
∠BAO＝∠CDO

解き方 (1)「a　ならば　b」のように表したとき，aを仮定，bを結論といいます。

(2)∠BAO，∠CDOをそれぞれ内角にもつ，△ABOと△DCOが合同であることを示します。

2 **(1)△APQと△BPQで，**
作図から，　AP＝BP　…①
AQ＝BQ　…②
共通な辺だから，PQ＝PQ　…③
①，②，③から，3組の辺がそれぞれ等しいので，△APQ≡△BPQ

(2)△APMと△BPMで，
作図から，　AP＝BP　…①
共通な辺だから，PM＝PM　…②
△APQ≡△BPQから，
∠APM＝∠BPM　…③
①，②，③から，2組の辺とその間の角がそれぞれ等しいので，△APM≡△BPM
合同な三角形の対応する辺だから，
AM＝BM
同様に，△AQMと△BQMも合同で，
△APM≡△BPM≡△AQM≡△BQMとなり，
∠AMP＝∠BMP＝∠AMQ＝∠BMQ＝90°
したがって，AB⊥PQ

解き方 △APM，△BPM，△AQM，△BQMは，直線PQとABとの交点Mで，360°を4等分しています。

p.74～75 ぴたトレ2

1 **(1)△ABP≡△ADP　(2)135°**

解き方 (1)AB＝AD(正方形の1辺)，APは共通，∠BAP＝∠DAP＝45°だから，2組の辺とその間の角がそれぞれ等しく，
△ABP≡△ADPとなります。

(2)(1)より，$\triangle ABP \equiv \triangle ADP$だから，
$\angle APB = \angle APD$
よって，$\angle ABP + \angle APD = \angle ABP + \angle APB$
また，$\angle BAP = 45°$
したがって，$\triangle ABP$の内角の和に着目すると，
求める角は，$180° - 45° = 135°$

2 **(1)四角形PQCD≡四角形PQFE**
(2)10 cm (3)$\angle DPQ = 90° - \dfrac{a°}{2}$

解き方
(3)(1)から，$\angle EPQ = \angle DPQ$です。
$\angle APE + \angle EPQ + \angle DPQ = 180°$から，
$\angle APE + 2\angle DPQ = 180°$
$\angle APE = a°$だから，$a° + 2\angle DPQ = 180°$
$2\angle DPQ = 180° - a°$，$\angle DPQ = \dfrac{180° - a°}{2}$，
$\angle DPQ = 90° - \dfrac{a°}{2}$

3 ㋐，㋒

解き方
㋐は，3組の辺がそれぞれ等しくなるから，作図してできる三角形は$\triangle ABC$と合同になります。
㋑は，2組の辺に対して間の角はcであるから，合同条件にあてはまりません。
㋒は，1組の辺とその両端の角がそれぞれ等しくなるから，合同になります。
㋓は，形は同じになりますが，大きさが決まらないから，合同な図形が作図できるとはいえません。

4 **①$\angle ABC$ ②$\angle ACB$ ③錯角 ④$\angle ABC$**
⑤$\angle ACB$ ⑥$\angle BAC$ ⑦$\angle ABC$ ⑧$\angle ACB$
(ただし，①と②，⑦と⑧は順不同)

解き方
$\triangle ABC$の内角$\angle ABC$と$\angle ACB$を，$\angle BAC$のまわりに移動させればよいです。

5 **①$\angle AOE = \angle COF$**
②$\angle EAO = \angle FCO$
③1組の辺とその両端の角がそれぞれ等しい

解き方
平行線の錯角を$\angle AEO = \angle CFO$とすると，合同条件が使えません。$AO = CO$に着目します。

6 **$\triangle ABF$と$\triangle CDE$で，**
仮定から，$AB = CD$ …①
$\angle BAF = \angle DCE$…②
$AD = CB$ …③
$BE = DF$ …④
③，④から，$AF = AD - DF$
$= CB - BE$
$= CE$ …⑤
①，②，⑤から，2組の辺とその間の角がそれぞれ等しいので，$\triangle ABF \equiv \triangle CDE$
合同な三角形の対応する辺だから，
$BF = DE$

解き方
BFとDEをふくむ，$\triangle ABF$と$\triangle CDE$の合同を証明します。

理解のコツ
・三角形の合同条件は3つあります。それぞれが3つの要素から成り立っていることもふくめて，しっかり覚えておきましょう。
・合同な図形であることがわかったら，必ず等しい辺と等しい角を確認してみることが大切です。

p.76~77 ぴたトレ3

1 **(1)$\angle f$ (2)$\angle a$ (3)$\angle d$**

解き方
(3)錯角は文字Zを書いたとき，内側に位置する角どうしのことです。

2 **(1)$\angle a = 110°$ (2)$\angle b = 110°$**

解き方
平行な2直線に1つの直線が交わるとき，同位角，錯角は等しくなります。
(1)$\angle a = 180° - 70° = 110°$

3 **(1)61° (2)105° (3)55°**

解き方
(1)点B，Cを通り，ℓに平行な直線をそれぞれひくと，$\angle x = (126° - 90°) + 25° = 61°$
(2)$\angle x = \angle BFC = 60° + 15° + 30° = 105°$
(3)$\triangle ABI$の外角より，$\angle JIC = 30° + 20° = 50°$
$\triangle DEJ$の外角より，$\angle CJI = 40° + 35° = 75°$
$\triangle JIC$の内角より，
$\angle JCI = 180° - (50° + 75°) = 55°$
$\ell /\!/ m$から，錯角より，$\angle x = \angle JCI = 55°$

4 **(1)十二角形 (2)正三十角形**

解き方
(1)$180° \times (n-2) = 1800°$，
$n - 2 = 10$，$n = 12$
(2)$360° \div 12° = 30$

❺ (1)△ABD≡△ACE：2組の辺とその間の角がそれぞれ等しい。

別解

△ABE≡△ACD：2組の辺とその間の角がそれぞれ等しい。

(2)△AOP≡△BOP：1組の辺とその両端の角がそれぞれ等しい。

解き方
(1)AB＝AC，BD＝CE，∠ABD＝∠ACE
(2)∠AOP＝∠BOP，∠OAP＝∠OBP＝90°から，∠APO＝∠BPO
また，OP＝OP

❻ ①∠CAD　②CA　③AD
④2組の辺とその間の角
⑤△CAD　⑥BE

解き方
対応している辺や角をさがし出します。

❼ △ACOと△BDOで，
円Oの半径から，AO＝BO　…①
CO＝DO　…②
対頂角だから，∠AOC＝∠BOD　…③
①，②，③から，2組の辺とその間の角がそれぞれ等しいので，△ACO≡△BDO
合同な三角形の対応する角だから，
∠ACO＝∠BDO
錯角が等しいので，AC//BD

解き方
AC//BDを示すために，同位角か錯角が等しいことをいえるか考えます。錯角として，∠OAC＝∠OBDを示してもよいです。

5章　三角形と四角形

p.79　ぴたトレ0

❶ (1)二等辺三角形，等しい
(2)正三角形，3つ

解き方
同じような意味のことばが書かれていれば正解です。

❷ ㋐と㋓
2組の辺とその間の角がそれぞれ等しい。
㋑と㋖
1組の辺とその両端の角がそれぞれ等しい。
㋒と㋔
3組の辺がそれぞれ等しい。

解き方
㋖は，残りの角の大きさを求めると，㋑と合同であるとわかります。

p.81　ぴたトレ1

1 (1)66°　(2)90°

解き方
(1)$\angle x=(180°-48°)\div 2=66°$
(2)底角は$180°-135°=45°$
$\angle x=180°-45°\times 2=90°$

2 △ABDと△ACEで，
仮定から，AB＝AC　…①
BD＝CE　…②
二等辺三角形の底角は等しいから，
∠ABD＝∠ACE　…③
①，②，③から，2組の辺とその間の角がそれぞれ等しいので，△ABD≡△ACE
対応する辺だから，AD＝AE

解き方
△ABCで，AB＝ACならば，∠ABC＝∠ACBであることを使います。
また，△ADC≡△AEBを証明してもよいです。

3 (1)△ABCと△ADCで，
仮定から，AB＝AD　…①
BC＝DC　…②
共通な辺だから，AC＝AC　…③
①，②，③から，3組の辺がそれぞれ等しいので，△ABC≡△ADC
対応する角だから，∠BCA＝∠DCA

(2)二等辺三角形BCDで，
(1)より，COは頂角Cの二等分線だから，
底辺BDの垂直二等分線である。 …①
同様に，二等辺三角形ABDで，
∠BAC＝∠DACより，AOは頂角Aの二等分線だから，底辺BDの垂直二等分線である。…②
①，②から，ACは線分BDの垂直二等分線である。

解き方 (1)∠BCA＝∠DCAを証明するために，それぞれの角を内角にもつ2つの三角形の合同を証明します。
(2)二等辺三角形の頂角の二等分線は，底辺を垂直に二等分します。

p.83 ぴたトレ1

1 △BPRと△CQPで，
仮定から，BP＝CQ …①
BR＝CP …②
二等辺三角形の底角は等しいから，
∠RBP＝∠PCQ …③
①，②，③から，2組の辺とその間の角がそれぞれ等しいので，△BPR≡△CQP
対応する辺だから，PR＝QP
したがって，2つの辺が等しいので，△PQRは二等辺三角形である。

解き方 2つの辺が等しいことを明らかにするために，△BPRと△CQPが合同であることを証明します。

2 (1)AB＝DEならば，△ABC≡△DEFである。
成り立たない。
反例：1組の辺が等しいだけでは，三角形の合同条件は満たせない。
(2)錯角が等しければ，その2直線は平行である。
成り立つ。
(3)$x+y=5$ならば，$x=2$，$y=3$である。
成り立たない。
反例：$x=1$，$y=4$

解き方 あることがらが成り立たないことを証明するためには，1つの反例をあげるだけでよいです。

3 △ABCで，
∠B＝∠Cだから，AB＝AC …①
∠A＝∠Bだから，CA＝CB …②
①，②より，AB＝BC＝CA
したがって，3つの辺が等しいので，△ABCは正三角形である。

解き方 二等辺三角形の2つの底角は等しいという性質を使って，正三角形の定義である，3つの辺が等しいことを示します。

p.85 ぴたトレ1

1 ㋐と㋔：直角三角形の斜辺と他の1辺がそれぞれ等しい。
㋑と㋓：直角三角形の斜辺と1鋭角がそれぞれ等しい。

解き方 ㋓の残りの角の大きさは，
$180°-(90°+40°)=50°$

2 △ABFと△BCGで，
四角形ABCDは正方形だから，
AB＝BC …①
AF，CGはそれぞれBEの垂線だから，
∠AFB＝∠BGC＝90° …②
∠FAB＝180°−90°−∠ABF
＝90°−∠ABF …③
∠GBC＝90°−∠ABF …④
③，④より，∠FAB＝∠GBC …⑤
①，②，⑤から，斜辺と1鋭角がそれぞれ等しい直角三角形なので，△ABF≡△BCG

解き方 三角形の内角の和が180°であること，正方形の4つの角はそれぞれ90°であることから考えます。

3 △ABEと△ADEで，
仮定から，∠ABE＝∠ADE＝90° …①
AB＝AD …②
共通な辺だから，AE＝AE …③
①，②，③から，斜辺と他の1辺がそれぞれ等しい直角三角形なので，△ABE≡△ADE
対応する角だから，∠BAE＝∠DAE
したがって，AEは∠Aの二等分線である。

解き方 ∠BAE＝∠DAEを示すために，この2つの角をもつ△ABEと△ADEの合同を証明します。

p.86〜87 ぴたトレ2

◆1 (1)$\angle x=52°$，$\angle y=116°$ (2)$\angle x=56°$
(3)$\angle x=43°$，$\angle y=37°$

解き方 (1)$\angle x=180°-64°\times2=52°$
$\angle y=180°-64°=116°$
(2)$\angle ABC=\angle ACB=180°-118°=62°$より，
$\angle x=180°-62°\times2=56°$
(3)$\angle x=90°-47°=43°$
$\angle y=90°-53°=37°$

2 (1) ab が偶数ならば，a，b は偶数である。
成り立たない。
反例：$a=2$，$b=3$

(2) 2つの三角形の面積が等しければ，合同である。
成り立たない。
反例：直角をはさむ2辺がそれぞれ2cmの直角三角形と，直角をはさむ2辺が1cmと4cmの直角三角形

(3) ∠A＝60°，AB＝ACならば，△ABCは正三角形である。
成り立つ。

解き方 (3)底角が等しくなるので，3つの角がすべて60°で等しくなります。

3 (1) △ABDと△ACDで，
仮定から，AB＝AC …①
∠ADB＝∠ADC＝90° …②
共通な辺だから，
AD＝AD …③
①，②，③から，斜辺と他の1辺がそれぞれ等しい直角三角形なので，△ABD≡△ACD
対応する角だから，∠BAD＝∠CAD

(2) 18°

解き方 (1)二等辺三角形の底角は等しいことから，∠ABD＝∠ACDを使って証明してもよいです。
(2)∠BAD＝36°÷2＝18°

4 △ABEと△ADGで，
仮定から，AB＝AD …①
AE＝AG …②
∠ABE＝∠ADG＝90° …③
①，②，③から，斜辺と他の1辺がそれぞれ等しい直角三角形なので，△ABE≡△ADG

解き方 正方形ABCDより，AB＝AD，
∠ABE＝∠ADC＝∠ADG＝90°
正方形AEFGより，AE＝AGを使います。

5 (1) 32°

(2) △ABDと△CAEで，
仮定から，AB＝CA …①
∠D＝∠E＝90° …②
∠BAC＝90°だから，
∠BAD＋∠CAE＝90° …③
∠E＝90°だから，∠CAE＋∠ACE＝90° …④
③，④より，∠BAD＝∠ACE …⑤
①，②，⑤から，斜辺と1鋭角がそれぞれ等しい直角三角形なので，△ABD≡△CAE

(3) (2)の結果から，BD＝AE，AD＝CE
だから，DE＝AE＋AD＝BD＋CE

解き方 (1)∠BAE＝90°＋58°＝148°
∠EAC＝148°−90°＝58°
∠ACE＝180°−(90°＋58°)＝32°
(2)わかっている角から等しい角を導きます。
(3)(2)より，合同な図形の対応する辺の長さが等しいことを使います。

6 BE＝5cm，∠DEC＝30°

解き方 AB＝ACより，
∠ABC＝(180°−20°)÷2＝80°
∠BEC＝180°−(80°＋50°)＝50°
よって，△BECはBE＝BCの二等辺三角形です。
また，△DBCは正三角形なので，BD＝BC
したがって，△BDEは，BD＝BEの二等辺三角形です。
∠DBE＝80°−60°＝20°だから，
∠BED＝(180°−20°)÷2＝80°
よって，∠DEC＝80°−50°＝30°

理解のコツ
- 三角形は図形の基本なので，性質を自由に使えるように覚えておきましょう。
- 証明は一見，難しく感じますが，示したいことから方針を立てると道すじが見えてくることが多いです。記号を使って簡潔に記述できる力をつけておくことが大切です。

p.89 ぴたトレ1

1 (1) $x=4$，$y=6$ (2) $x=68$，$y=112$
(3) $x=5$，$y=8$

解き方 (1)AB＝DCだから，$x=4$
AD＝BCだから，$y=6$
(2)∠ABC＝∠ADCだから，$x=68$
∠DCB＝(360°−68°×2)÷2＝112°だから，
$y=112$

(3)OA＝OCだから，$x=5$
OB＝ODだから，$y=8$

2 △ABEと△CDFで，
仮定から，　AE＝CF　…①
平行四辺形の対辺だから，AB＝CD　…②
平行四辺形の対角だから，
∠BAE＝∠DCF　…③
①，②，③から，2組の辺とその間の角がそれぞれ等しいので，△ABE≡△CDF
対応する辺だから，BE＝DFである。

解き方　平行四辺形の性質を利用して，BEとDFを辺にもつ三角形の合同を証明します。

3 △ABEと△CDFで，
仮定から，∠AEB＝∠CFD＝90°　…①
平行四辺形の対辺だから，AB＝CD　…②
平行線の錯角は等しいので，
∠ABE＝∠CDF　…③
①，②，③から，斜辺と1鋭角がそれぞれ等しい直角三角形なので，△ABE≡△CDF
対応する辺だから，BE＝DF

解き方　BEとDFを辺としてもつ直角三角形ABEとCDFの合同を，平行四辺形の性質を使って証明します。

p.91 ぴたトレ1

1 ㋐：2組の対角がそれぞれ等しいから。
㋒：1組の対辺が平行で等しいから。

解き方　㋐∠A，∠B，∠Cより∠Dは130°となり，2組の対角がそれぞれ等しくなります。

2 (1)△ABEと△CDFで，
仮定から，∠AEB＝∠CFD＝90°　…①
平行四辺形の対辺だから，
AB＝CD　…②
平行線の錯角は等しいので，
∠ABE＝∠CDF　…③
①，②，③から，斜辺と1鋭角がそれぞれ等しい直角三角形なので，△ABE≡△CDF
(2)(1)から，AE＝CF　…①
∠AEB＝∠CFD＝90°から，
∠AEF＝∠CFE＝90°
錯角が等しいから，AE∥CF　…②
①，②から，1組の対辺が平行で等しいので，四角形AECFは平行四辺形である。

解き方　△ABE≡△CDFを使って，四角形AECFが平行四辺形であるための条件の「1組の対辺が平行で等しい」ことを証明します。

3 △ABEと△CDFで，
仮定から，　BE＝DF　…①
平行四辺形の対辺だから，AB＝CD　…②
平行線の錯角は等しいので，
∠ABE＝∠CDF　…③
①，②，③から，2組の辺とその間の角がそれぞれ等しいので，△ABE≡△CDF　…④
④から，AE＝CF　…⑤
また，∠AEB＝∠CFDより，∠AEF＝∠CFEで，錯角が等しいから，AE∥CF　…⑥
⑤，⑥から，1組の対辺が平行で等しいので，四角形AECFは平行四辺形である。

解き方　ほかにも，△AFD≡△CEBを証明することや，対角線ACをひくことによって，平行四辺形であるためのほかの条件を用いて，四角形AECFが平行四辺形であることを証明できます。

p.93 ぴたトレ1

1 (1)ひし形　(2)長方形　(3)正方形

解き方　▱ABCDはAB＝DC，AD＝BCです。
(1)AB＝BCの条件を加えると，4つの辺が等しくなるので，ひし形になります。
(2)AC＝BDの条件を加えると，対角線の長さが等しくなるので，長方形になります。
(3)(1)と同様に4つの辺が等しくなります。さらに∠A＝∠Bの条件を加えると，4つの角の大きさが等しくなります。4つの辺が等しく，4つの角が等しいから，正方形です。

2 (1)△BCD　(2)△ADB
(3)仮定から，AB∥CD
底辺CDが共通で高さが等しいから，
△ACD＝△BCD　…①
△OAC＝△ACD－△OCD　…②
△OBD＝△BCD－△OCD　…③
①，②，③から，△OAC＝△OBD

解き方　平行線間の距離は，どこをとっても等しいので，平行線の間が高さになり，底辺が共通な三角形の面積はすべて等しくなります。
(1)CDを共通の底辺とする三角形です。
(2)ABを共通の底辺とする三角形です。

3 （例）

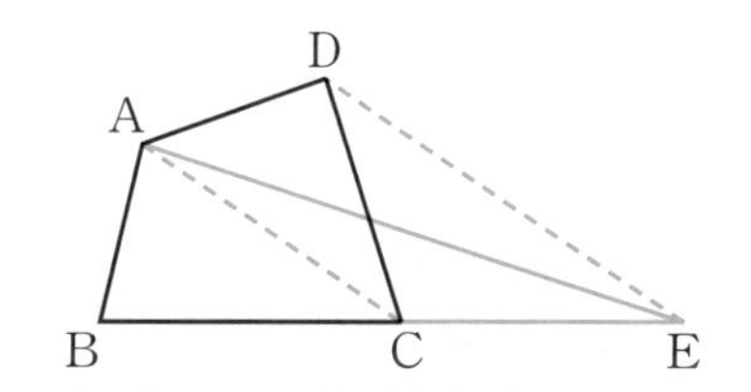

解き方
AC//DE となる点Eを辺BCの延長線上にとると，
△ACD＝△ACE
四角形ABCD＝△ABC＋△ACD
＝△ABC＋△ACE
＝△ABE

p.94〜95 ぴたトレ2

1 (1)$\angle x=72^\circ$，$\angle y=72^\circ$
(2)$\angle x=25^\circ$，$\angle y=40^\circ$
(3)$\angle x=80^\circ$，$\angle y=50^\circ$

解き方
(1)$\angle x=180^\circ-108^\circ=72^\circ$
$\angle y=\angle x=72^\circ$
(2)$\angle x=\angle \mathrm{DBC}=25^\circ$
$\angle y=65^\circ-25^\circ=40^\circ$
(3)$\angle x=\angle \mathrm{AEF}=\angle \mathrm{EDC}=80^\circ$
$\angle y=\frac{1}{2}\angle \mathrm{DEF}=\frac{1}{2}\times(180^\circ-80^\circ)=50^\circ$

2 (1)平行四辺形BEDF：(例)2組の対角がそれぞれ等しい。
(2)平行四辺形BFDE：(例)2つの対角線がそれぞれの中点で交わる。

解き方
(1)$\angle \mathrm{FBE}=\frac{1}{2}\angle \mathrm{ABC}$,
$\angle \mathrm{EDF}=\frac{1}{2}\angle \mathrm{CDA}$で，$\angle \mathrm{ABC}=\angle \mathrm{CDA}$
だから，$\angle \mathrm{FBE}=\angle \mathrm{EDF}$
$\angle \mathrm{BED}=180^\circ-\angle \mathrm{CED}=180^\circ-\angle \mathrm{EDF}$,
$\angle \mathrm{DFB}=180^\circ-\angle \mathrm{AFB}=180^\circ-\angle \mathrm{FBE}$だから，
$\angle \mathrm{BED}=\angle \mathrm{DFB}$
(2)BO=DO，AO=CO，AE=CFで，
EO=AO−AE, FO=CO−CFだから， EO=FO

3 (1)△EBCと△FDAで，
正方形ABCDより，BC=DA …①
正三角形より， EB=FD …②
$\angle \mathrm{EBC}=\angle \mathrm{EBA}+\angle \mathrm{ABC}$
$=\angle \mathrm{FDC}+\angle \mathrm{ADC}$
$=\angle \mathrm{FDA}$ …③
①，②，③から，2組の辺とその間の角がそれぞれ等しいので，△EBC≡△FDA

(2)四角形AECFで，
仮定から，AE=CF …①
(1)より，△EBC≡△FDAだから，
EC=AF …②
①，②から，2組の対辺がそれぞれ等しいので，四角形AECFは平行四辺形である。

解き方
(2)四角形AECFを見ると，
AE=CFはすぐにわかるので，AE//CFかAF=ECのどちらかを示せないか考えます。

4 ①DC ②∠DCB ③CB ④DB

解き方
長方形の対辺の長さは等しく，4つの角はすべて90°であることを使います。

5 AD＝BC，AD//BCより，
△ABC＝△ACD …①
BE＝ECだから，△ABE＝△DEC …②
また，△ABC＝△ABE＋△AEC
＝△ABE＋△DEC …③
①，②，③から，
正方形ABCD＝2△ABC
＝2(△ABE＋△DEC)
＝2×2△DEC
＝4△DEC

解き方
底辺ECが共通で高さが等しいので，△AEC＝△DECです。

6 (1)平行四辺形 (2)長方形 (3)ひし形 (4)正方形

解き方
(1)△ABC≡△FEC≡△DBEとなります。
これより，2組の対辺がそれぞれ等しいから，平行四辺形になります。
(2)∠BAC=150°のとき，
$\angle \mathrm{DAF}=360^\circ-(150^\circ+60^\circ+60^\circ)=90^\circ$
よって，1つの角が直角の平行四辺形だから，長方形になります。
(3)AB=ACより，DA=AFなので，となり合う辺の長さが等しい平行四辺形だから，ひし形になります。

理解のコツ
・平行線を見たら，錯角や同位角になる部分を見つけ出せるようにしておきましょう。

p.96〜97 ぴたトレ3

1 (1)$\angle x=56^\circ$ (2)$\angle y=118^\circ$

解き方
(1)平行四辺形の対角は等しいので，$\angle x=56^\circ$
(2)$\angle y=56^\circ+(180^\circ-56^\circ)\div2=118^\circ$

❷ (1)成り立たない。

逆：合同な三角形ならば，面積は等しい。

：成り立つ。

(2)成り立たない。

逆：$x=2$，$y=1$ならば，$x+y=3$である。

：成り立つ。

(3)成り立つ。

逆：4の倍数ならば，8の倍数である。

：成り立たない。

解き方 (3)例えば，4の倍数12は8の倍数ではないので，逆は成り立ちません。

❸ (1)36°

(2)△ABCでAB=ACと，(1)の結果から，

∠B=∠ACB=72°　…①

また，∠A=∠ACD=36°だから，

∠BDC=∠A+∠ACD=72°　…②

①，②から，∠B=∠BDC

2つの角が等しいから，△CBDは二等辺三角形である。

解き方 (1)∠A=aとすると，∠ACB=∠B=$2a$

∠A+∠B+∠ACB=$a+2a+2a=180°$

だから，$a=36°$

したがって，∠ACD=36°

❹ (1)△BDPで，DP//BCだから，

∠CBP=∠DPB　…①

仮定から，∠DBP=∠CBP　…②

①，②から，∠DPB=∠DBP

2つの角が等しいから，△BDPは二等辺三角形である。

したがって，BD=PD

(2)37 cm

解き方 (2)(1)から，BD=PD

同様にして，CE=PE

AD+DE+AE=AD+DP+PE+AE

=AB+AC=37(cm)

❺ (1)△ABEと△CDFで，

平行四辺形の対辺だから，

AB=CD　…①

仮定から，∠AEB=∠CFD=90°　…②

平行線の錯角は等しいので，

∠ABE=∠CDF　…③

①，②，③から，斜辺と1鋭角がそれぞれ等しい直角三角形なので，△ABE≡△CDF

対応する辺だから，AE=CF

(2)70°

解き方 (2)∠BCD=∠BAD=130°であり，

∠EAB=180°−(90°+30°)=60°なので，

∠DAE=130°−60°=70°

❻ $\frac{20}{3}$ cm^2

解き方

$$\triangle APB=\frac{2}{3}\triangle ABM=\frac{2}{3}\times\frac{1}{2}\triangle ABC$$

$$=\frac{1}{3}\triangle ABC=\frac{1}{3}\times\frac{1}{2}\square ABCD$$

$$=\frac{1}{6}\times 40=\frac{20}{3}(\text{cm}^2)$$

6章　データの比較と箱ひげ図

p.99 6,7章　ぴたトレ0

❶ (1)**20分**　(2)**90分**　(3)**70分**　(4)**35分**

解き方
(3)最大値－最小値だから，90－20＝70(分)
(4)データの数が10だから，5番目と6番目の値の平均値を求めます。
(30＋40)÷2＝35(分)

❷ **6通り**

解き方
ぶどうを(ぶ)，ももを(も)，りんごを(り)，みかんを(み)で表し，下のような図や表にかいて考えます。

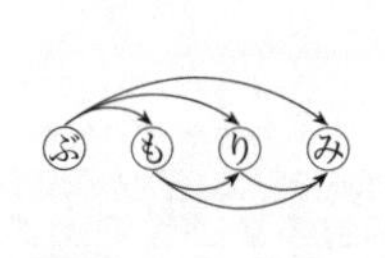

＼	(ぶ)	(も)	(り)	(み)
(ぶ)	＼	○	○	○
(も)		＼	○	○
(り)			＼	○
(み)				＼

ぶどうともも，ももとぶどうは同じ組み合わせであることに注意しましょう。
図や表から，選び方は，
(ぶ)と(も)，(ぶ)と(り)，(ぶ)と(み)，(も)と(り)，
(も)と(み)，(り)と(み)
の6通りであるとわかります。

p.101　ぴたトレ1

1 (1)**第1四分位数…29kg，第2四分位数…36kg，第3四分位数…43kg**
(2)**第1四分位数…29kg，第2四分位数…35kg，第3四分位数…42kg**
(3)**A班：14kg，B班：13kg**

解き方
データを小さい順に並べ，中央値を境に，最小値をふくむ前半部分と，最大値をふくむ後半部分に分けます。前半部分の中央値を第1四分位数，データ全体の中央値を第2四分位数，後半部分の中央値を第3四分位数といいます。
(1)第2四分位数は全体の中央値なので36kg，第1四分位数は23，27，31，32の中央値で$\frac{27+31}{2}$＝29(kg)，第3四分位数は37，41，45，48の中央値で$\frac{41+45}{2}$＝43(kg)です。
(2)第2四分位数は$\frac{35+35}{2}$＝35(kg)，第1四分位数は25，28，30，35の中央値で29kg，第3四分位数は35，40，44，46の中央値で42kgです。
(3)(四分位範囲)＝(第3四分位数)－(第1四分位数)で求めます。
A班：43－29＝14(kg)，B班：42－29＝13(kg)

2 下の図

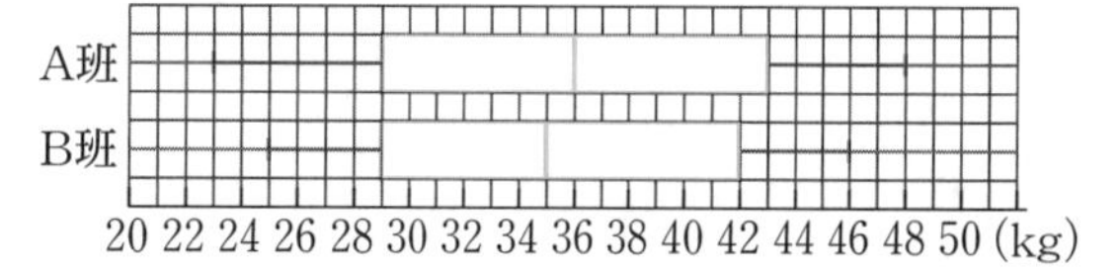

解き方
箱ひげ図は，次の手順でかきます。
①第1四分位数を左端，第3四分位数を右端とする長方形(箱)をかく。
②①の長方形(箱)に，第2四分位数(中央値)を示す縦線をかく。
③最小値，最大値を示す縦線をひき，線分(ひげ)でつなぐ。

ひげ　箱　ひげ

3 **英語(のテスト)**

解き方
それぞれの教科の箱ひげ図で，最小値を読み取り，4点未満の生徒がいないテストを見つけます。最小値は，国語が3点，数学が2点です。

p.102　ぴたトレ2

❶ (1)**最小値：8時間，最大値：18時間**
(2)**10時間**
(3)**第1四分位数：9時間，第2四分位数：13時間，第3四分位数：16時間**
(4)**7時間**
(5)**下の図**

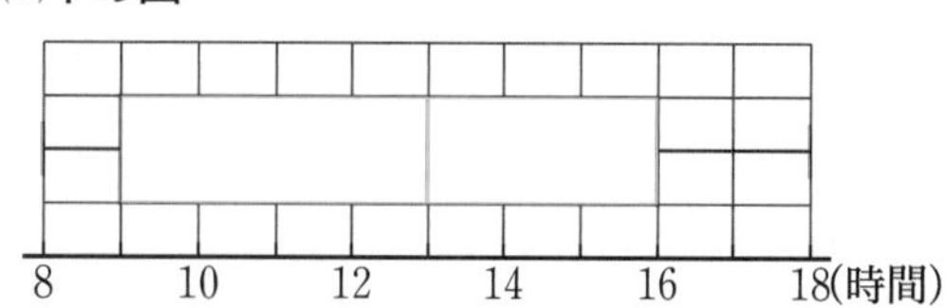

解き方
(1)データを小さい順に並べます。
8，8，9，9，10，11，13，13，14，15，15，16，17，17，18
(2)データの範囲は，最大値と最小値の差で求めます。18－8＝10(時間)
(3)四分位数は，次の手順で求めます。
①データの中央値(第2四分位数)を求める。
②中央値を境に，最小値をふくむ組と，最大値をふくむ組に分ける。
③最小値をふくむ組の中央値(第1四分位数)を求める。
④最大値をふくむ組の中央値(第3四分位数)を求める。
(4)四分位範囲は，第3四分位数と第1四分位数の差になります。16－9＝7(時間)

(5)最小値，最大値，四分位数を使って，箱ひげ図をかきます。第2四分位数の線のかき忘れに注意します。

2 ㋑

解き方

㋐「最も回数が少ない」とは最小値のことなので，9回です。

㋑「21回」はデータの中央値です。総数120人の半数である60人以上が，21回以上であることが読み取れます。

㋒箱ひげ図からは，平均値は読み取れません。

理解のコツ

・箱ひげ図は，データのおおまかな分布のようすをとらえるのに適しており，複数のデータを一度に比べやすいという特徴があります。

・データの中に極端に離れた値があると，範囲はその影響を受けますが，四分位範囲はほとんど影響を受けません。

p.103 ぴたトレ3

1 ㋐2 ㋑3 ㋒5 ㋓6 ㋔10

解き方

データを小さい順に並べると，次のようになります。

2, 3, 3, 4, 5, 5, 5, 6, 6, 10

(↑㋐ 2，↑㋑ 3，↑㋒ 5, 5 の間，↑㋓ 6，↑㋔ 10)

㋐最小値：2(本)

㋑第1四分位数：3(本)

㋒第2四分位数(中央値)：$\frac{5+5}{2}=5$(本)

㋓第3四分位数：6(本)

㋔最大値：10(本)

2 (1)B (2)A (3)C

解き方

どのヒストグラムも，最小値は0以上10未満，最大値は50以上60未満の階級にふくまれるので，最小値，最大値では判断できません。中央値(第2四分位数)に着目します。

(1)ヒストグラムから，データの個数は28で，中央値は30以上40未満の階級にふくまれます。BとCの箱ひげ図は，中央値がこのヒストグラムと同じ階級にありますが，山の形を見ると，比較的対称な分布になっているといえるので，Bの箱ひげ図です。

(2)データの個数は31で，中央値は10以上20未満の階級にふくまれるので，Aの箱ひげ図です。

(3)データの個数は24で，中央値は30以上40未満の階級です。ヒストグラムの山の形が右によっているので，Cの箱ひげ図です。

3 (1)**A組**

(2)**A組とB組：(例)分布の散らばりのようすは同じくらいだが，全体としてA組の生徒のほうが得点が低い傾向がある。**

A組とC組：(例)分布の散らばりのようすはA組のほうが大きく，C組よりも得点の分布が広い傾向がある。

解き方

箱ひげ図が縦になっていても，横のときと同じように読み取ります。

(1)四分位範囲は，箱ひげ図の箱の長さです。

A組：35−10＝25(点)

B組：40−20＝20(点)

C組：30−15＝15(点)

(2)データの傾向は，四分位数をもとに考えます。

	A組	B組	C組
最小値	5	15	10
第1四分位数	10	20	15
第2四分位数	20	35	20
第3四分位数	35	40	30
最大値	40	50	35
範囲	35	35	25
四分位範囲	25	20	15

(点)

A組とB組は範囲が同じですが，四分位数はB組のほうが大きいです。

A組とC組は四分位数はあまり変わりませんが，範囲や四分位範囲はA組のほうが大きいです。

7章　確率

p.105　ぴたトレ1

1　㋑，㋒

解き方　㋐：明日，雨が降ることと晴れることは，それぞれどれくらいの相対度数で起こるかわからないので，同様に確からしいとはいえません。

2　(1)$\frac{1}{4}$　(2)$\frac{4}{7}$　(3)$\frac{1}{2}$　(4)1

解き方
(1)52枚のトランプの中には，スペードのカードが13枚入っています。
よって，求める確率は　$\frac{13}{52}=\frac{1}{4}$
(2)起こり得る場合は全部で7通りあり，このうち，白玉を取り出す場合は4通りです。
(3)偶数の玉は2，4，6，8の4個，奇数の玉は1，3，5，7の4個なので，起こり得る場合の8通りのうち，偶数の玉を取り出す場合は4通りです。
(4)起こり得る場合の5通りのうち，5以下のカードを引く場合は5通りです。
必ず起こる確率は1です。

p.107　ぴたトレ1

1　$\frac{1}{2}$

解き方　起こり得る場合のすべてを，樹形図を使って考えます。

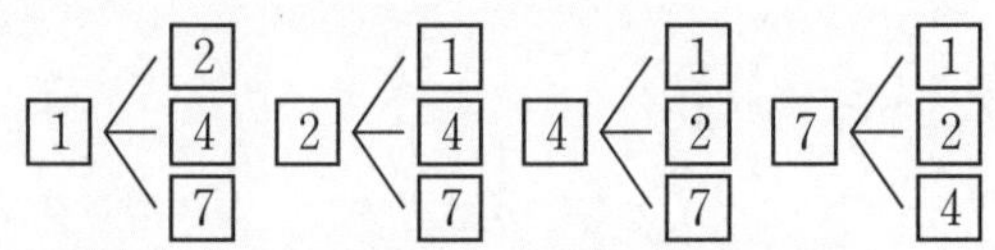

上の樹形図より，2桁の整数は全部で$3\times4=12$(通り)できます。このうち偶数は，小さいほうから，12，14，24，42，72，74の6通りです。
求める確率は$\frac{6}{12}=\frac{1}{2}$となります。

2　(1)$\frac{1}{9}$　(2)$\frac{1}{6}$

解き方　起こり得る場合は全部で36通りあります。
(1)目の和が9である場合は，(3, 6)，(4, 5)，(5, 4)，(6, 3)の4通りあります。
求める確率は$\frac{4}{36}=\frac{1}{9}$です。
(2)目の和が4以下である場合は，(1, 1)，(1, 2)，(1, 3)，(2, 1)，(2, 2)，(3, 1)の6通りあります。

A＼B	1	2	3	4	5	6
1	○	○	○			
2	○	○				
3	○					
4						
5						
6						

3　(1)$\frac{3}{10}$　(2)$\frac{7}{10}$

解き方　当たりが2本，はずれが3本あるので，樹形図を考えるときは，それぞれ区別して表します。同時に2本引くので，(あ1)－(あ2)と(あ2)－(あ1)は同じと考えて，すべてのくじの引き方を樹形図にすると，下のようになります。

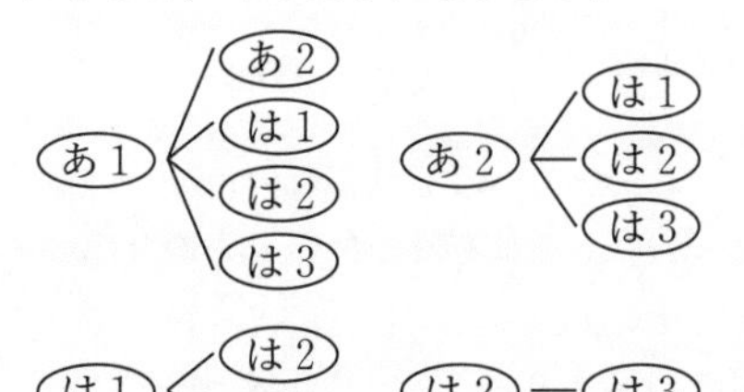

(1)起こり得る場合は全部で10通りあり，そのうち，2回ともはずれである場合は3通りです。
求める確率は$\frac{3}{10}$です。
(2)少なくとも1本は当たる確率は，
1－(2回ともはずれを引く確率)で求めます。
$1-\frac{3}{10}=\frac{7}{10}$

4　$\frac{1}{10}$

解き方　起こり得るすべての場合を，表を使って求めます。[A，B]と[B，A]は同じです。

	A	B	C	D	E
A	＼	○	○	○	○
B	＼	＼	○	○	○
C	＼	＼	＼	○	○
D	＼	＼	＼	＼	○
E	＼	＼	＼	＼	＼

全部で10通りのうち，DとEが選ばれるのは1通りです。

p.108～109　ぴたトレ2

1　㊁

解き方　㋐のように，スリッパなど表と裏の形が異なるものは，出方も異なります。
㋑と㋒のどちらも，書かれていることにおいて，起こる場合と起こらない場合の起こりやすさは，何らかの条件が変化することで変わってきます。例えば，テストの結果は努力をした場合としない場合で変わります。これは「同様に確からしい」に反します。㋔は10枚中3枚が当たりくじであることと，10枚中7枚が当たりくじであることの2つの場合といいかえることができます。宝くじは当たりよりはずれが多いので，同様に確からしいとはいえません。

2 (1)52通り　(2)12通り　(3)$\frac{3}{13}$

解き方

(2)絵札はJ，Q，Kの3枚で，4つのマークそれぞれに対して3枚ずつあるから，
$3\times4=12$(枚)となります。

(3)$\frac{12}{52}=\frac{3}{13}$

3 (1)いえない　(2)$\frac{3}{5}$　(3)$\frac{2}{5}$　(4)1

解き方

(1)袋の中に入っているそれぞれの色の玉の個数が異なるから，それぞれの色の玉を取り出す確率も異なります。

(2)全部で10個あり，このうち6個が白玉だから，
$\frac{6}{10}=\frac{3}{5}$となります。

(4)(2)と(3)より，$\frac{3}{5}+\frac{2}{5}=1$となります。起こり得るすべての場合の確率の総和は，必ず1になります。

4 (1)$\frac{1}{6}$　(2)$\frac{5}{18}$　(3)$\frac{3}{4}$　(4)$\frac{1}{9}$　(5)$\frac{1}{6}$

解き方

(1)さいころを2個投げたときの目の出方は全部で36通りで，目の和が7になるのは，(1，6)，(2，5)，(3，4)，(4，3)，(5，2)，(6，1)の6通りあります。

(2)目の和が9になるのは，(3，6)，(4，5)，(5，4)，(6，3)の4通り，10になるのは，(4，6)，(5，5)，(6，4)の3通り，11になるのは，(5，6)，(6，5)の2通り，12になるのは，(6，6)の1通りです。
以上より，全部で
$4+3+2+1=10$(通り)あります。

(3)2数の積が偶数となるのは，どちらかが偶数の場合と両方とも偶数の場合です。つまり，両方とも奇数になる，(1，1)，(1，3)，(1，5)，(3，1)，(3，3)，(3，5)，(5，1)，(5，3)，(5，5)の9通りを，全部の場合からひいて求めればよいです。

(4)(5，3)，(5，6)と(3，5)，(6，5)の4通りです。

(5)(1, 1)(2, 2)(3, 3)(4, 4)(5, 5)(6, 6)の6通りです。

5 (1)$\frac{1}{9}$　(2)$\frac{1}{9}$　(3)$\frac{1}{3}$　(4)$\frac{1}{3}$　(5)$\frac{1}{3}$

解き方

3人のじゃんけんの出し方は，

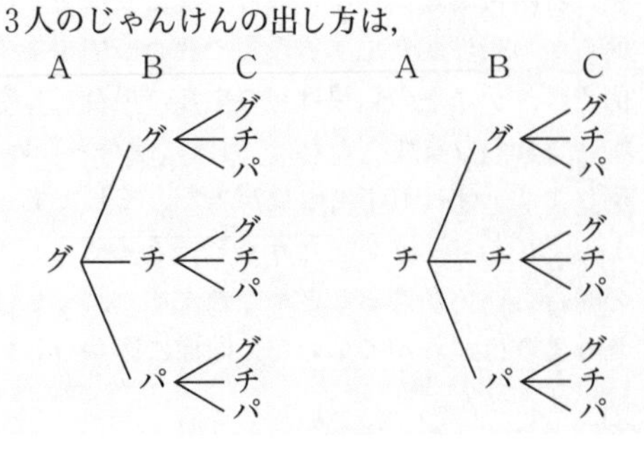

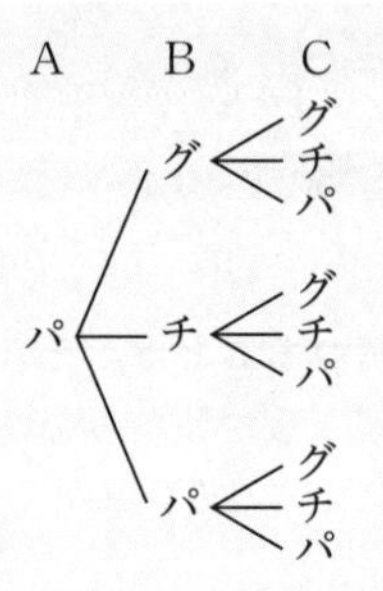

の27通りです。

(1)このうちAだけが勝つのは，(A，B，C)
=(グ，チ，チ)，(チ，パ，パ)，(パ，グ，グ)
の3通りです。

(2)Cだけが負けることと同じだから，(A，B，C)
=(グ，グ，チ)，(チ，チ，パ)，(パ，パ，グ)
の3通りです。

(3)3人がすべて同じものを出す場合は3通りです。
3人すべてちがうものを出す場合は，
(グ，チ，パ)，(グ，パ，チ)，(チ，グ，パ)，
(チ，パ，グ)，(パ，グ，チ)，(パ，チ，グ)
の6通りです。
よって，$\frac{3+6}{27}=\frac{1}{3}$

(4)Aだけが負けるのは3通り，AとBの2人が負ける(=Cだけが勝つ)のは3通り，AとCの2人が負けるのは3通りで，計9通りあります。

(5)Aだけが勝つのは3通り，同じくB，Cだけが勝つのもそれぞれ3通りあります。

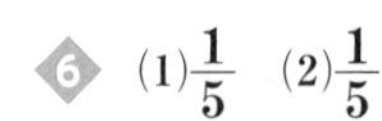

6 (1)$\frac{1}{5}$　(2)$\frac{1}{5}$

解き方

(1)引いたくじを箱に戻すときは，Aさんの引き方にBさんは左右されません。

(2)引いたくじを箱に戻さないので，すべての場合は以下のようになります。

Aさん Bさん
あ ― は①，は②，は③，は④

Aさん Bさん
は① ― あ，は②，は③，は④

Aさん Bさん
は② ― あ，は①，は③，は④

Aさん Bさん
は③ ― あ，は①，は②，は④

Aさん Bさん
は④ ― あ，は①，は②，は③

理解のコツ

- 2個のさいころを投げる問題では，6×6の表をつくります。
- くじを引くとき，先にくじを引いても，後からくじを引いても，当たりを引く確率は同じです。
- 樹形図や表をかくと，起こり得る場合の数を確実に求めることができます。

p.110〜111 ぴたトレ3

❶ (1)$\frac{2}{3}$ (2)$\frac{2}{3}$

解き方

(1)5よりも小さい目は，1，2，3，4の4通りです。

(2)3の倍数の目は，3，6なので，3の倍数でない場合は6－2＝4(通り)

❷ (1)$\frac{1}{4}$ (2)$\frac{7}{20}$ (3)$\frac{9}{20}$ (4)$\frac{7}{20}$ (5)$\frac{1}{5}$

解き方

すべての場合の数は，1から20までの20通りです。

(1)4の倍数のカードは，4，8，12，16，20の5通りです。

(2)24の約数であるカードは，1，2，3，4，6，8，12の7通りです。

(3)5より小さいカードは，1，2，3，4の4通り，15より大きいカードは，16，17，18，19，20の5通りなので，合わせて9通りあります。

(4)3でわると2余る数は，2，5，8，11，14，17，20の7通りです。

(5)7の倍数または9の倍数は，7，9，14，18の4通りです。

❸ (1)$\frac{1}{8}$ (2)$\frac{3}{8}$ (3)$\frac{3}{8}$ (4)$\frac{7}{8}$

解き方

(1)各硬貨の出方は表・裏の2通りで，これらは同様に確からしいです。3枚の硬貨の出方は，全部で8通りあります。このうち，3枚とも表になるのは1通りしかありません。

(2)3枚の硬貨をA，B，Cとすると，Aが表になるとき，Bが表になるとき，Cが表になるときの3通りがあります。

(4)1－(すべて表が出る確率)で求めます。

❹ (1)$\frac{3}{10}$ (2)$\frac{1}{5}$ (3)$\frac{2}{5}$ (4)$\frac{1}{5}$

解き方

2枚のカードを取り出してできる2桁の数は，全部で20通りあります。

(1)42より大きくなるのは，

十 一 十 一

4 ＜ 3, 5　　5 ＜ 1, 2, 3, 4

の6通りです。

(2) 十 一

1, 2, 4, 5 ＞ 3

の4通りです。

(3)1のカードが，十の位か一の位のどちらかにふくまれていればよいです。

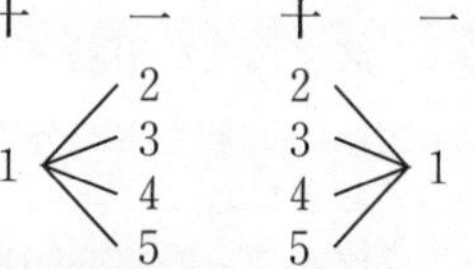

の8通りです。

(4)2の倍数で3の倍数でないのは，14，32，34，52の4通りです。

❺ (1)**10通り** (2)$\frac{3}{5}$ (3)$\frac{1}{10}$ (4)$\frac{3}{5}$

解き方

(1)3人の組み合わせをすべて書き出すと，

(A，B，C)，(A，B，D)，(A，B，E)，(A，C，D)，(A，C，E)，(A，D，E)，(B，C，D)，(B，C，E)，(B，D，E)，(C，D，E)

の10通りです。

(2)上記10通りのうち，Aが選ばれるのは6通りです。

(3)A，B，Cを女子と考えると，A，B，Cが選ばれるのは，上記10通りのうちの1通りです。

(4)D，Eを男子と考えると，上記10通りのうち，DまたはEのどちらか1人だけが選ばれるのは6通りです。

❻ (1)$\frac{12}{25}$ (2)$\frac{3}{10}$

解き方

(1)すべての場合を樹形図で調べると，

赤① ＜ 赤①, 赤②, 赤③, 白①, 白②
赤② ＜ 赤①, 赤②, 赤③, 白①, 白②
赤③ ＜ 赤①, 赤②, 赤③, 白①, 白②
白① ＜ 赤①, 赤②, 赤③, 白①, 白②
白② ＜ 赤①, 赤②, 赤③, 白①, 白②

の25通りです。

このうち異なる色が出るのは，12通りです。

(2)すべての場合は，

赤① ＜ 赤②, 赤③, 白①, 白②
赤② ＜ 赤①, 赤③, 白①, 白②
赤③ ＜ 赤①, 赤②, 白①, 白②
白① ＜ 赤①, 赤②, 赤③, 白②
白② ＜ 赤①, 赤②, 赤③, 白①

の20通りです。

このうち2個とも赤玉なのは，6通りです。

定期テスト予想問題〈解答〉 p.114～127

p.114～115 予想問題 1

出題傾向

式と計算の計算問題は，必ず何問か出題されます。簡単な問題も多いですが，ケアレスミスなく正確に早く解けるようにしておきましょう。
また，式の利用では，文字を使った説明問題の難易度が高いです。練習を積んで，自分で説明が書けるようにしておきましょう。

❶ (1)$\boldsymbol{8x-y}$ (2)$\boldsymbol{7x^2-11x}$ (3)$\boldsymbol{6x-2y}$
(4)$\boldsymbol{3a-b}$ (5)$\boldsymbol{-0.6x+1.6y}$ (6)$\boldsymbol{-\frac{1}{4}x-y}$

解き方

同類項は，分配法則を使って，1つの項にまとめます。

(1)$6x-5y+2x+4y$
$=(6+2)x+(-5+4)y$
$=8x-y$

(2)$5x^2-7x-4x+2x^2$
$=(5+2)x^2+(-7-4)x$
$=7x^2-11x$
x^2 と x は同類項ではないので，$7x^2-11x$ より簡単にできません。

(3)$(3x+4y)+(3x-6y)$
$=3x+4y+3x-6y$
$=(3+3)x+(4-6)y$
$=6x-2y$

(4)$(5a+3b)-(2a+4b)$
$=5a+3b-2a-4b$
$=(5-2)a+(3-4)b$
$=3a-b$

(5)$(0.2x+1.3y)-(0.8x-0.3y)$
$=0.2x+1.3y-0.8x+0.3y$
$=(0.2-0.8)x+(1.3+0.3)y$
$=-0.6x+1.6y$

(6)$\left(\frac{1}{4}x+2y\right)-\left(\frac{1}{2}x+3y\right)$
$=\frac{1}{4}x+2y-\frac{1}{2}x-3y$
$=\left(\frac{1}{4}-\frac{1}{2}\right)x+(2-3)y$
$=-\frac{1}{4}x-y$

❷ (1)$\boldsymbol{-81x^2y}$ (2)$\boldsymbol{-2x^3y^2}$ (3)$\boldsymbol{-4x}$ (4)$\boldsymbol{40y}$
(5)$\boldsymbol{-\frac{81}{8}x^3y^2}$

解き方

除法は乗法になおして，乗法だけの式にします。

(1)$-27xy\times3x$
$=-27\times3\times x\times x\times y$
$=-81x^2y$

(2)$\frac{1}{6}x^2y\times(-12xy)$
$=-\frac{1}{6}\times12\times x\times x\times x\times y\times y$
$=-2x^3y^2$

(3)$16x^2y\div(-4xy)$
$=-\frac{16x^2y}{4xy}$
$=-4x$

(4)$30xy^2\div\frac{3}{4}xy=30xy^2\times\frac{4}{3xy}$
$=\frac{30xy^2\times4}{3xy}$
$=40y$

(5)$\frac{3}{4}x^3y\div\left(-\frac{2}{3}xy\right)\times9xy^2$
$=\frac{3}{4}x^3y\times\left(-\frac{3}{2xy}\right)\times9xy^2$
$=-\frac{3x^3y\times3\times9xy^2}{4\times2xy}$
$=-\frac{81}{8}x^3y^2$

❸ (1)$\boldsymbol{-9x+27y-54}$ (2)$\boldsymbol{-2x+y}$ (3)$\boldsymbol{13x+3y}$
(4)$\boldsymbol{13b}$ (5)$\boldsymbol{\frac{1}{6}x+\frac{7}{6}y}$
(6)$\boldsymbol{\frac{-5x+10y}{12}}$ **(または，$\boldsymbol{-\frac{5}{12}x+\frac{5}{6}y}$)**

解き方

(1)$-9(x-3y+6)$
$=(-9)\times x+(-9)\times(-3y)+(-9)\times6$
$=-9x+27y-54$

(2)$(6x-3y)\div(-3)=\frac{6x-3y}{-3}$
$=\frac{6x}{-3}+\frac{-3y}{-3}$
$=-2x+y$

(3)$4(2x-3y)+5(x+3y)$
$=8x-12y+5x+15y$
$=(8+5)x+(-12+15)y$
$=13x+3y$

(4)$3(2a+b)-2(3a-5b)$
$=6a+3b-6a+10b$
$=(6-6)a+(3+10)b$
$=13b$

(5) $\frac{2}{3}(x+y)-\frac{1}{2}(x-y)$

$=\frac{2}{3}x+\frac{2}{3}y-\frac{1}{2}x+\frac{1}{2}y$

$=\left(\frac{2}{3}-\frac{1}{2}\right)x+\left(\frac{2}{3}+\frac{1}{2}\right)y$

$=\frac{1}{6}x+\frac{7}{6}y$

(6) $\frac{x+2y}{4}-\frac{2x-y}{3}$

$=\frac{3x+6y}{12}-\frac{8x-4y}{12}$

$=\frac{3x+6y-8x+4y}{12}$

$=\frac{-5x+10y}{12}$

4 **(1) -69　(2) 432**

解き方

(1) $2(x+3y)-3(5x-7y)$

$=2x+6y-15x+21y$

$=-13x+27y$

$x=-3$，$y=-4$ を代入して，

$-13x+27y=-13\times(-3)+27\times(-4)$

$=39-108$

$=-69$

(2) $12x^2y\div 4x\times(-3y)$

$=-\frac{12x^2y\times 3y}{4x}=-9xy^2$

$x=-3$，$y=-4$ を代入して，

$-9xy^2=-9\times(-3)\times(-4)^2=432$

5 **(1) $y=\frac{3x-8}{4}$ $\left(\text{または，} y=\frac{3}{4}x-2\right)$**

(2) $h=\frac{3S}{\pi r^2}$

解き方

(1) $3x-4y=8$

$3x$ を移項して，$-4y=-3x+8$

両辺を -4 でわって，$y=\frac{3x-8}{4}$

(2) $S=\frac{1}{3}\pi r^2h$

左辺と右辺を入れかえて，$\frac{1}{3}\pi r^2h=S$

両辺を3倍して，$\pi r^2h=3S$

両辺を πr^2 でわって，$h=\frac{3S}{\pi r^2}$

6 **2倍**

解き方

底面の半径が $r$cm，高さが $h$cmの円柱の体積を V とすると，$V=\pi r^2h$ となります。底面の半径を2倍，高さを半分にした円柱の体積を V' とすると，

$V'=\pi\times(2r)^2\times\frac{1}{2}h=2\pi r^2h$

となるので，体積は2倍になります。

7 **(1) $S=ab-3a$ $\left(\text{または，} S=a(b-3)\right)$**

(2) $b=\frac{S+3a}{a}$ $\left(\text{または，} b=\frac{S}{a}+3\right)$

解き方

(1)長方形の土地の面積は，abm^2

3mの幅の道の面積は，$3a$m^2

よって，$S=ab-3a$

(2) $S=ab-3a$ を「$b=\cdots$」の式にするために，

左辺と右辺を入れかえて，$ab-3a=S$

$-3a$ を移項して，$ab=S+3a$

両辺を a でわって，$b=\frac{S+3a}{a}$

8 **十の位の数を x，一の位の数を y とすると，**

$A=10x+y$，$B=10y+x$ と表せる。

ただし，x，y は1から9までの整数とする。

(1) $A+B=(10x+y)+(10y+x)=11(x+y)$

$x+y$ は整数だから，$A+B$ は11の倍数である。

(2) $A-B=(10x+y)-(10y+x)=9(x-y)$

$x-y$ は整数だから，$A-B$ は9の倍数である。

解き方

A の十の位の数を x，一の位の数を y とすると，B は，十の位の数が y，一の位の数が x となります。

(1) $11\times$(整数)となることを説明します。

(2) $9\times$(整数)となることを説明します。

p.116〜117　**予想問題 2**

出題傾向

連立方程式を解く問題は，基本問題から複雑な問題まで，数題出されることが多いです。式を素早く整理して，解x, yを求められるようにしましょう。応用問題では，問題文をよく読み，何をx，yにするかすぐに判断できるようになり，立式だけでなく，答えの単位や適切な形の答えにすることも忘れずに解きましょう。

❶ ㋒

解き方

x，yの値を代入して調べます。

㋒の上の式は，

左辺$=4\times\frac{3}{2}-3\times(-2)=6+6=12$

よって，左辺＝右辺になります。㋒の下の式は，

左辺$=5\times(-2)-2\times\frac{3}{2}=-10-3=-13$

よって，左辺＝右辺になります。x，yの値が連立方程式を成り立たせています。

㋐の上の式は，左辺$=3\times\frac{3}{2}+4\times(-2)$

$=\frac{9}{2}-8=-\frac{7}{2}$　よって，成り立ちません。

㋑の上の式は，左辺$=6\times\frac{3}{2}-5\times(-2)$

$=9+10=19$　よって，成り立ちません。

❷ (1) $\begin{cases} \boldsymbol{x=1} \\ \boldsymbol{y=3} \end{cases}$　(2) $\begin{cases} \boldsymbol{x=-2} \\ \boldsymbol{y=5} \end{cases}$　(3) $\begin{cases} \boldsymbol{x=12} \\ \boldsymbol{y=10} \end{cases}$

(4) $\begin{cases} \boldsymbol{x=2} \\ \boldsymbol{y=1} \end{cases}$　(5) $\begin{cases} \boldsymbol{x=-1} \\ \boldsymbol{y=4} \end{cases}$

(6) $\begin{cases} \boldsymbol{x=\frac{1}{2}} \\ \boldsymbol{y=-\frac{1}{3}} \end{cases}$

解き方

加減法で解きます。

(1) $\begin{cases} 2x+3y=11 & \cdots① \\ x-3y=-8 & \cdots② \end{cases}$

$$\begin{array}{lrl} ① & 2x+3y & =11 \\ ② & +)\ x-3y & =-8 \\ \hline & 3x & =3 \end{array}\quad x=1$$

$x=1$を②に代入すると，

$1-3y=-8$，$-3y=-9$，$y=3$

(2) $\begin{cases} x+4y=18 & \cdots① \\ -x+6y=32 & \cdots② \end{cases}$

$$\begin{array}{lrl} ① & x+4y & =18 \\ ② & +)\ -x+6y & =32 \\ \hline & 10y & =50 \end{array}\quad y=5$$

$y=5$を①に代入すると，

$x+20=18$，$x=18-20$，$x=-2$

(3) $\begin{cases} 3x+y=46 & \cdots① \\ x+3y=42 & \cdots② \end{cases}$

$$\begin{array}{lrl} ①\times3 & 9x+3y & =138 \\ ② & -)\ x+3y & =42 \\ \hline & 8x & =96 \end{array}\quad x=12$$

$x=12$を②に代入すると，

$12+3y=42$，$3y=30$，$y=10$

(4) $\begin{cases} 3x+2y=8 & \cdots① \\ 5x-3y=7 & \cdots② \end{cases}$

$$\begin{array}{lrl} ①\times3 & 9x+6y & =24 \\ ②\times2 & +)\ 10x-6y & =14 \\ \hline & 19x & =38 \end{array}\quad x=2$$

$x=2$を①に代入すると，

$6+2y=8$，$2y=2$，$y=1$

(5) $\begin{cases} x-y=-5 & \cdots① \\ 5x+3y=7 & \cdots② \end{cases}$

$$\begin{array}{lrl} ①\times3 & 3x-3y & =-15 \\ ② & +)\ 5x+3y & =7 \\ \hline & 8x & =-8 \end{array}\quad x=-1$$

$x=-1$を①に代入すると，

$-1-y=-5$，$-y=-4$，$y=4$

(6) $\begin{cases} 2x-3y=2 & \cdots① \\ 8x+9y=1 & \cdots② \end{cases}$

$$\begin{array}{lrl} ①\times3 & 6x-9y & =6 \\ ② & +)\ 8x+9y & =1 \\ \hline & 14x & =7 \end{array}\quad x=\frac{1}{2}$$

$x=\frac{1}{2}$を①に代入すると，

$1-3y=2$，$-3y=1$，$y=-\frac{1}{3}$

❸ (1) $\begin{cases} \boldsymbol{x=-2} \\ \boldsymbol{y=-8} \end{cases}$　(2) $\begin{cases} \boldsymbol{x=7} \\ \boldsymbol{y=1} \end{cases}$

解き方

代入法で解きます。

(1) $\begin{cases} y=2x-4 & \cdots① \\ y=5x+2 & \cdots② \end{cases}$

①を②に代入すると，

$2x-4=5x+2$，$-3x=6$，$x=-2$

$x=-2$を①に代入すると，

$y=-4-4$

$y=-8$

(2) $\begin{cases} 3x-7y=14 & \cdots① \\ x=9y-2 & \cdots② \end{cases}$

②を①に代入すると，

$3(9y-2)-7y=14$

$27y-6-7y=14$，$20y=20$，$y=1$

$y=1$を②に代入すると，

$x=9-2$

$x=7$

❹ (1)$\begin{cases} x=0 \\ y=2 \end{cases}$ (2)$\begin{cases} x=3 \\ y=2 \end{cases}$ (3)$\begin{cases} x=-8 \\ y=5 \end{cases}$

解き方

(1)$5x+4(x-y)=-8$を整理すると，

$5x+4x-4y=-8$，$9x-4y=-8$…①

$2(x+y)=3x+y+2$を整理すると，

$2x+2y=3x+y+2$，$-x+y=2$…②

①＋②×4より，$5x=0$，$x=0$

$x=0$を②に代入すると，$y=2$

(2)$\dfrac{x}{3}+\dfrac{y}{2}=2$の両辺を6倍して，

$2x+3y=12$だから，$\begin{cases} 2x-3y=0 & \cdots① \\ 2x+3y=12 & \cdots② \end{cases}$

①＋②より，$4x=12$，$x=3$

$x=3$を①に代入すると，

$6-3y=0$，$-3y=-6$，$y=2$

(3)$\begin{cases} 2x+y+5=2y+x-8 \\ 2y+x-8=-x-3y+1 \end{cases}$ より，

$\begin{cases} x-y=-13\cdots① \\ 2x+5y=9\cdots② \end{cases}$

①×2−②より，$-7y=-35$，$y=5$

$y=5$を①に代入すると，

$x-5=-13$，$x=-8$

❺ **$a=3$，$b=2$**

解き方

$x=2$，$y=3$を代入すると，

$\begin{cases} 2a+3b=12 & \cdots① \\ 8-3a=-1 & \cdots② \end{cases}$

②より，$-3a=-9$，$a=3$

$a=3$を①に代入すると，

$6+3b=12$，$3b=6$，$b=2$

❻ (1)$\begin{cases} \mathbf{10x+y=9y+4} \\ \mathbf{10y+x=10x+y+9} \end{cases}$ (2)**67**

解き方

もとの自然数は$10x+y$，十の位の数と一の位の数を入れかえた自然数は$10y+x$と表されます。

2桁の数は，その数の一の位の数の9倍より4大きいので，

$10x+y=9y+4$…①と置けます。

また，十の位の数と一の位の数を入れかえてできる数は，もとの数より9大きいので，

$10y+x=(10x+y)+9$…②と置けます。

①，②を整理すると，$\begin{cases} 10x-8y=4 & \cdots③ \\ -x+y=1 & \cdots④ \end{cases}$

③＋④×8より，$2x=12$，$x=6$

$x=6$を④に代入すると，$-6+y=1$，$y=7$

これは問題の答えとしてよいです。

よって，求める2桁の自然数は，

$10\times6+7=67$

❼ **学校から休憩所まで　5km，**
休憩所から公園まで　6km

解き方

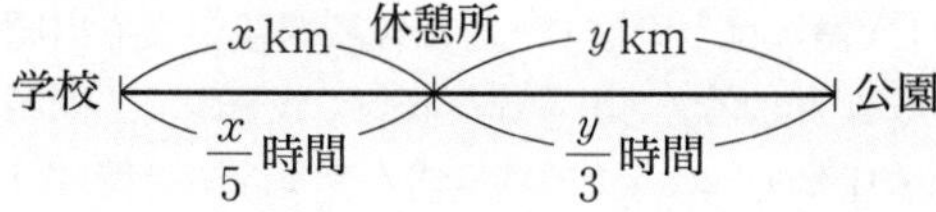

学校から休憩所までを$x$km，休憩所から公園までを$y$kmとすると，

道のりについての式は，$x+y=11$…①

時間についての式は，$\dfrac{x}{5}+\dfrac{y}{3}=3$

両辺を15倍して，$3x+5y=45$…②

①×3−②より，$-2y=-12$，$y=6$

$y=6$を①に代入すると，$x+6=11$，$x=5$

これは問題の答えとしてよいです。

❽ **200g**

解き方

濃度が4%，10%の食塩水を，それぞれ，xg，ygずつ混ぜる予定だったとすると，

$\dfrac{4}{100}x+\dfrac{10}{100}y=\dfrac{7.6}{100}(x+y)$　両辺を100倍して，

$4x+10y=7.6(x+y)$　さらに両辺を10倍すると，

$40x+100y=76(x+y)$，

$40x+100y=76x+76y$，$-36x+24y=0$

両辺を12でわって，$-3x+2y=0$…①

混ぜる重さを逆にして食塩水を混ぜたものは，

$\dfrac{4}{100}y+\dfrac{10}{100}x=32$

両辺を100倍すると，$4y+10x=3200$

両辺を2でわって，$5x+2y=1600$…②

①−②より，$-8x=-1600$，$x=200$

$x=200$を①に代入して，

$-600+2y=0$，$2y=600$，$y=300$

これは問題の答えとしてよいです。

p.118〜119 予想問題 3

出題傾向

1次関数は，直線の式を求める問題がよく出題されます。グラフから読み取って式をつくる問題や，条件を$y=ax+b$の式に代入する問題が解けるようにしておきましょう。
応用問題では，グラフを利用して，交点の座標を求める問題も多いです。

1 ㋐と㋒

解き方
㋐ $y=20-x$，$y=-x+20$
㋑ 立方体の1つの面の面積は$x^2\text{cm}^2$なので，表面積は，$y=6x^2$
㋒ 1分あたり1.5Lずつ水を抜くので，x分で$1.5x$Lの水が抜かれます。よって，残っている水の量yは，$y=40-1.5x$，$y=-1.5x+40$
㋓ $\frac{1}{2}\times x\times y=15$なので，$xy=30$，$y=\frac{30}{x}$
以上より，$y=ax+b$の形になっているものは，㋐と㋒です。

2 (1)**4** (2)**−5**

解き方
(1)1次関数$y=4x-6$より，$x=-1$のとき$y=-10$，$x=3$のとき$y=6$だから，変化の割合は，
$\frac{6-(-10)}{3-(-1)}=4$
(2)(xの増加量)$=\frac{(y\text{の増加量})}{(\text{変化の割合})}$より，
xの増加量は，$\frac{-15}{3}=-5$

3

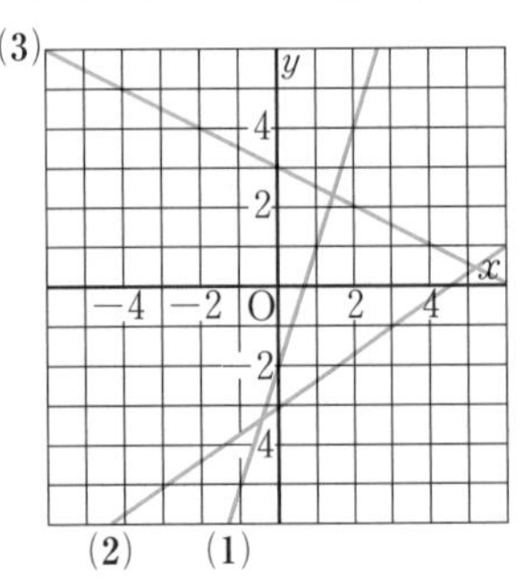

解き方
(1)$y=3x-2$より，切片は-2なので，$(0,\ -2)$を通ります。傾きは3なので，$(0,\ -2)$から，右へ1，上へ3進んだ点$(1,\ 1)$を通ります。
よって，$(0,\ -2)$，$(1,\ 1)$を通る直線をかけばよいです。
(2)$y=\frac{2}{3}x-3$より，切片は-3なので，$(0,\ -3)$を通ります。傾きは$\frac{2}{3}$なので，$(0,\ -3)$から，右へ3，上へ2進んだ点$(3,\ -1)$を通ります。
よって，$(0,\ -3)$，$(3,\ -1)$を通る直線をかけばよいです。
(3)$x+2y-6=0$，$y=-\frac{1}{2}x+3$より，切片は3なので，$(0,\ 3)$を通ります。
傾きは$-\frac{1}{2}$なので，$(0,\ 3)$から，右へ2，下へ1進んだ点$(2,\ 2)$を通ります。
よって，$(0,\ 3)$，$(2,\ 2)$を通る直線をかけばよいです。

4 (1)$\boldsymbol{y=2x-2}$ (2)$\boldsymbol{y=-\frac{4}{3}x}$

解き方
(1)$y=ax+b$と置きます。切片が-2なので，$y=ax-2$となります。
点$(4,\ 6)$を通るので，$x=4$，$y=6$を代入すると，
$6=4a-2$，$4a=8$，$a=2$
よって，$y=2x-2$
(2)$y=ax+b$と置きます。$x=-3$のとき$y=4$なので，$4=-3a+b$…①
$x=3$のとき$y=-4$なので，$-4=3a+b$…②
①−②より，$8=-6a$，$a=-\frac{4}{3}$
$a=-\frac{4}{3}$を①に代入すると，$4=4+b$，$b=0$
よって，$y=-\frac{4}{3}x$

5 (1)$\boldsymbol{y=\frac{5}{3}x+2}$ (2)$\boldsymbol{y=-\frac{2}{5}x-\frac{9}{5}}$
(3)$\boldsymbol{y=4}$ (4)$\boldsymbol{x=-3}$

解き方
(1)$y=ax+b$と置きます。切片が2なので，$b=2$ これより，$y=ax+2$
右へ3，上へ5進んだ点を通る直線なので，
傾きは$\frac{5}{3}$ よって，$a=\frac{5}{3}$より，$y=\frac{5}{3}x+2$
(2)2点$(-2,\ -1)$，$(3,\ -3)$を通るので，傾きは
$\frac{-3-(-1)}{3-(-2)}=-\frac{2}{5}$
求める直線は，$y=-\frac{2}{5}x+b$と置けるから，
この式に$x=-2$，$y=-1$を代入すると，
$-1=\frac{4}{5}+b$，$b=-\frac{9}{5}$
よって，$y=-\frac{2}{5}x-\frac{9}{5}$
(3)x軸に平行で，$(0,\ 4)$を通る直線なので，$y=4$
(4)y軸に平行で，$(-3,\ 0)$を通る直線なので，
$x=-3$

6 (1)**6cm** (2)$\left(\frac{36}{11}, \frac{4}{11}\right)$ (3)$\frac{108}{11}$**cm²**

解き方

(1)直線ℓの切片は2，直線mの切片は-4なので，
A(0, 2)，B(0, -4)
よって，AB$=2-(-4)=6$(cm)

(2)点Cは直線ℓ，mの交点なので，
連立方程式$\begin{cases} y=-\frac{1}{2}x+2 & \cdots① \\ y=\frac{4}{3}x-4 & \cdots② \end{cases}$
を解けばよいです。
①を②に代入すると，
$-\frac{1}{2}x+2=\frac{4}{3}x-4$
両辺を6倍して，$-3x+12=8x-24$，
$-11x=-36$，$x=\frac{36}{11}$
これを①に代入すると，
$y=-\frac{1}{2}\times\frac{36}{11}+2$，$y=-\frac{18}{11}+\frac{22}{11}$，$y=\frac{4}{11}$

(3)ABを底辺とすると，高さは点Cのx座標より$\frac{36}{11}$なので，
$\triangle \text{ABC}=\frac{1}{2}\times 6\times\frac{36}{11}=\frac{108}{11}$(cm²)

7 (1)$S=8$
(2)①$S=\frac{5}{2}t$
②$S=-t+14$
(3)右の図

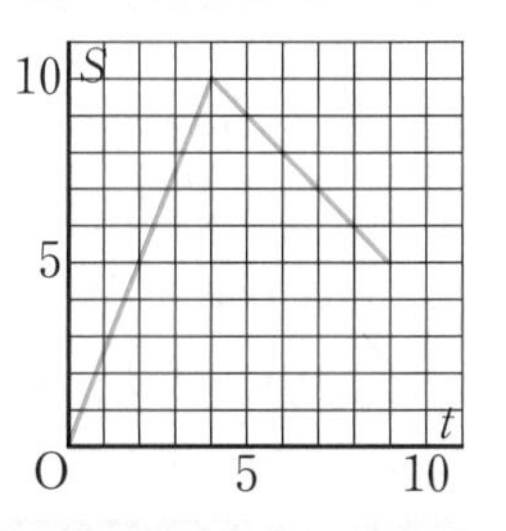

解き方

(1)点Pが動いた距離が6なので，

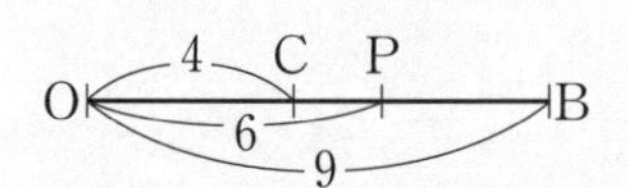

PC$=6-4=2$ よって，求めるSの値は，
$\triangle$ODP＝四角形OABC$-\triangle$OCP
$-\triangle$PBD$-\triangle$OAD
$=20-4-3-5$
$=8$

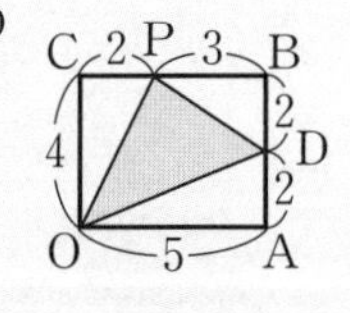

(2)①$0\leqq t\leqq 4$のとき，点Pは OC上なので，
$S=\frac{1}{2}\times\text{OP}\times\text{OA}$
$=\frac{1}{2}\times t\times 5$
$=\frac{5}{2}t$

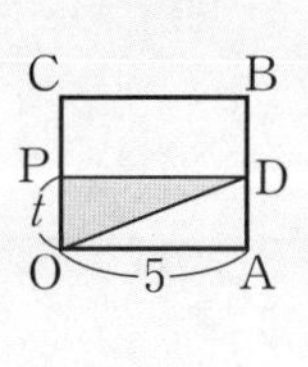

②$4\leqq t\leqq 9$のとき，点PはCB上にあります。
点Pが動いた距離がtなので，

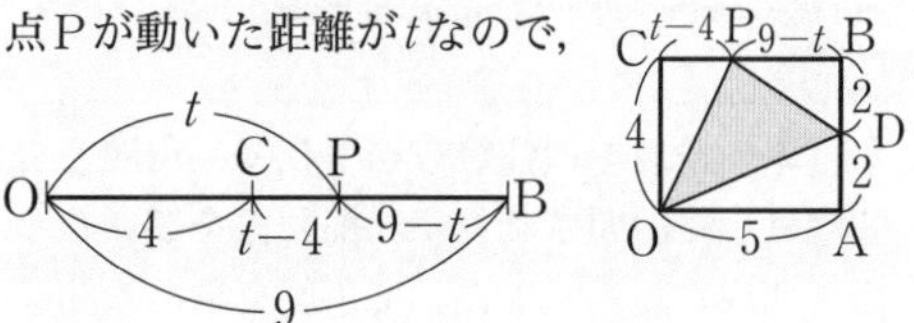

$\triangle \text{OCP}=\frac{1}{2}\times 4\times(t-4)=2(t-4)$
$\triangle \text{PBD}=\frac{1}{2}\times(9-t)\times 2=9-t$
$\triangle \text{OAD}=\frac{1}{2}\times 5\times 2=5$
S＝四角形OABC$-\triangle$OCP$-\triangle$PBD$-\triangle$OAD
$=20-2(t-4)-(9-t)-5$
$=20-2t+8-9+t-5$
$=-t+14$

(3)(2)より，$S=\frac{5}{2}t\,(0\leqq t\leqq 4)$と
$S=-t+14$ ($4\leqq t\leqq 9$) のグラフをかけばよいです。

予想問題 4

出題傾向

平行線や多角形の性質を利用して，角度を求める問題はよく出題されます。補助線をひいたり，外角を利用したり，工夫して角度を求める問題にも注意しましょう。
合同の証明は，記述問題として，必ず出題されます。証明の流れをよくつかみ，順序立てて書けるようにしておこう。

1 (1)$\angle x=77°$，$\angle y=114°$
(2)$\angle x=72°$，$\angle y=110°$

解き方
(1)同位角，または錯角を利用して解きます。
$\angle x=180°-103°=77°$
$\angle y=180°-66°=114°$
(2)与えられた角から，平行な直線を見つけます。
同位角より，$\angle x=72°$
錯角より，$\angle y=180°-70°=110°$

2 (1)78° (2)15°

解き方
(1)三角形の外角より，
$\angle ABC=142°-40°=102°$
$\angle x=180°-102°=78°$
(2)$\angle BCD=88°-62°=26°$
$\angle ACD=(180°-26°)\div 2=77°$
$\angle x=180°-(88°+77°)=15°$

3 (1)65° (2)68°

解き方
(1)三角形の外角より，下の図で，

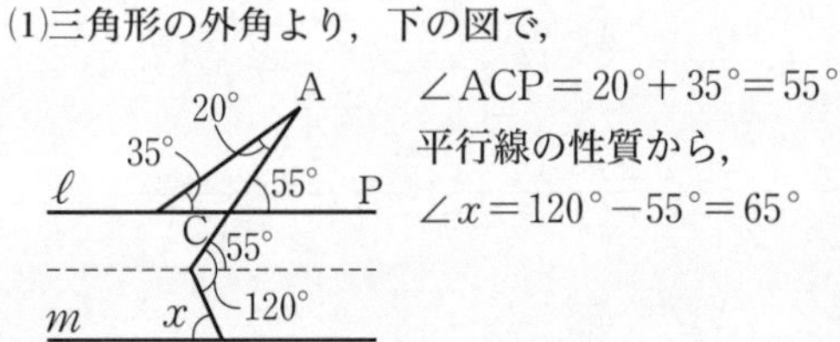

$\angle ACP=20°+35°=55°$
平行線の性質から，
$\angle x=120°-55°=65°$
(2)正五角形の1つの内角は，
$180°\times(5-2)\div 5=108°$
よって，直線ℓと辺ABがつくる角の大きさは，
$180°-(108°+32°)=40°$
Bを通りℓに平行な直線をひくと，
$\angle ABC=40°+\angle x=108°$より，
$\angle x=108°-40°=68°$

4 (1)十六角形 (2)30° (3)正十八角形
(4)正二十角形

解き方
(1)n角形の内角の和は，$180°\times(n-2)$なので，
$180°\times(n-2)=2520°$を解きます。
$n-2=14$，$n=16$
よって，十六角形
(2)多角形の外角の和は360°なので，正十二角形の1つの外角は，$360°\div 12=30°$
(3)$180°-160°=20°$より，この正多角形の1つの外角は20°
よって，$360°\div 20°=18$なので，正十八角形
(4)多角形の外角の和は360°なので，$360°\div 18°=20$より，正二十角形

5 (1)仮定　AB＝AC，∠ABE＝∠ACD
結論　DB＝EC
(2)①AC　②∠ACD　③∠CAD
④1組の辺とその両端の角　⑤AC

解き方
(2)等しい長さの辺から等しい長さをひいて証明します。

6 (1)仮定　AO＝BO，CO＝DO
結論　△ACO≡△BDO
(2)△ACOと△BDOで，
仮定から，
AO＝BO　…①
CO＝DO　…②
対頂角だから，
∠AOC＝∠BOD　…③
①，②，③から，2組の辺とその間の角がそれぞれ等しいので，
△ACO≡△BDO

解き方
(2)等しい辺や角から，どの合同条件が使えるかを考えて証明します。

p.122〜123　予想問題 5

出題傾向

二等辺三角形や平行四辺形など，特別な三角形や四角形における，角や長さを求める問題は，よく出題されます。図に等しい辺や角の大きさをかきこみ，確実に解けるようにしておきましょう。
また，平行四辺形になることを証明する問題は重要です。条件が5つあり，三角形の合同条件より複雑なので，しっかり練習して解けるようにしましょう。

1 (1)**60.5°**　(2)**21°**

解き方
(1)$\angle ACB=(180°-62°)\div 2=59°$
$\angle x=(180°-59°)\div 2=60.5°$
(2)$\angle BDA=(180°-46°)\div 2=67°$
三角形の外角より，
$\angle x=67°-46°=21°$

2 (1)**逆…$xy>0$ならば，$x>0$，$y>0$**
成り立たない。
(2)**逆…3組の辺がそれぞれ等しいならば，**
△ABC≡△DEFである。
成り立つ。

解き方
「□ならば○」の逆は，「○ならば□」です。
(1)反例は，$x=-1$，$y=-1$です。

3 (1)**116°**　(2)**125°**

解き方
(1)$\angle ABE=\angle BDC=52°$
$\angle BEA=(180°-52°)\div 2=64°$
$\angle x=180°-64°=116°$
(2)$\angle AHE=180°-63°=117°$
$\angle x=\angle A=360°-(28°+90°+117°)=125°$

4 (1)**△ABEと△ADFで，**
仮定から，AB＝AD　…①
AE＝AF　…②
∠ABE＝∠ADF＝90°　…③
①，②，③から，斜辺と他の1辺がそれぞれ等しい直角三角形なので，
△ABE≡△ADF
対応する角だから，∠BAE＝∠DAF
(2)**33°**

解き方
(2)$\angle EAF=180°-78°\times 2=24°$
$\angle BAE=\angle DAF=(90°-24°)\div 2=33°$

5 (1)**AD∥BCだから，　∠CAF＝∠BCA　…①**
折り曲げた図だから，
∠BCA＝∠ACF　…②
①，②から，△AFCにおいて，
∠CAF＝∠ACFだから，AF＝CF
また，AD＝BC＝ECだから，
DF＝AD－AF
＝EC－CF
＝EF
よって，DF＝EF
(2)**104°**

解き方
(1)△AEF≡△CDFを証明してもよいです。
(2)∠ACB＝∠ACF＝∠CAF＝38°です。
△ACFで，$\angle AFC=180°-38°\times 2=104°$

6 **△APSと△CRQで，**
平行四辺形だから，∠PAS＝∠RCQ　…①
AD＝BC　…②
仮定から，AP＝CR＝BQ＝DS　…③
②，③から，AD－DS＝BC－BQだから，
AS＝CQ　…④
①，③，④から，2組の辺とその間の角がそれぞれ等しいので，△APS≡△CRQ
したがって，PS＝RQ　…⑤
同様にして，△PBQ≡△RDSより，
PQ＝RS　…⑥
⑤，⑥から，2組の対辺がそれぞれ等しいので，
四角形PQRSは平行四辺形である。

解き方
四角形PQRSの辺がどのような関係になっているかに着目して証明します。

7 **△ACE，△ACF，△BCF**

解き方
AD∥BCで高さが等しく，底辺AEが共通なので，
△ABE＝△ACE
同様に，AC∥EFで，底辺ACが共通なので，
△ACE＝△ACF
さらに，AB∥DCで，底辺FCが共通なので，
△ACF＝△BCF

p.124〜125 予想問題 6

出題傾向

四分位数を求める問題，箱ひげ図の作図，箱ひげ図の読み取りの問題は，よく出題されます。データを小さい順に並びかえて，きちんと整理しよう。データの個数が偶数なのか，奇数なのかで中央値の求め方が異なることに注意して，並べたデータにはしるしをつけるなど，数えもれや重複のないように工夫しましょう。

1 **(1)中央値　(2)①　3　②　1**

解き方　四分位数は小さいほうから順に，第１四分位数，第２四分位数(中央値)，第３四分位数です。
(2)四分位範囲は，第３四分位数と第１四分位数の差で，データの散らばりの程度を表しています。

2 **(1)Aチーム　最小値：30点，最大値：90点**
Bチーム　最小値：10点，最大値：80点
(2)第1四分位数：40点，第2四分位数：60点，第3四分位数：75点
(3)第1四分位数：20点，第2四分位数：45点，第3四分位数：60点
(4)Aチーム　35点，Bチーム　40点

解き方　(1)それぞれのデータを小さい順に並べます。
A：30, 40, 40, 50, 60, 70, 70, 80, 90
B：10, 10, 20, 30, 40, 50, 50, 60, 60, 80
(2)中央値(第２四分位数)は60点，第１四分位数は「30, 40, 40, 50」の中央値で40点，第３四分位数は「70, 70, 80, 90」の中央値で$\frac{70+80}{2}=75$(点)です。
(3)中央値(第２四分位数)は$\frac{40+50}{2}=45$(点)，第１四分位数は「10, 10, 20, 30, 40」の中央値で20点，第３四分位数は「50, 50, 60, 60, 80」の中央値で60点です。
(4)A：75−40＝35(点)
B：60−20＝40(点)

3 **下の図**

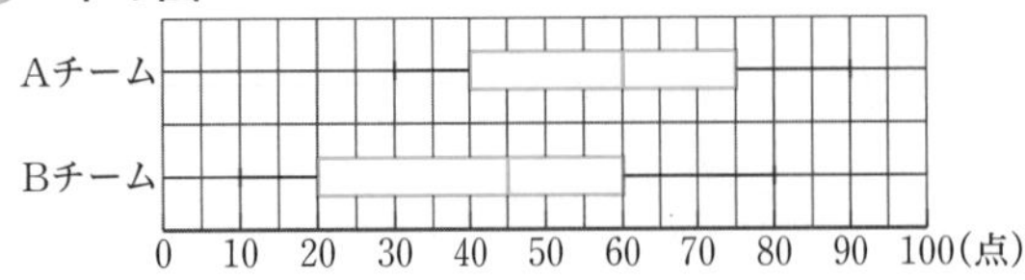

解き方　箱ひげ図は最小値，最大値，四分位数の５つの値を使ってかきます。

4 **(1)最小値　値：0(冊)**
(2)第3四分位数　値：6(冊)
(3)四分位範囲　値：5(冊)
(4)範囲　値：8(冊)

解き方　箱ひげ図における四分位範囲は箱の左端(第１四分位数)と右端(第３四分位数)の間で，範囲はひげの左端(最小値)と右端(最大値)の間です。

5 **(1)Aグループ　40分，Bグループ　29分**
(2)㋑

解き方　それぞれのデータを小さい順に並べます。
A：34, 44, 54, 68, 81, 84, 85, 93, 94
B：41, 43, 51, 61, 62, 71, 81, 92
Aグループは，第１四分位数が$\frac{44+54}{2}=49$(分)，第３四分位数が$\frac{85+93}{2}=89$(分)です。
Bグループは，第１四分位数が$\frac{43+51}{2}=47$(分)，第３四分位数が$\frac{71+81}{2}=76$(分)です。
(1)A：89−49＝40(分)，B：76−47＝29(分)
(2)Aグループの中央値は81分です。箱ひげ図で考えると第２四分位数(中央値)と第３四分位数の間や，第３四分位数と最大値の間がせまくなります。ヒストグラムに表すと，山の頂上が右にきます。

6 **(例)AよりもBの都市のほうが，最高気温が高い日が多いことがわかる。**

解き方　箱ひげ図が縦になっていても，横の図と同じように読み取ります。
箱ひげ図の箱で示された区間には，すべてのデータのうち中央値の前後にある約50％のデータがふくまれます。四分位範囲や中央値の位置，最大値のちがいなどから判断できることを書きます。

p.126～127　予想問題 7

出題傾向

基本的な問題は，条件に適する場合を調べ上げればよいので，丁寧に場合を数え上げます。少し複雑な問題は，樹形図や表を使って調べていきます。ミスなく数え上げられるように，樹形図や表を問題によって使い分けて練習しておきましょう。

1 ㋐

解き方

㋐　硬貨には表が出ることと，裏が出ることの2つの場合があり，どちらが起こることも同じ程度と考えられるから，同様に確からしいと考えられます。

㋑　次の試合の勝敗は，これまでの対戦と関係がなく，また，相手の強さにもよるので，同様に確からしいとはいえません。

2 (1)**4通り**　(2)**2通り**　(3)$\mathbf{\frac{3}{4}}$　(4)**0**

解き方

(1)赤，青，黄，白の4通りです。

(2)取り出すボールは1個なので，2通りです。

(3)青以外は，赤，黄，白の3通りがあります。

(4)緑のボールは入っていないので，緑が出るのは0通りです。

3 (1)$\mathbf{\frac{1}{8}}$　(2)$\mathbf{\frac{1}{2}}$　(3)$\mathbf{\frac{7}{8}}$

解き方

下の樹形図より，全部で8通りです。

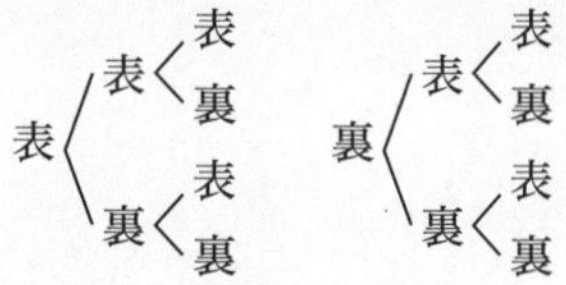

表＜表＜表／裏，裏＜表／裏
裏＜表＜表／裏，裏＜表／裏

(1)全部裏が出るのは1通りです。よって，$\frac{1}{8}$

(2)表が2枚出るのは3通り，表が3枚出るのは1通りです。よって，$\frac{3+1}{8}=\frac{1}{2}$

(3)1枚も表が出ない確率は，3枚とも裏が出る確率なので，$1-\frac{1}{8}=\frac{7}{8}$

4 (1)$\mathbf{\frac{5}{18}}$　(2)$\mathbf{\frac{1}{4}}$　(3)$\mathbf{\frac{1}{9}}$　(4)$\mathbf{\frac{11}{36}}$

解き方

(1)2個のさいころの目の出方は，36通り。このうち，目の和が5以下になるのは，(1，1)，(1，2)，(1，3)，(1，4)，(2，1)，(2，2)，(2，3)，(3，1)，(3，2)，(4，1)の10通りなので，確率は，$\frac{10}{36}=\frac{5}{18}$

(2)目の積が奇数になるのは，(1，1)，(1，3)，(1，5)，(3，1)，(3，3)，(3，5)，(5，1)，(5，3)，(5，5)の9通りなので，確率は，$\frac{9}{36}=\frac{1}{4}$

(3)どちらの目も3の倍数になるのは，(3，3)，(3，6)，(6，3)，(6，6)の4通りなので，確率は，$\frac{4}{36}=\frac{1}{9}$

(4)1つが2の倍数，もう1つが3の倍数になるのは，(2，3)，(2，6)，(3，2)，(3，4)，(3，6)，(4，3)，(4，6)，(6，2)，(6，3)，(6，4)，(6，6)の11通りなので，確率は$\frac{11}{36}$

5 (1)$\mathbf{\frac{1}{10}}$　(2)$\mathbf{\frac{3}{5}}$　(3)$\mathbf{\frac{7}{10}}$

解き方

すべての場合を表で求めると，

男①	○	○	○	○	○	○				
男②	○	○	○				○	○	○	
男③	○			○	○		○	○		○
女①		○		○		○	○		○	○
女②			○		○	○		○	○	○

の10通りです。

(1)上の表から，3人とも男子が選ばれるのは，1通りです。よって，$\frac{1}{10}$

(2)上の表から，女子が1人選ばれるのは，6通りです。よって，$\frac{6}{10}=\frac{3}{5}$

(3)少なくとも男子が2人選ばれる確率は，男子が1人しか選ばれない確率を全体からひけばよいです。
上の表から，男子が1人しか選ばれないのは，3通りだから，$1-\frac{3}{10}=\frac{7}{10}$

6 (1)**2通り**　(2)$\mathbf{\frac{5}{8}}$

解き方

すべての場合と,表の硬貨の金額を樹形図にします。

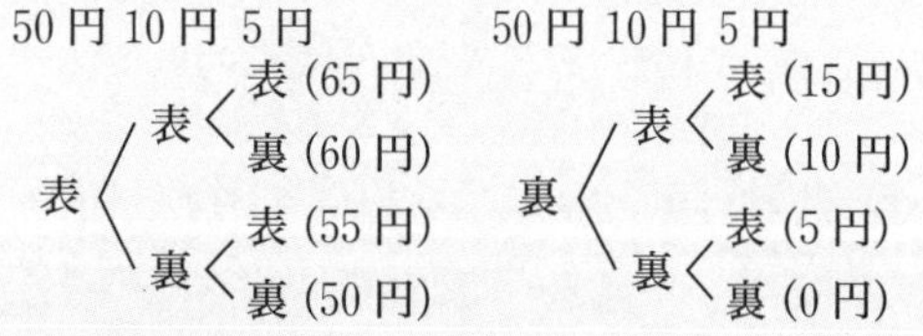

50円 10円 5円
表＜表＜表 (65円)／裏 (60円)，裏＜表 (55円)／裏 (50円)

50円 10円 5円
裏＜表＜表 (15円)／裏 (10円)，裏＜表 (5円)／裏 (0円)

(1)上の樹形図から，2通りです。

(2)上の樹形図から，5通りです。
すべての場合は8通りなので，確率は$\frac{5}{8}$

❼ (1)$\frac{1}{2}$　(2)$\frac{1}{4}$　(3)$\frac{5}{6}$　(4)$\frac{2}{3}$

解き方

すべての取り出し方は,

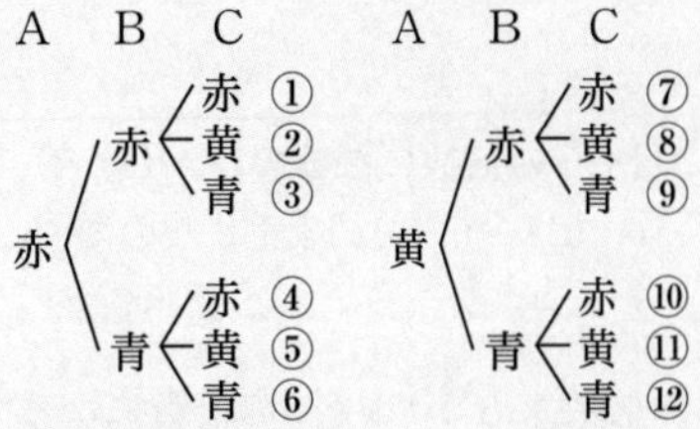

A	B	C		A	B	C	
赤	赤	赤	①	黄	赤	赤	⑦
		黄	②			黄	⑧
		青	③			青	⑨
	青	赤	④		青	赤	⑩
		黄	⑤			黄	⑪
		青	⑥			青	⑫

の12通りです。

(1)上の樹形図から，Bの箱から赤色が取り出されるのは，①，②，③，⑦，⑧，⑨の6通りです。

(2)3本の色がすべて異なるのは，⑤，⑨，⑩の3通りです。

(3)赤色がふくまれないのは，⑪，⑫の2通りなので，

$1-\frac{2}{12}=\frac{5}{6}$

(4)2本が同じ色になるのは，②，③，④，⑥，⑦，⑧，⑪，⑫の8通りです。

教科書ぴったりトレーニング付録

赤シート×直前対策!

ぴたトレ mini book

テストに出る!

重要問題チェック!

数学２年

赤シートでかくしてチェック!

お使いの教科書や学校の学習状況により，ページが前後したり，学習されていない問題が含まれていたり，表現が異なる場合がございます。
学習状況に応じてお使いください。

←「ぴたトレ mini book」は取り外してお使いください。

式の計算

●式の計算

テストに出る！重要問題

〈特に重要な問題は□の色が赤いよ！〉

□次の式の同類項(どうるいこう)をまとめて簡単にしなさい。

$3x^2-2x+5-x^2+6x=(3-1)x^2+(\boxed{-2+6})x+5$

$=\boxed{2x^2+4x+5}$

□次の計算をしなさい。

$3(x+3y)-2(4x+5y)=3x+9y-\boxed{8}x-\boxed{10}y$

$=\boxed{-5x-y}$

□次の計算をしなさい。

(1) $(-3x)\times 2y$

$=(-3)\times 2\times x\times\boxed{y}$

$=\boxed{-6xy}$

(2) $(-4a)^2$

$=(-4a)\times(\boxed{-4a})$

$=\boxed{16a^2}$

(3) $(-8ab)\div\frac{4}{5}b$

$=(-8ab)\times\frac{\boxed{5}}{\boxed{4b}}=-\frac{8ab\times\boxed{5}}{\boxed{4b}}$

$=\boxed{-10a}$

□$\boldsymbol{x=-5}$，$\boldsymbol{y=9}$ のとき，$\boldsymbol{(x-4y)-(2x-6y)}$ の値を求めなさい。

[解答]　$(x-4y)-(2x-6y)=x-4y-\boxed{2}x+\boxed{6}y$

$=\boxed{-x+2y}$

この式に，$x=-5$，$y=9$ を代入して，

$\boxed{-1}\times(-5)+\boxed{2}\times 9=\boxed{5}+\boxed{18}$

$=\boxed{23}$

テストに出る！重要事項

〈テスト前にもう一度チェック！〉

□かっこがある式は分配法則 $\boldsymbol{m(a+b)=ma+mb}$ を使って計算する。

式の計算

●文字式の利用
●等式の変形

テストに出る！重要問題

〈特に重要な問題は□の色が赤いよ！〉

□ 2 つの整数が，ともに偶数(ぐうすう)のとき，その差は偶数になります。
その理由を説明しなさい。

［説明］ 2 つの整数が，ともに偶数のとき，m，n を整数とすると，
これらは，$2m$，$\boxed{2n}$ と表される。
このとき，2 数の差は，

$2m-\boxed{2n}=\boxed{2(m-n)}$

$m-n$ は整数だから，$\boxed{2(m-n)}$ は $\boxed{\text{偶数}}$ である。
したがって，2 つの偶数の差は偶数である。

□次の等式を，〔 〕内の文字について解きなさい。

(1) $2\pi r=2a+b$ 〔a〕

［解答］ 左辺と右辺を入れかえて，

$2a+b=2\pi r$

b を移項(いこう)して，

$2a=\boxed{2\pi r-b}$

両辺を 2 でわって，

$a=\boxed{\pi r-\dfrac{b}{2}}$

(2) $V=\dfrac{1}{3}Sh$ 〔h〕

［解答］ 両辺を 3 倍して，

$\boxed{3V}=Sh$

左辺と右辺を入れかえて，

$Sh=\boxed{3V}$

両辺を S でわって，

$h=\boxed{\dfrac{3V}{S}}$

テストに出る！重要事項

〈テスト前にもう一度チェック！〉

□連続する 3 つの整数のうち，いちばん小さい数を n と表すと，連続する 3 つの整数は，n，$n+1$，$n+2$ と表される。

□m を整数とすると，偶数は $2m$ と表される。

□n を整数とすると，奇数(きすう)は $2n+1$ と表される。

□ 2 けたの正の整数は，十の位の数を a，一の位の数を b とすると，$10a+b$ と表される。

連立方程式

●連立方程式の解き方

テストに出る！重要問題

〈特に重要な問題は□の色が赤いよ！〉

□次の連立方程式を解きなさい。

(1) $\begin{cases} 3x+y=2 & \cdots\cdots① \\ x+2y=-6 & \cdots\cdots② \end{cases}$

[解答] ①×2　$\boxed{6x+2y}=4$

②　$-)\quad x+2y=-6$

$\boxed{5x}=10$

$x=\boxed{2}$

$x=\boxed{2}$を①に代入すると，

$\boxed{6}+y=2$

$y=\boxed{-4}$

よって，$(x,\ y)=(\boxed{2},\ \boxed{-4})$

(2) $\begin{cases} y=-x+5 & \cdots\cdots① \\ x-2y=2 & \cdots\cdots② \end{cases}$

[解答] ①を②に代入すると，

$x-2(\boxed{-x+5})=2$

$x+\boxed{2x-10}=2$

$3x=\boxed{12}$

$x=\boxed{4}$

$x=\boxed{4}$を①に代入すると，

$y=-\boxed{4}+5=\boxed{1}$

よって，$(x,\ y)=(\boxed{4},\ \boxed{1})$

テストに出る！重要事項

〈テスト前にもう一度チェック！〉

□$\boldsymbol{A=B=C}$ の形の方程式は，下のいずれかの形の連立方程式になおす。

$\begin{cases} \boldsymbol{A=C} \\ \boldsymbol{B=C} \end{cases}$　$\begin{cases} \boldsymbol{A=B} \\ \boldsymbol{A=C} \end{cases}$　$\begin{cases} \boldsymbol{A=B} \\ \boldsymbol{B=C} \end{cases}$

連立方程式　●連立方程式の利用

テストに出る！重要問題　〈特に重要な問題は□の色が赤いよ！〉

□ある人がA地点から5 km離(はな)れたB地点まで行くのに，最初は時速4 kmで歩きましたが，途中のC地点からは時速6 kmで歩いたので，A地点を出発してから1時間後にB地点に着きました。A地点からC地点までの道のりと，C地点からB地点までの道のりは，それぞれ何kmですか。

［解答］　A地点からC地点までの道のりをx km，C地点からB地点までの道のりをy kmとすると，

$$\begin{cases} x+y=\boxed{5} & \cdots\cdots① \\ \dfrac{x}{4}+\dfrac{y}{6}=\boxed{1} & \cdots\cdots② \end{cases}$$

$$\begin{array}{lrl} ②\times 12 & \boxed{3}x+\boxed{2}y= & \boxed{12} \\ ①\times 2 & -)\quad 2x+2y= & \boxed{10} \\ \hline & x= & \boxed{2} \end{array}$$

$x=\boxed{2}$を①に代入すると，

$\boxed{2}+y=5$，$y=\boxed{3}$

$(x,\ y)=(\boxed{2},\ \boxed{3})$

この解は問題にあっている。

A地点からC地点まで$\boxed{2}$ km，C地点からB地点まで$\boxed{3}$ km

□上の問題で，A地点からC地点までかかった時間をx時間，C地点からB地点までかかった時間をy時間として，連立方程式をつくりなさい。　$\left(\begin{cases} x+y=1 \\ 4x+6y=5 \end{cases}\right)$

テストに出る！重要事項　〈テスト前にもう一度チェック！〉

□連立方程式を使って問題を解く手順

①　問題の中の数量に着目して，数量の関係を見つける。

②　まだわかっていない数量のうち，適当なものを文字で表して連立方程式をつくる。

③　つくった連立方程式を解き，解が問題にあっているかどうかを確かめる。

1次関数

- 1次関数の値の変化
- 1次関数のグラフ

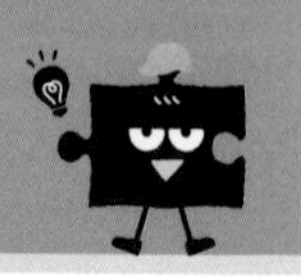

テストに出る！重要問題

〈特に重要な問題は□の色が赤いよ！〉

□ 1次関数 $y=-2x+3$ で，x の増加量が 4 のときの y の増加量を求めなさい。

［解答］ 変化の割合 $=\dfrac{y\text{の増加量}}{x\text{の増加量}}=\boxed{-2}$

よって，y の増加量は

$(\boxed{-2})\times 4=\boxed{-8}$

□次の直線の傾き（かたむ）きと切片を答えなさい。

(1) $y=5x-6$

傾き〔 5 〕
切片〔 −6 〕

(2) $y=4-x$

傾き〔 −1 〕
切片〔 4 〕

(3) $y=-\dfrac{1}{2}x$

傾き$\left[-\dfrac{1}{2}\right]$
切片〔 0 〕

□次の1次関数のグラフをかきなさい。

(1) $y=x-3$

(2) $y=-\dfrac{1}{2}x+2$

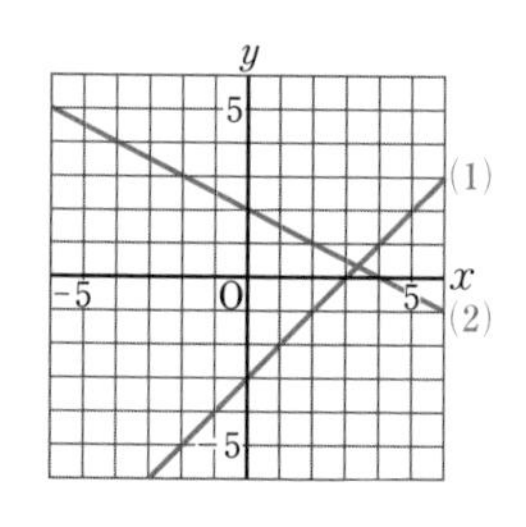

テストに出る！重要事項

〈テスト前にもう一度チェック！〉

□ 1次関数 $y=ax+b$ では，変化の割合は一定で，a に等しい。

$$\text{変化の割合}=\frac{y\text{の増加量}}{x\text{の増加量}}=a$$

□ 1次関数 $y=ax+b$ のグラフは，傾き a，切片 b の直線である。

1次関数

●1次関数の式の求め方

テストに出る！重要問題

〈特に重要な問題は□の色が赤いよ！〉

□右の図は，ある1次関数のグラフです。
この1次関数の式を求めなさい。

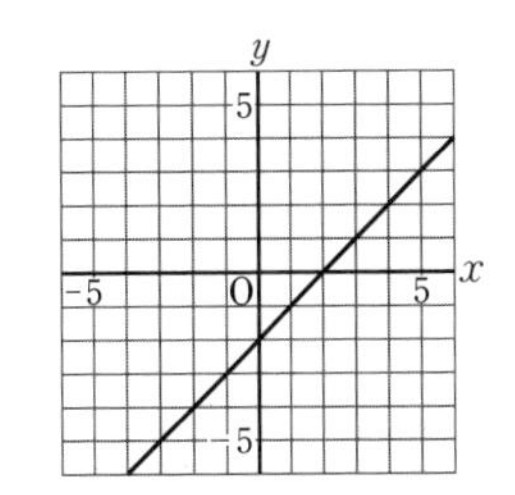

［解答］　切片が $\boxed{-2}$，傾き（かたむ）が $\boxed{1}$ のグラフだから，
求める関数の式は，
$y=\boxed{x-2}$

□次の1次関数の式を求めなさい。

(1)　グラフが，点 (2，3) を通り，傾き1の直線である。

［解答］　傾きは1だから，求める1次関数の式を $y=\boxed{x}+b$ とする。
この直線は，点 (2，3) を通るから，
$x=\boxed{2}$，$y=\boxed{3}$ を上の式に代入すると，
$\boxed{3}=\boxed{2}+b$，$b=\boxed{1}$
よって，求める式は，$y=\boxed{x+1}$

(2)　グラフが，2点 (1，2)，(4，11) を通る直線である。

［解答］　2点 (1，2)，(4，11) を通る直線の傾きは，

$$\frac{\boxed{11}-\boxed{2}}{4-1}=\frac{\boxed{9}}{3}=\boxed{3}$$

だから，求める1次関数の式を，$y=\boxed{3}x+b$ とする。
この直線は，点 (1，2) を通るから，
$\boxed{2}=\boxed{3}\times1+b$，$b=\boxed{-1}$
よって，求める式は，$y=\boxed{3x-1}$

テストに出る！重要事項

〈テスト前にもう一度チェック！〉

□1次関数のグラフから，傾き a と切片 b を読みとることができれば，その1次関数の式 $y=ax+b$ を求めることができる。

1次関数 ●方程式とグラフ

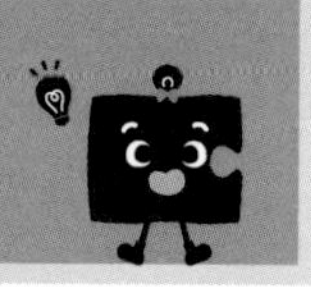

テストに出る！重要問題

〈特に重要な問題は□の色が赤いよ！〉

□次の方程式のグラフをかきなさい。

(1) $x=-1$

(2) $y=3$

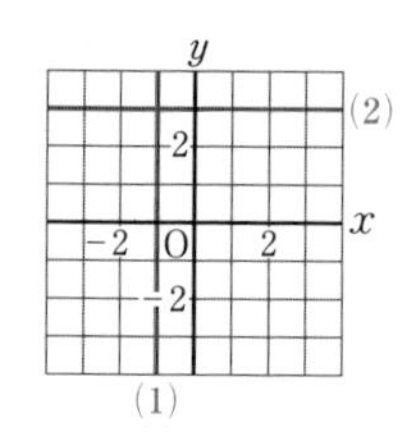

□右の図で，2直線 ℓ，m の交点Pの座標を求めなさい。

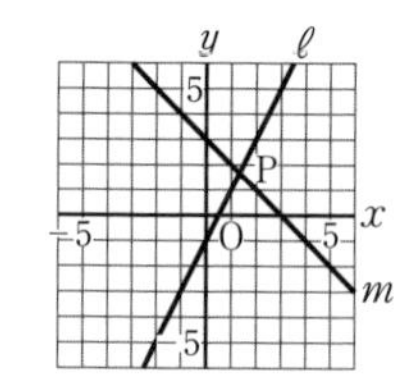

［解答］ 直線 ℓ の式は，切片が $\boxed{-1}$，傾き(かたむ)きが $\boxed{2}$ なので，

$y=\boxed{2x-1}$

直線 m の式は，切片が3，傾きが -1 なので，

$y=-x+3$

よって，直線 ℓ，m の式は，それぞれ，

$y=\boxed{2x-1}$ ……①

$y=-x+3$ ……②

①と②を連立方程式とみて，①を②に代入すると，

$\boxed{2x-1}=-x+3$

$3x=\boxed{4}$

$x=\boxed{\frac{4}{3}}$

$x=\boxed{\frac{4}{3}}$ を②に代入して，$y=\boxed{\frac{5}{3}}$

$(x,\ y)=\left(\boxed{\frac{4}{3}},\ \boxed{\frac{5}{3}}\right)$ だから，$\mathrm{P}\left(\boxed{\frac{4}{3}},\ \boxed{\frac{5}{3}}\right)$

テストに出る！重要事項

〈テスト前にもう一度チェック！〉

□$y=k$ のグラフは，x 軸(じく)に平行な直線である。

$x=h$ のグラフは，y 軸に平行な直線である。

図形の調べ方

- 角と平行線
- 多角形の角
- 三角形の合同

テストに出る！重要問題

〈特に重要な問題は□の色が赤いよ！〉

□下の図で，$\angle x$ の大きさを求めなさい。ただし，$\ell /\!/ m$ とします。

(1)

$\angle x = \boxed{47}°$

(2)

$\angle x = \boxed{69}°$

(3)

$\angle x = 60° + \boxed{57}°$

$= \boxed{117}°$

(4)

$\angle x = \boxed{360}° - (120° + 130°)$

$= \boxed{110}°$

□右の図は，AB＝AD，∠BAC＝∠DAC となっています。この図で，合同な三角形の組を，記号 ≡ を使って表し，そのとき使った合同条件を答えなさい。

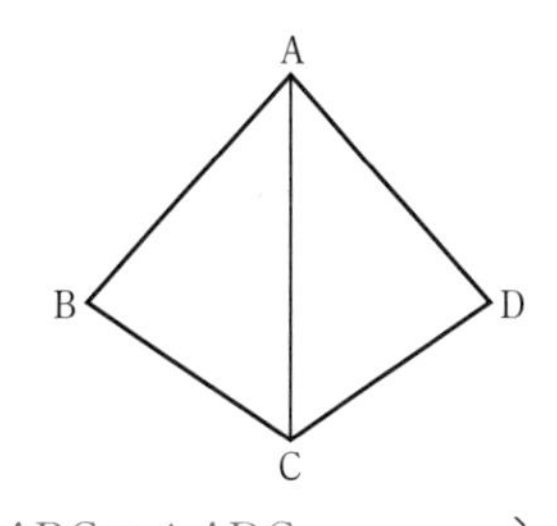

合同な三角形の組〔 △ABC≡△ADC 〕

合同条件〔 2 組の辺とその間の角が，それぞれ等しい。〕

テストに出る！重要事項

〈テスト前にもう一度チェック！〉

□三角形の合同条件

① 3 組の辺が，それぞれ等しい。

② 2 組の辺とその間の角が，それぞれ等しい。

③ 1 組の辺とその両端（りょうたん）の角が，それぞれ等しい。

図形の調べ方　●証明

テストに出る！重要問題　〈特に重要な問題は□の色が赤いよ！〉

□右の図で，**AM＝DM，BM＝CM** ならば，**AB∥CD** であることを証明します。
次の問いに答えなさい。

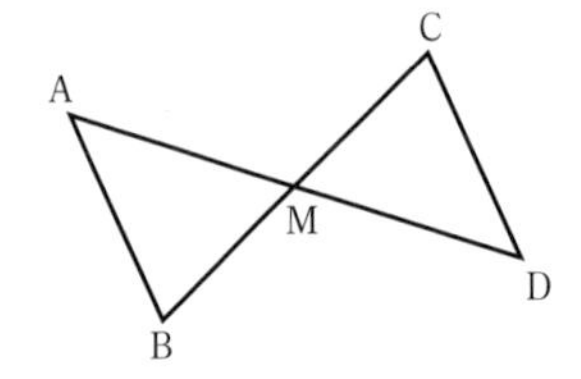

⑴　仮定と結論を答えなさい。

仮定〔 AM＝DM，BM＝CM 〕
結論〔 AB∥CD 〕

⑵　次のように証明しました。□にあてはまるものを答えなさい。

［証明］△ABM と △DCM で，
仮定より，
AM＝DM ……①
BM＝CM ……②
対頂角は等しいから，
∠AMB＝∠DMC ……③
①，②，③から，2 組の辺とその間の角 が，それぞれ等しいので，
△ABM≡△DCM
合同な図形では，対応する角の大きさは等しいので，
∠ABM＝∠DCM
よって，錯角 が等しいので，AB∥CD

テストに出る！重要事項　〈テスト前にもう一度チェック！〉

□「(ア)ならば，(イ)である」ということがらについて，(ア)の部分を仮定，(イ)の部分を結論という。

□ 2 直線が平行であることを証明する場合，
同位角　または　錯角
が等しいことをいう。

□ 2 つの線分の長さが等しいことを証明する場合，
三角形の合同
を使うことが多い。

図形の性質と証明　●二等辺三角形

テストに出る！重要問題　〈特に重要な問題は□の色が赤いよ！〉

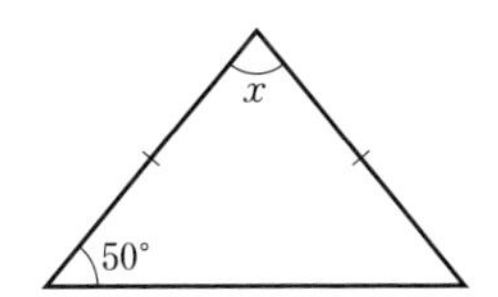

□右の図の三角形は，同じ印をつけた辺の長さが等しい二等辺三角形です。
$\angle x$ の大きさを求めなさい。

［解答］ $\angle x = 180° - (\boxed{50}° + 50°)$

$= 180° - \boxed{100}°$

$= \boxed{80}°$

□「自然数 a，b で，a も b も偶数（ぐうすう）ならば，$a+b$ は偶数である。」ということがらの逆を答えなさい。また，それが正しいかどうかを調べて，正しくない場合には反例を示しなさい。

［解答］ 逆は，「自然数 a，b で，［$a+b$ が偶数］ならば，［a も b も偶数］である。」となる。

これは，［正しくない］。

反例は，$a=1$，$b=3$ のとき，

$a+b=1+3=4$

だから，$a+b$ は［偶数］になるが，a と b は［奇数］である。

□正三角形の定義を答えなさい。

［3つの辺］がすべて等しい三角形を，正三角形という。

テストに出る！重要事項　〈テスト前にもう一度チェック！〉

□ 2つの辺が等しい三角形を二等辺三角形という。

□二等辺三角形の2つの底角は等しい。

□二等辺三角形の頂角の二等分線は，底辺を垂直に2等分する。

□ 2つのことがらが，仮定と結論を入れかえた関係にあるとき，一方を他方の逆という。

□あることがらが成り立たない例を，反例という。

図形の性質と証明

●直角三角形の合同

テストに出る！重要問題

〈特に重要な問題は□の色が赤いよ！〉

□下の図の 3 つの三角形で，合同な三角形の組を見つけ，記号 ≡ を使って表しなさい。また，そのとき使った合同条件を答えなさい。

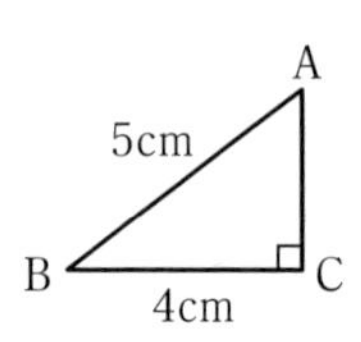

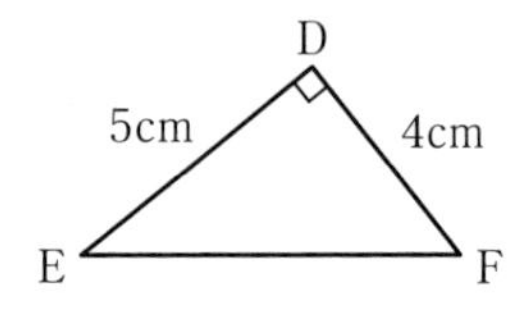

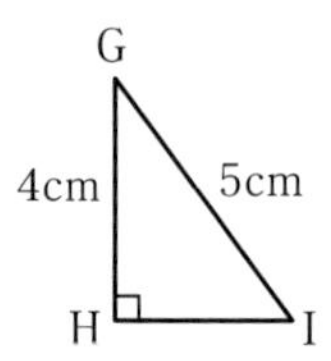

合同な三角形の組〔 △ABC≡△IGH 〕
合同条件〔 斜辺と他の 1 辺が，それぞれ等しい。 〕

□線分 AB の中点 P を通る直線 ℓ に，線分の両端（りょうたん） A，B から，それぞれ，垂線 AX，BY をひきます。このとき，AX=BY であることを証明しなさい。

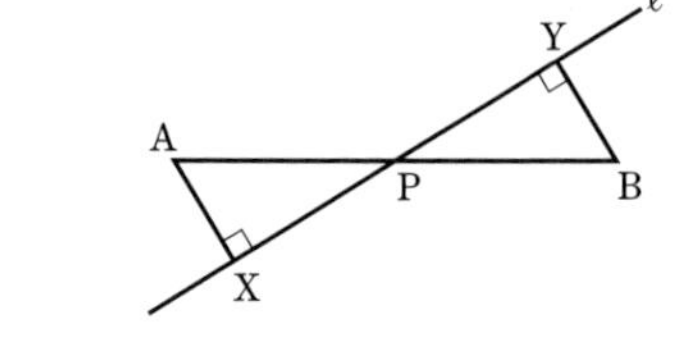

［証明］ △APX と △BPY で，

AX⊥PX，BY⊥PY だから，

∠AXP=∠BYP=90° ……①

仮定より，AP=BP ……②

対頂角は等しいから，∠APX=∠BPY ……③

①，②，③から，直角三角形の 斜辺と 1 つの鋭角 が，それぞれ等しいので，

△APX≡△BPY

合同な図形では，対応する辺の長さは等しいので，

AX=BY

テストに出る！重要事項

〈テスト前にもう一度チェック！〉

□直角三角形の合同条件

① 斜辺（しゃへん）と 1 つの鋭角（えいかく）が，それぞれ等しい。

② 斜辺と他の 1 辺が，それぞれ等しい。

図形の性質と証明　●平行四辺形の性質

テストに出る！重要問題　〈特に重要な問題は□の色が赤いよ！〉

□下の図の四角形ABCDは平行四辺形です。このとき，x，yの値，$\angle a$の大きさを，それぞれ求めなさい。

(1)

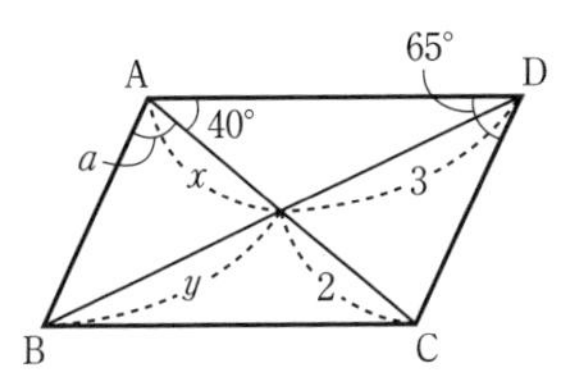

［解答］　平行四辺形の対角線は，それぞれの中点で交わるので，

$x=\boxed{2}$

$y=\boxed{3}$

AB∥DC より，

$\angle a=\angle\boxed{ACD}$

△ACD で，

$40^\circ+\angle a+65^\circ=\boxed{180}^\circ$

だから，$\angle a=\boxed{75}^\circ$

(2)

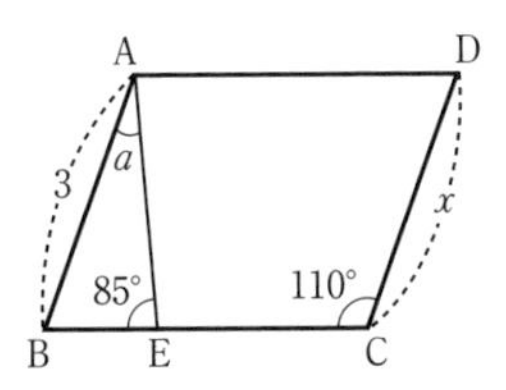

［解答］　AB＝DC だから，

$x=\boxed{3}$

AD∥BC より，

$\angle EAD=\boxed{85}^\circ$

また，

$\angle BAD=\angle BCD=\boxed{110}^\circ$

より，

$\angle a+85^\circ=\boxed{110}^\circ$

だから，$\angle a=\boxed{25}^\circ$

テストに出る！重要事項　〈テスト前にもう一度チェック！〉

□平行四辺形の性質

① 平行四辺形の2組の向かいあう辺は，それぞれ等しい。

② 平行四辺形の2組の向かいあう角は，それぞれ等しい。

③ 平行四辺形の対角線は，それぞれの中点で交わる。

図形の性質と証明

●平行四辺形になるための条件
●いろいろな四角形

テストに出る！重要問題

〈特に重要な問題は□の色が赤いよ！〉

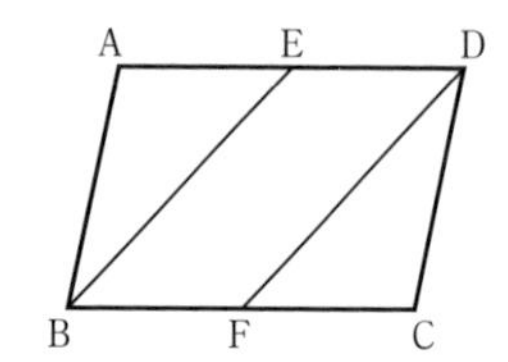

□右の図の▱ABCD で，E，F は AD，BC のそれぞれの中点です。このとき，四角形 EBFD は平行四辺形であることを証明しなさい。

［証明］ AD∥BC より，

ED∥BF ……①

AD＝BC で，E，F はそれぞれの中点より，

ED＝BF ……②

①，②から，1 組の向かいあう辺が，等しくて平行であるので，
四角形 EBFD は平行四辺形である。

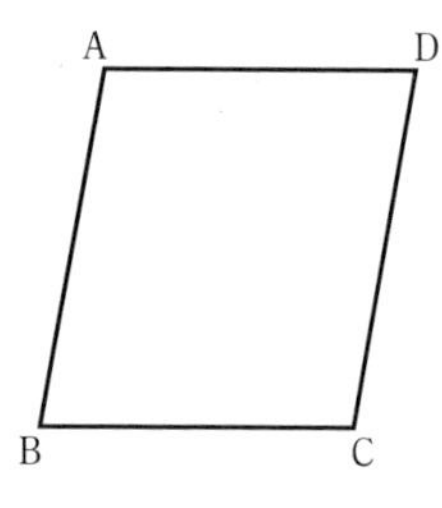

□▱ABCD に次の条件を加えると，それぞれどんな四角形になりますか。

(1) ∠B＝∠C

(2) BC＝CD

(3) BC＝CD，∠B＝∠C

［解答］ (1) 4 つの 角 がすべて等しくなるから，長方形。

(2) 4 つの 辺 がすべて等しくなるから，ひし形。

(3) 4 つの 辺 がすべて等しく，4 つの 角 がすべて等しくなるから，正方形。

テストに出る！重要事項

〈テスト前にもう一度チェック！〉

□平行四辺形になるための条件

① 2 組の向かいあう辺が，それぞれ平行である。
② 2 組の向かいあう辺が，それぞれ等しい。
③ 2 組の向かいあう角が，それぞれ等しい。
④ 対角線が，それぞれの中点で交わる。
⑤ 1 組の向かいあう辺が，等しくて平行である。

確率

●確率

テストに出る！重要問題

〈特に重要な問題は□の色が赤いよ！〉

□ 2つのさいころを同時に投げるとき，次の確率を求めなさい。

(1) 出る目の数の和が8になる確率

[解答] 目の出かたは，全部で 36 通りで，どの出かたも同様に確からしい。
出る目の数の和が8になる出かたは，
(2, 6), (3, 5), (4, 4), (5, 3), (6, 2)
の 5 通りなので，求める確率は，$\frac{5}{36}$

(2) 出る目の数の積が5以下になる確率

[解答] 出る目の数の積が5以下になる出かたは，
(1, 1), (1, 2), (1, 3), (1, 4), (1, 5),
(2, 1), (2, 2), (3, 1), (4, 1), (5, 1)
の 10 通りなので，
求める確率は，

$$\frac{10}{36}=\frac{5}{18}$$

(3) 出る目の数の積が5以下にならない確率

[解答] (2)より，出る目の数の積が5以下にならない確率は，

$$1-\frac{5}{18}=\frac{13}{18}$$

(4) 出る目の数の積が0になる確率

[解答] けっして起こらないことがらだから，
求める確率は，0

テストに出る！重要事項

〈テスト前にもう一度チェック！〉

□あることがらの起こる確率を p とすると，p の値の範囲(はんい)は，$0 \leqq p \leqq 1$

□かならず起こることがらの確率は1である。

□けっして起こらないことがらの確率は0である。

四分位範囲と箱ひげ図

●四分位数
●箱ひげ図

テストに出る！重要問題

〈特に重要な問題は□の色が赤いよ！〉

□ある生徒10人について，先週1週間の家庭学習の時間を調べました。
次のデータは，家庭学習の時間のデータを小さい順に並べたものです。

学習時間(時間)
3，5，5，7，10，12，13，16，17，20

(1) 四分位数を求めなさい。

［解答］ データ全体の中央値は，

$$\frac{\boxed{10}+\boxed{12}}{2}=\boxed{11}$$

前半部分の中央値は $\boxed{5}$

後半部分の中央値は $\boxed{16}$

だから，第1四分位数は $\boxed{5}$ 時間

第2四分位数は $\boxed{11}$ 時間

第3四分位数は $\boxed{16}$ 時間

(2) 四分位範囲（はんい）を求めなさい。

［解答］ 第3四分位数が $\boxed{16}$ 時間，第1四分位数が $\boxed{5}$ 時間だから，

$\boxed{16}-\boxed{5}=\boxed{11}$ (時間)

(3) 箱ひげ図をかきなさい。

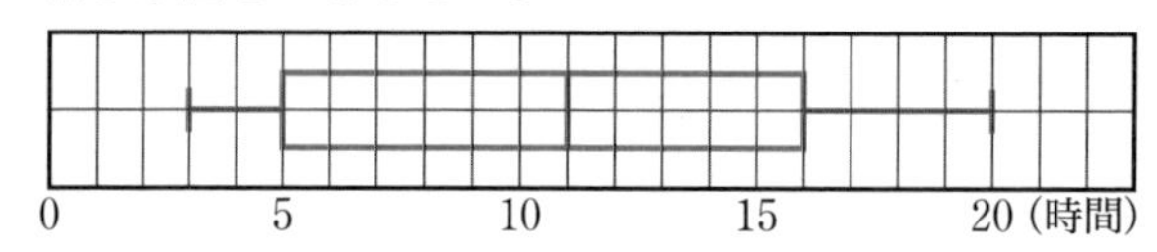

テストに出る！重要事項

〈テスト前にもう一度チェック！〉

□第1四分位数…前半部分の中央値
第2四分位数…データ全体の中央値
第3四分位数…後半部分の中央値
（あわせて四分位数という。）

□四分位範囲＝第3四分位数－第1四分位数